de Gruyter Lehrbuch

Hinterhuber
Strategische Unternehmungsführung II

Hans H. Hinterhuber

Strategische Unternehmungsführung

II Strategisches Handeln

Direktiven · Organisation · Umsetzung
Unternehmungskultur
Strategische Führungskompetenz

4., völlig neubearbeitete Auflage

W DE G

Walter de Gruyter · Berlin · New York 1989

Dr. rer. oec. Dipl.-Ing. Hans Hartmann Hinterhuber,
o. Professor der Betriebswirtschaftslehre und Vorstand des Instituts für Unternehmungsführung der Universität Innsbruck, Professor der Industriebetriebslehre an der Katholischen Universität Mailand

Mit 99 Abbildungen und 17 Tabellen

Für Barbara, Andreas, Monika, Lukas und Katharina

CIP-Titelaufnahme der Deutschen Bibliothek

Hinterhuber, Hans H.:
Strategische Unternehmungsführung / Hans H. Hinterhuber. – Berlin ; New York : de Gruyter.
(De-Gruyter-Lehrbuch)

2. Strategisches Handeln : Direktiven, Organisation, Umsetzung, Unternehmungskultur, Strategische Führungskompetenz. – 4., völlig neubearb. Aufl. – 1989
ISBN 3-11-012075-5

Satz und Druck: Tutte Druckerei GmbH, Salzweg-Passau. – Buchbinderische Verarbeitung: Dieter Mikolai, Berlin.
Printed in Germany.

Vorwort zur vierten Auflage

Für den Bereich der Unternehmungsführung ist die heutige Situation des Übergangs und der Unsicherheit mit einem hohen Maß an Überraschungen eher als »normal« zu werten als die hochkonjunkturellen Umweltbedingungen der vergangenen Jahre, die mit Hilfe der Inflation und des Größenwachstums manche Fehlentscheidungen praktisch konsequenzlos zugelassen hatten. In der Vergangenheit hat sich jedoch wenig Gelegenheit ergeben, Unternehmungsführung unter Verhältnissen zu lernen, wie sie gegenwärtig vorherrschen und sich für die Zukunft abzeichnen.

Die eigentliche Herausforderung für die Unternehmungen besteht in der Bewältigung des Unerwarteten und nicht in der Extrapolation von Erfolgsrezepten der Vergangenheit. Die Rechtfertigung der Unternehmung liegt zunehmend in ihrer Fähigkeit, das Unerwartete, das nicht Vorhersehbare erfolgreich und effizient im Sinne des Allgemeinwohls zu meistern. An den Grundprinzipien der Führung hat sich nichts geändert; doch die Methoden und Instrumente müssen angesichts der veränderten Umweltbedingungen modifiziert werden, und es müssen andere Prioritäten gesetzt werden. In Zeiten zunehmender Beschleunigung der Veränderung und vermehrter Risikoabwägung kommt der unternehmerischen Flexibilität, der Wahrung der Handlungsfreiheit und somit der strategischen Führung der Unternehmung wesentliche Bedeutung zu.

In der instabilen Wirtschaft unserer Zeit ist die Strategie der zunehmend häufiger in Unternehmungen unterschiedlichster Größenordnung gebrauchte Begriff, um einen praktikablen Aktionskurs für die Unternehmung festzulegen und alle Tätigkeiten danach auszurichten. Die Formulierung einer unternehmerischen Vision, die ihren Niederschlag in der Unternehmungspolitik und -kultur findet, und die Integration der Strategien mit den funktionalen Politiken, der Organisation, der operativen Planung, den Motivations- und Überwachungssystemen kennzeichnen den Prozeß der strategischen Führung der Unternehmung; es werden, mit anderen Worten, eine unternehmerische Vision in unternehmungspolitischen Grundsätzen ausgedrückt, daraus Strategien abgeleitet, diese in spezifische Handlungsrichtlinien übersetzt, eine mit ihnen kohärente Organisationsstruktur und -kultur aufgebaut und eine Reihe von Ausführungsschritten unternommen, die die Unternehmung in die gewünschte Richtung mit der gewünschten Intensität bewegen.

Die strategische Führung der Unternehmung verlangt, ausgehend von einer stärkeren Einbeziehung von Umwelt- und Wettbewerbsüberlegungen sowie der Erforschung der Kräfte, die hinter der Umwelt- und Wettbewerbsdynamik wirken, soweit sie die Unternehmung betreffen:

(1) eine unternehmerische Vision,
(2) eine Gesamtheit von unternehmungspolitischen Grundsätzen, die ihren Niederschlag in einem Leitbild finden,

(3) die Formulierung differenzierter Strategien für die verschiedenen strategischen Geschäftseinheiten oder Produkt/Markt-Kombinationen, die Konzentration strategischer Analysen auf kritische Bereiche, ein Denken in Alternativen, Bandbreiten und Wenn-/Dann-Konstellationen, eine ausgeprägte und klare Schwerpunktbildung und einen differenzierten Ansatz in der Ressourcenzuteilung,
(4) die direkte Umsetzung der gewählten Strategien in Aktionsprogramme mit Hilfe von Direktiven für die Funktionsbereiche und regionalen Tochtergesellschaften,
(5) die strategiegerechte Gestaltung der Organisation, die Aufteilung der Unternehmungstätigkeiten auf strategische Geschäftseinheiten sowie deren Führung und Koordination im Hinblick auf die Verwirklichung der Gesamtstrategie,
(6) ein effizientes Planungs-, Motivations- und Überwachungssystem für die Durchführung der Strategien, und
(7) eine Unternehmungskultur, die alle Mitarbeiter bewegt, sich engagiert und motiviert für die Umsetzung der Strategien einzusetzen.

Die Konzeption der Strategien ist eine Führungsaufgabe, die niemand der Leitung der Unternehmung abnehmen kann. Wohl sind vorbereitende und beratende Tätigkeiten an Stabsstellen übertragbar, aber die Festlegung der Richtung, in die sich die Unternehmung in einer mittel- bis langfristigen Perspektive entwickeln soll, kann die Unternehmungsleitung nicht an andere Personen delegieren; die strategische Planung muß so weit wie möglich in der Linienorganisation verankert sein.

Das Studium der strategischen Prozesse bedeutet nicht, die Rolle der unternehmerischen Führungskräfte einzunehmen; es kann dazu beitragen, deren Rolle besser zu verstehen, die operativen Auswirkungen der Strategien zu erfassen und zu unterstützen und ein mit der strategischen Führung der Unternehmung konsistentes Verhalten zu entwickeln. Dadurch werden die fachlichen Leistungen in den funktionalen Bereichen aufgewertet und in ihrer Wirksamkeit verbessert. Werden Fachwissen und Können der Kader nicht nur auf die spezifischen Anforderungen ihrer funktionalen Tätigkeiten ausgerichtet, sondern darüber hinaus in eine strategische Gesamtkonzeption eingefügt, sind wesentliche Bedingungen der Selbsterfüllung und Selbstentfaltung der Mitarbeiter verwirklicht, wobei gleichzeitig das betriebliche Geschehen zu einer funktionsfähigen Einheit gebracht wird.

In der modernen Unternehmung nehmen die Kader auf eine bewußte Weise an der Vorbereitung der Entscheidungen teil, für deren Ausführung sie verantwortlich sind. Die Bewußtheit der strategischen Probleme, mit denen die Unternehmungsleitung konfrontiert wird, kann deshalb die Suche nach tragfähigen, praktikablen Lösungen bereichern. Die Rolle der Führungskräfte wird somit auch auf die autonome Beurteilung der globalen Auswirkungen ihrer Vorschläge und auf die aktive konstruktive Teilnahme an der Ausarbeitung und Durchführung der Strategien ausgedehnt. Die Durchführung der Strategien fällt somit nicht nur in den Verantwortungsbereich der Unternehmungsleitung, sondern muß als gemeinsame Verantwortung aller Führungskräfte erlebt werden.

Das Werk soll eine einheitliche, in sich geschlossene Darstellung geben und dadurch das Verständnis der strategischen Führung der Unternehmung erleichtern; darüber hinaus kann die Präsentation einer integrierenden Gesamtkonzeption für die strategische Führung der Unternehmung den Führungskräften und Studenten als praktisches Denkmodell im Gesamtbereich der Unternehmungsführung dienen.

Die vierte Auflage des Lehrbuches weist gegenüber der Vorauflage einige wesentliche Änderungen auf. Die strategische Führungskonzeption wurde um die drei Komponenten – Vision, Unternehmungspolitik und Unternehmungskultur – erweitert. Alle anderen Abschnitte sind unter Einbeziehung neuer Untersuchungen und Arbeitsinstrumente überarbeitet worden. Das gilt auch für die Darstellung der strategischen Führungskompetenz. Diese Erweiterungen machten eine Aufteilung des Werkes in zwei Bände erforderlich.

Der erste Band enthält die drei Komponenten der Führung, die mit dem „Strategischen Denken" zusammenhängen – Vision, Unternehmungspolitik und Strategie –, während der zweite Band die vier das „Strategische Handeln" betreffenden Komponenten – Direktiven für die Funktionsbereiche (funktionale Politiken), Organisation, Aktionspläne/Fortschrittskontrolle/Strategieüberwachung sowie Unternehmungskultur und strategische Führungskompetenz – behandelt.

Das Buch ist aus einer empirischen Untersuchung des Innovationsverhaltens und der strategischen Planungssysteme in dreißig mittleren und großen europäischen Unternehmungen hervorgegangen; es ist nicht das Endergebnis eines organischen Forschungsprogrammes, sondern das Resultat sukzessiver Einschaltungen von Themen, die zunehmend größere operative Bedeutung für die Unternehmungen in einem sich rasch ändernden Bereich – der strategischen Führung der Unternehmung – erlangen. Daraus erklärt sich der unterschiedliche Entwicklungsgrad der verschiedenen Teile der Bände.

Mein besonderer Dank gilt der Österreichischen Nationalbank, die die Arbeit durch eine großzügige finanzielle Unterstützung ermöglicht hat. Dank sagen möchte ich auch den zahlreichen Herren aus den Unternehmungen, die keine Mühe gescheut haben, meine vielen Fragen zu beantworten. Für die kritische Durchsicht des Werkes bei der Drucklegung möchte ich meinen früheren wissenschaftlichen Mitarbeitern, den Professoren Dr. R. Hammer, Dr. H. Hübner und Dr. W. Schertler, danken. Meine technische Assistentin, Frau A. Haller, meine Assistenten und Assistentinnen, die Herren Mag. Markus und Mag. Martin Fontanari, Dr. M. Haidinger, Dr. M. Kathrein, Frau Dr. G. Kiem, Dr. G. Langer, Mag. K.-H. Lauda, Frau Mag. M. Stumpf und Mag. J. Wörndl-Aichrieder haben mich bei der Vorbereitung der vierten Auflage der „Strategischen Unternehmungsführung" wesentlich unterstützt; ihnen allen gebührt herzlicher Dank. Dank gesagt sei auch dem Verlag Walter de Gruyter in Berlin für die sorgfältige Drucklegung des Werkes.

Innsbruck/Mailand, im Sommer 1989 Hans H. Hinterhuber

Inhalt

Verzeichnis der Abbildungen

Quellen:

Courtoisie General Electric: Abbildungen 1.32, 2.16 bis 2.18

Courtoisie Texas Instruments: Abbildungen 1.19, 1.20, 1.21, 1.33, 1.34, 1.35

Courtoisie The Boston Consulting Group: Abbildungen 1.18, 1.19, 1.20

Verzeichnis der Tabellen

Quellen:

Courtoisie ENI: Tabelle 1.9
Courtoisie General Electric: Tabellen 1.6, 1.7

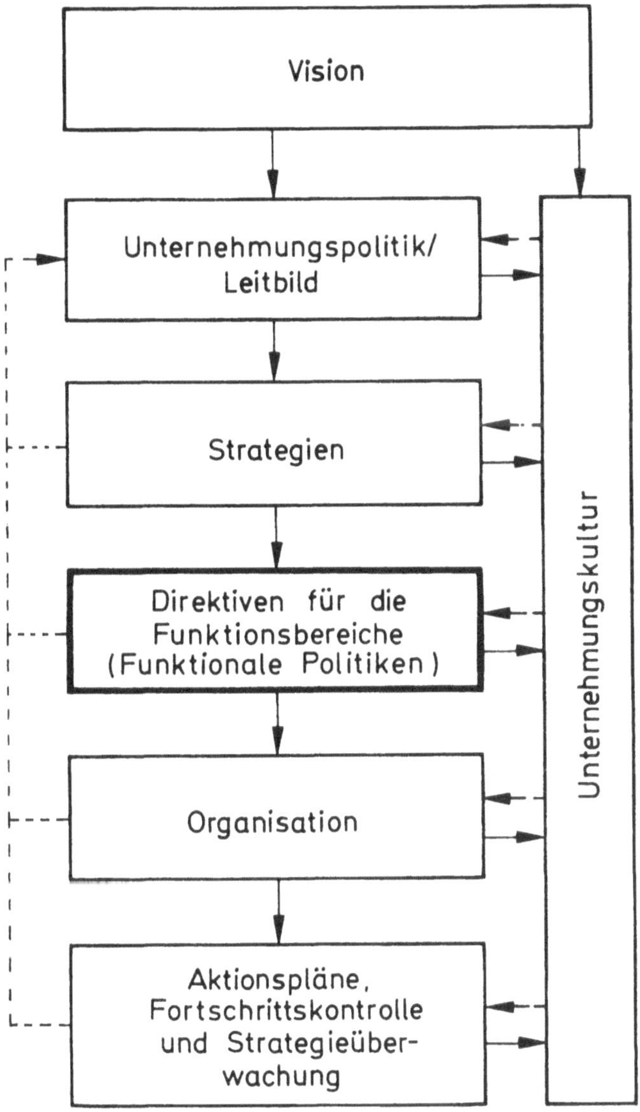

Direktiven als Mittel zur Individualisierung der Führung.
Die Marketingpolitik.
Die Forschungs- und Entwicklungspolitik.
Die Produktions- und Beschaffungspolitik.
Die Personalpolitik.
Die Finanzpolitik.
Die Bilanzpolitik.
Die Kooperations-, Fusions- und Akquisitionspolitik.
Die Überprüfung und Revision des strategischen Planes der Unternehmung.

1. Die Ausarbeitung der funktionalen Politiken in Übereinstimmung mit den Strategien

Halte dir deine Absicht bei
jedem Schritt, den du tust,
vor Augen.
Asiatisches Sprichwort

1.1 Die funktionalen Politiken als Mittel zur Individualisierung der Führung und zur Erhöhung der Innovationskraft der Unternehmung

Jede Unternehmung verfügt explizit oder implizit über mehrere Strategien. Eine Geschäftseinheit (Produktlinie, Arbeitsgebiet) verfolgt eine Offensivstrategie, um in einem ganz bestimmten Marktsegment die Nummer 1 zu werden, eine andere eine Defensivstrategie, mit dem Ziel, ihre führende Marktposition in einem reifen Markt zu halten, eine dritte eine Desinvestitionsstrategie, die auf einen geordneten Rückzug aus dem Markt gerichtet ist, wenn kein positiver Deckungsbeitrag mehr erwartet werden kann[1].

Jede einzelne Strategie verlangt spezifische Maßnahmen in den Funktionsbereichen. Die Offensivstrategie z.B. beruht auf einer Politik relativ niedriger Preise, einem auf die Bedürfnisse der Zielgruppe ausgelegten Service und einem Logistiksystem, das mit den vorhandenen Produktionseinrichtungen abgestimmt ist. Die Defensivstrategie dagegen braucht ein anderes Marketing-Mix, sie setzt Verfahrensinnovationen zur Senkung der Stückkosten voraus und verlangt nach Kooperation mit anderen Unternehmungen.

Das Gewicht der Strategie schafft die notwendigen Direktiven für die Funktionsbereiche – und nicht umgekehrt die Taktik der Funktionsbereiche die ihr gemäße Strategie.

Erfolgreiche Unternehmungen zeichnen sich dadurch aus, daß die Leiter der Funktionsbereiche die Handlungsfreiheit, über die sie verfügen, kreativ und im Interesse der Strategien nutzen und dabei die Möglichkeit der Zusammenarbeit mit den anderen Funktionsbereichen bis zur Grenze der Machbarkeit ausschöpfen. Die Formulierung der funktionalen Politiken ist Aufgabe der Unternehmungsleitung. Die Leiter der Funktionsbereiche haben zu beraten, die Unter-

[1] Die Ausführungen folgen der vom Verfasser in Zusammenarbeit mit E. Krauthammer publizierten Arbeit Funktionale Politiken, Genf 1989.

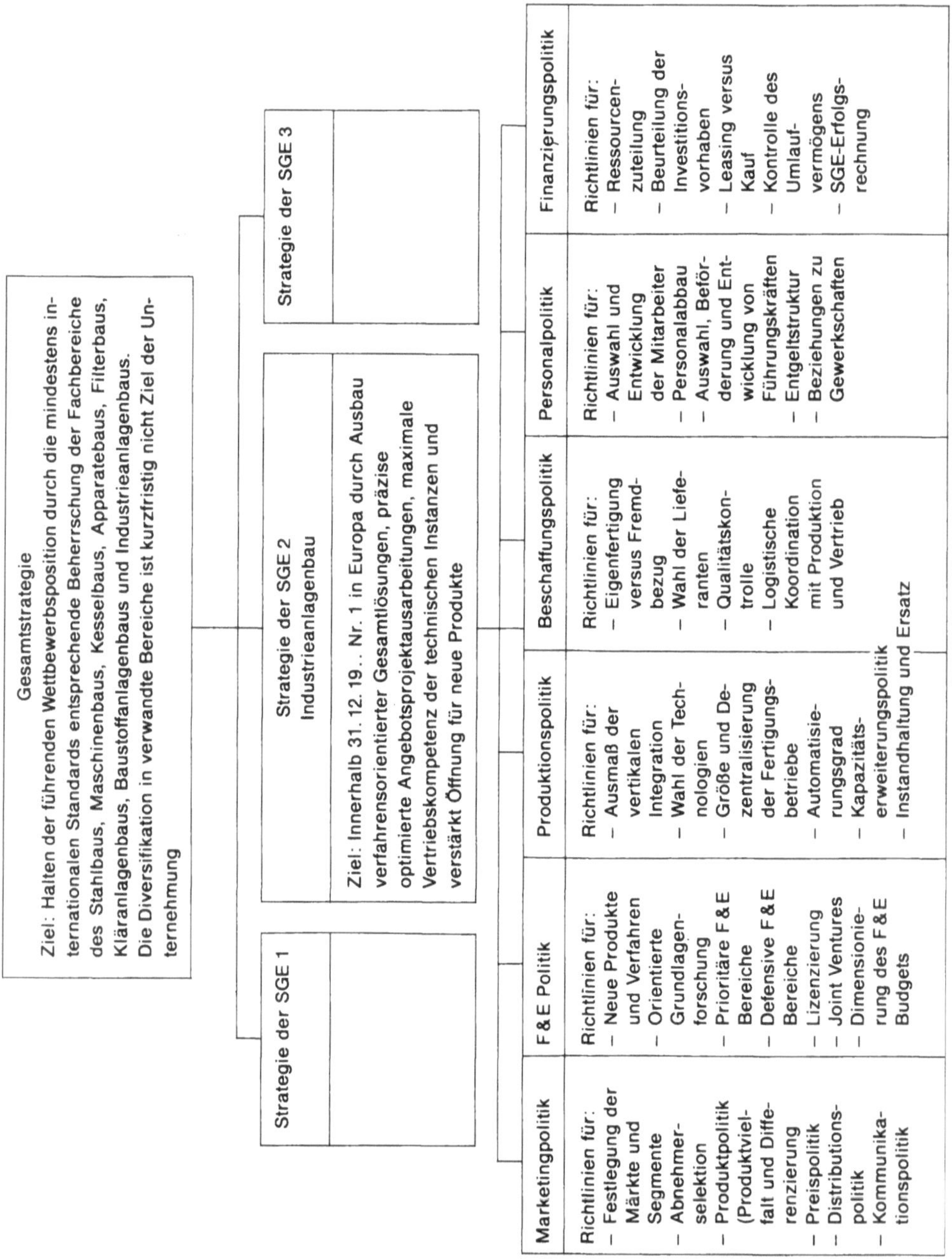

Abb. 1.1 Strategien und funktionale Politiken in einer (hypothetischen) Maschinenbauunternehmung

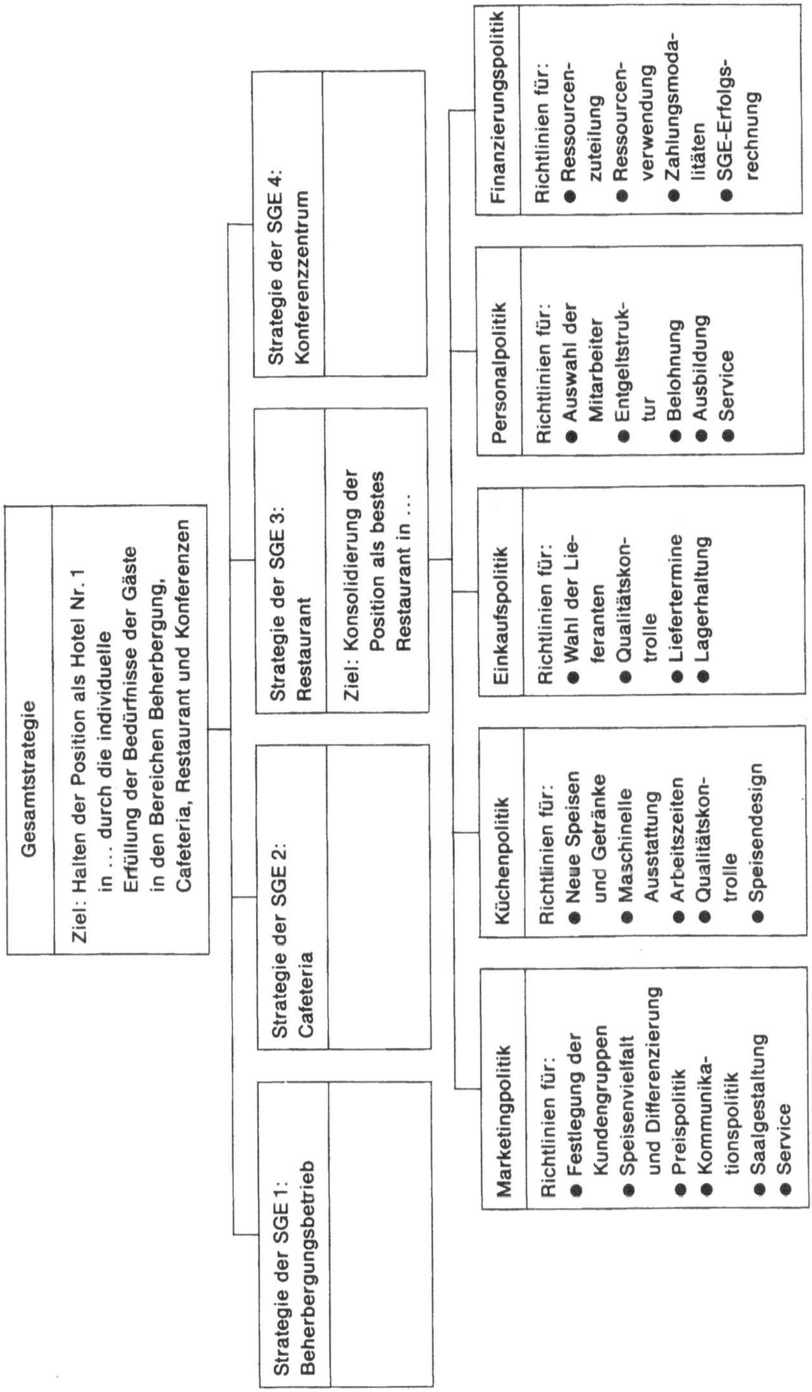

Abb. 1.2 Strategien und funktionale Politiken in einem Hotel (Beispiel)

nehmungsleitung, die die Unternehmung als Ganzes vor Augen hat, hat zu entscheiden (Abb. 1.1 und 1.2).

1.1.1 Funktionale Politiken sind Richtlinien oder Direktiven für die einzelnen Funktionsbereiche der Unternehmung

Die Verbindung von Strategie und Ausführung erfolgt durch funktionale Politiken. Die Unternehmungsleitung gibt Direktiven als allgemeine Richtung des Handelns der für die Funktionsbereiche verantwortlichen Führungskräfte.

Die funktionalen Politiken dienen folgenden Zwecken:

(1) Sie stellen sicher, daß alle Mitarbeiter in den verschiedenen Funktionsbereichen die verabschiedeten Strategien im Sinne der Unternehmungsleitung *interpretieren*. Die Mitarbeiter reagieren nicht direkt auf eine bestimmte Strategie, sondern immer nur auf ihre Interpretation der Strategie selbst. Und ihre Interpretation der Strategie ist davon abhängig, was sie vorher in sie hineingelegt haben. Bei einer Desinvestitionsstrategie z.B., für die ein Abbau von Arbeitsplätzen vorgesehen ist, reagieren die Mitarbeiter nicht auf die Situation selbst, denn sie haben ja keine Chance, ja oder nein zu sagen, sondern nur auf ihre Befürchtungen. Eine sorgfältig ausgearbeitete Produktionspolitik z.B. macht die Schwerpunkte der Strategie im technischen Bereich deutlich und orientiert die spezifischen Entscheidungen in eine Richtung, die mit der Strategie übereinstimmt.

(2) Sie lösen *spezifische Maßnahmenplanungen* in den einzelnen Funktionsbereichen aus. Die Strategie ist kein Aktionsplan und kann auch nicht über weite Strecken und längere Zeiträume geplant werden; die Konsequenzen der Strategie in den Funktionsbereichen müssen jedoch im einzelnen erfaßt und geprüft werden. Liegt die Marketingpolitik fest, kann der Marketingleiter aufeinander abgestimmte Marketingpläne für die Strategien der einzelnen Geschäftseinheiten ausarbeiten. Die funktionalen Politiken bilden den Rahmen, innerhalb dessen die Leiter der Funktionsbereiche selbständig und initiativ im Sinne der Strategien entscheiden und handeln.

(3) Sie lösen auf eine für alle Mitarbeiter verbindliche Weise bestimmte Probleme und *vereinfachen und vereinheitlichen* dadurch den Entscheidungsprozeß. Die Marketingpolitik kann z.B. beinhalten, daß alle Verkäufe gegen Barzahlung zu erfolgen haben. Die Maßnahmen, die von verschiedenen Mitarbeitern an verschiedenen Orten ausgeführt werden, werden dadurch konsistent und vorhersehbar. Die einheitliche Ausrichtung und Führung einer Unternehmung verlangt spezifische Politiken.

(4) Sie dienen der *Koordination* der einzelnen Funktionsbereiche im Hinblick auf die verabschiedeten Strategien. Wenn der Produktionsleiter A und der Leiter der F&E-Abteilung B zwischen einer Aktionslinie 1 und einer Aktionslinie 2 wählen können, muß sichergestellt sein, daß, wenn A die Linie 1 wählt, auch B sich für die Linie 1 entscheidet oder zumindest weiß, daß A sich auf der Linie 1 und nicht auf der Linie 2 bewegt. Die fehlende Abstim-

mung der Funktionsbereiche hat um so schwerwiegendere Folgen, je höher die hierarchische Ebene ist, auf der sich die Entscheidungsträger befinden und je länger die Kette der abhängigen Entscheidungsträger ist.

(5) Sie bezwecken eine *Kontrolle und Revision* der Strategien, wenn nicht vorgesehene oder vorhersehbare unternehmungsinterne und/oder externe Ereignisse Geplantes unausführbar machen oder neue Möglichkeiten eröffnen.

Da jede Unternehmung spezifische Strategien verfolgt, müssen auch die funktionalen Politiken unternehmungsspezifisch und in Übereinstimmung mit den Strategien formuliert werden.

1.1.2 Aufgabe und Inhalt der funktionalen Politiken

Die Strategie ist die Art, die Ressourcen so einzusetzen, daß bei gleichen oder höheren Fähigkeiten der Wettbewerber bessere Resultate erzielt werden können. Die Strategieformulierung ist ein dynamischer Prozeß, der, um wirksam zu sein, sich auf wenige, kritische Prioritätsbereiche konzentrieren muß, da für langfristige Regelungen das Grundsätzliche wichtiger als das Technische ist.

Die Portfolio-Methodik ist das Instrument zur Erarbeitung strategischer Stoßrichtungen, d.h. zur Formulierung von Norm-Strategien. Die strategische Stoßrichtung – die Norm-Strategie – gibt eine Bandbreite für eine dynamische Weiterentwicklung strategischer Alternativen, funktionaler Politiken und Aktionsprogramme vor (Abb. 1.3).

Eine funktionsspezifische und koordinierende Aktion ist notwendig, damit die Unternehmung mit einem Höchstmaß an Effizienz und Kohärenz die gewählten Strategien verwirklicht.

Die Risiken einer ungenügenden Koordination werden im Hinblick auf die effiziente Implementierung der Strategien dadurch vermindert, daß allgemeine Verhaltensregeln festgelegt werden, an denen sich die funktionalen Bereiche in ihren Entscheidungsprozessen orientieren müssen.

Die Leitung der Unternehmung gibt deshalb eine Reihe von Richtlinien und vereinbart Ziele, die eine einheitliche Ausrichtung und Führung der Unternehmung sichern und den Rahmen bilden, innerhalb dessen sich die Tätigkeiten der funktionalen Bereiche zu bewegen haben.

Aufgabe der funktionalen Politiken ist es:

(1) Richtlinien und Randbedingungen für spezifische Entscheidungen und Aktionen in den funktionalen Bereichen zu setzen (Planungsfunktion);

(2) eine korrekte Interpretation der Strategien in den funktionalen Bereichen zu verwirklichen, so daß alle zur Unterstützung der Strategien notwendigen Entscheidungen zu den richtigen Zeiten von den zuständigen Führungskräften getroffen werden (Kohäsionsfunktion);

(3) die Auswirkungen der Strategien auf die funktionalen Bereiche und Aktionsprogramme zu ermitteln, von denen die Implementierung der Strategien abhängt, so daß rechtzeitige Revisionen der Strategien vorgenommen werden können (Kontrollfunktion).

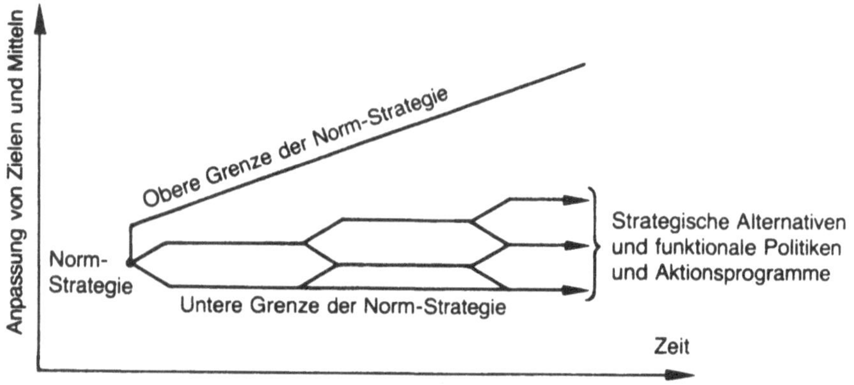

Stufen	Merkmale	Beispiele
1. *Norm-Strategien*	– Grundlegende Ziele und Mittel – Kurzfristig/langfristig – Regelmäßige Überprüfung – Vorwiegend qualitativ	– Investition in langfristiges Wachstum zwecks Schaffung zukünftiger Gewinnpotentiale – Sicherung der bestehenden Gewinnpotentiale durch geeignete Maßnahmen – Desinvestition zwecks Freisetzung von Ressourcen
2. *Strategische Alternativen*	– Konzeptionen zur Verwirklichung der strategischen Stoßrichtungen – Unternehmungsspezifisch – Bindeglied zwischen strategischen Zielen und operativen Maßnahmen	– Verteidigung der gegenwärtigen Marktanteile durch gezielte Service-Maßnahmen – Forcierung von Folgeaufträgen im Hinblick auf die Nutzung von Erfahrungsökonomien
3. *Funktionale Politiken und Aktionsprogramme*	– Spezifische Programme, Maßnahmen, Richtlinien, Vorgehensweisen und Mittelzuteilungen in den funktionalen Bereichen – Kontroll- und Entscheidungspunkte – Eventualmaßnahmen	– Investitionen von . . . Mio. G.E. in die Entwicklung der Produkte A, B, C usw., um bis Mitte 1991 das Sortiment zu vervollständigen – Verzicht auf die Aufträge X, Y usw., falls die Aktionen a, b usw. in den Bereichen 1, 2 usw. innerhalb 31. 12. 1990 nicht zum gewünschten Ergebnis führen.

Abb. 1.3 Die Norm-Strategie als Bandbreite für die dynamische Weiterentwicklung unternehmungsspezifischer strategischer Alternativen, funktionaler Politiken und Aktionsprogramme (nach McKinsey).

Da jede Unternehmung eigene Strategien verfolgt, müssen auch die funktionalen Politiken unternehmungsspezifisch und situativ formuliert werden. Die Ausarbeitung der funktionalen Politiken geht vom strategischen Plan aus und wird am zweckmäßigsten in der folgenden Reihenfolge vorgenommen (Abb. 1.4)[2]:

(1) Marketingpolitik
(2) Forschungs- und Entwicklungspolitik
(3) Produktions- und Beschaffungspolitik
(4) Personalpolitik
(5) Finanzpolitik
(6) Kooperations-, Akquisitions- und Fusionspolitik
(7) Bilanzpolitik.

Die funktionalen Politiken sind untereinander verbunden, und es ist nicht möglich,

(1) Entscheidungen in einem Bereich ohne Berücksichtigung der anderen Bereiche zu treffen, und
(2) eine Strategie ohne koordinierte Gesamtheit von funktionalen Politiken umzusetzen.

Es gilt somit, die funktionalen Politiken

(1) auf die einzelnen Strategien abzustimmen (*vertikale* Abstimmung), und
(2) untereinander im Hinblick auf die Gesamtstrategie der Unternehmung zu koordinieren (*horizontale* Abstimmung)[3].

Abbildung 1.5 veranschaulicht den Zusammenhang zwischen der Formulierung der Strategien und der Festlegung funktionaler Politiken; Ziel des Abstimmungsprozesses zwischen der Unternehmungsleitung und den Leitern der Funktionsbereiche ist nicht, die Vorausbestimmung der durchzuführenden Tätigkeiten so weit wie möglich auszudehnen und den Handlungsspielraum des Einzelnen einzuengen, sondern ein Gleichgewicht einzurichten zwischen

(1) der vollen Entfaltung von Persönlichkeiten, die die Befugnis und Pflicht haben, bestimmte Entscheidungen zu treffen, und
(2) der Koordination dieser Persönlichkeiten im Hinblick auf die zu erreichenden Ziele.

Jeder Einzelne muß, mit anderen Worten, eine Aufgabe für sich allein sehen, aber auch, welche Beziehung diese zum Ganzen hat.
Die funktionalen Politiken sind somit das Resultat

(1) der Aufgabengliederung und der Begrenzung des Handlungsspielraumes, innerhalb dessen sich die Initiative der Einzelnen entfalten kann,
(2) der Festlegung von Befugnissen und Verantwortlichkeiten, um den Initiativen, die der Einzelne das Recht und die Pflicht zu ergreifen hat, eine einheitliche Ausrichtung und Ergebniswirksamkeit zu verleihen.

[2] Vgl. hierzu die Ausführungen über das strategische Ziel-Portfolio im Abschnitt I.4.4.8.
[3] Vgl. hierzu die Ausführungen im Abschnitt 1.9.

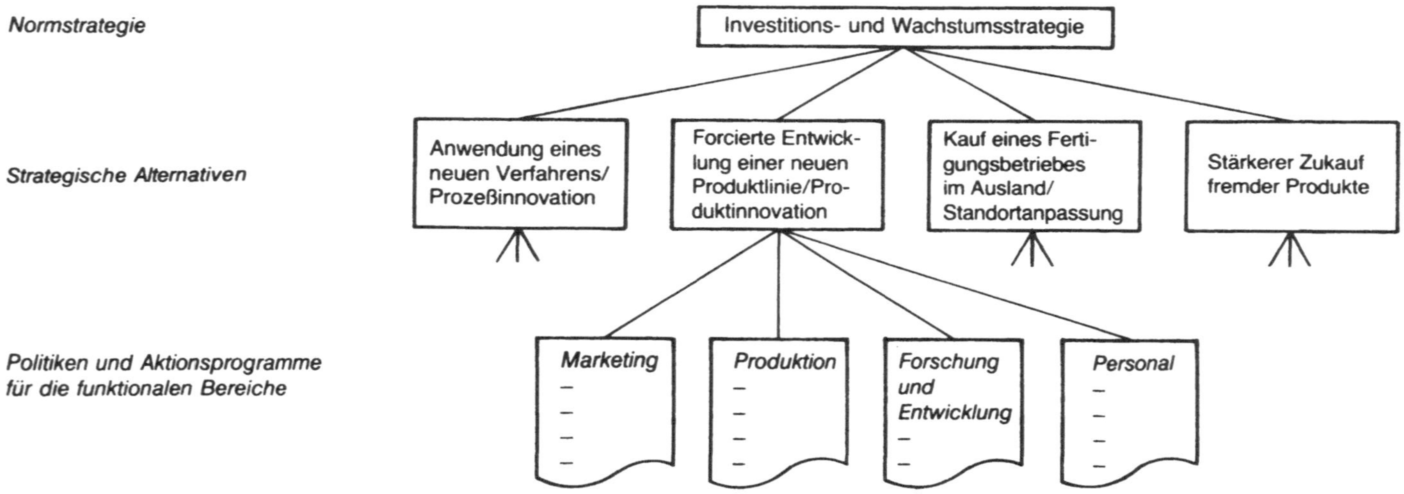

Abb. 1.4 Die Ausarbeitung von funktionalen Politiken und Aktionsprogrammen auf der Grundlage der Norm-Strategien und strategischen Alternativen (nach McKinsey).

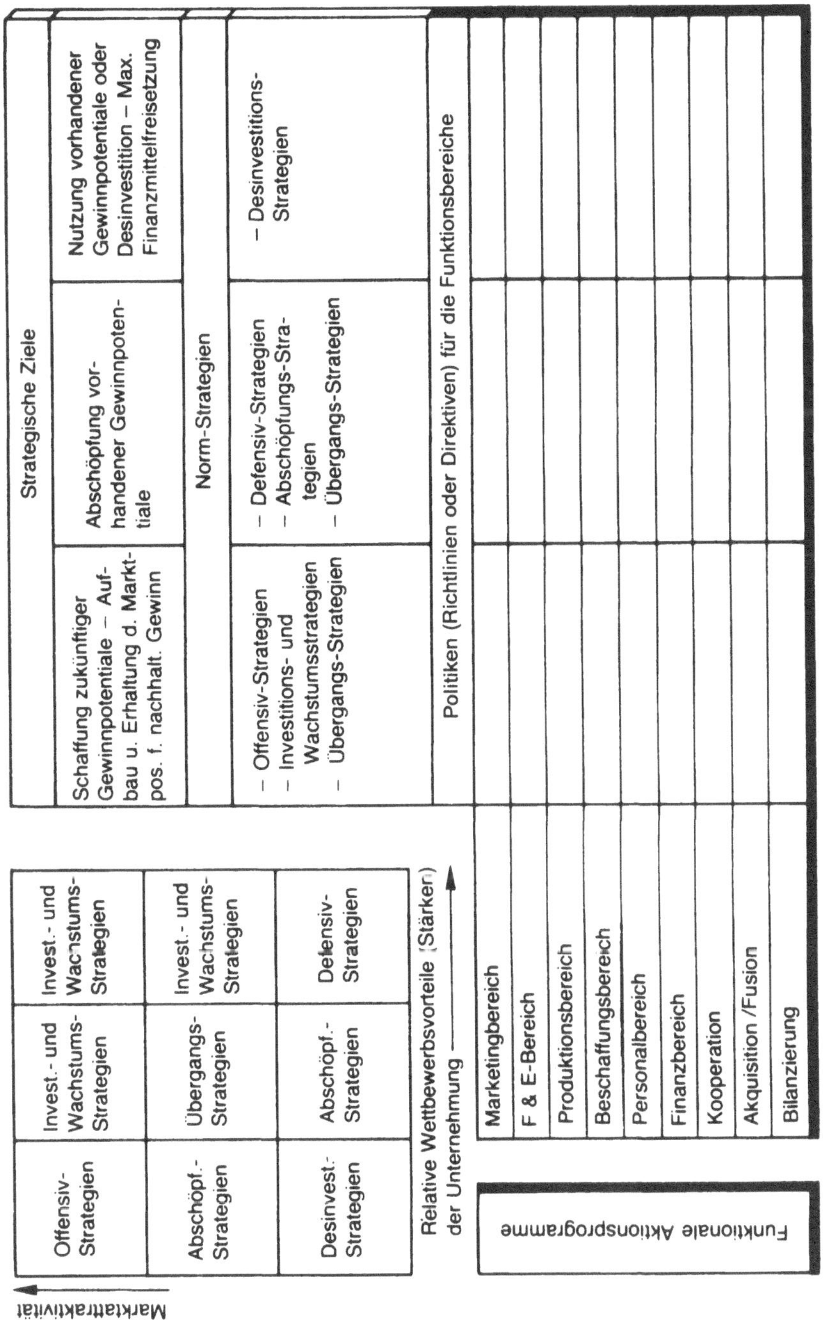

Abb. 1.5 Die Politiken und Aktionsprogramme für die Funktionsbereiche (nach McKinsey).

Ausgehend von den, von den höchsten Entscheidungszentren der Unternehmung verabschiedeten Strategien und funktionalen Richtlinien ergibt sich für die zuständigen funktionalen Führungskräfte die Möglichkeit, die damit in Einklang stehende Marketing-, Forschungs- und Entwicklungs-, Produktions- und Beschaffungspolitik usw. im Detail zu erarbeiten. Aus jeder dieser Politiken werden spezifische Aktionsprogramme abgeleitet: Absatz des Produktes X auf dem Marktsegment A, Entwicklung des Produktes Y für den Abnehmermarkt B innerhalb von t Monaten und dgl. mehr. Der Prozeß der expliziten Darlegung von funktionalen Politiken und Aktionsprogrammen erstreckt sich bis zu den untersten Entscheidungsebenen. Aus der Kohärenz, mit der dieser Prozeß nach unten getrieben wird, entsteht das Unternehmungssystem.

Die funktionalen Politiken sind Grundlagen, die allen langfristig planenden Entscheidungszentren der Unternehmung zur Verfügung stehen müssen, damit in allen Bereichen im Hinblick auf die für die Verwirklichung der Strategien notwendigen Aktionsprogramme von den gleichen Voraussetzungen ausgegangen werden kann. Sie sind „Verhaltensnormen", d.h. konkrete Richtlinien für das Verhalten und Handeln der Unternehmungsleitung und der nachgeordneten hierarchischen Stufen in verschiedenen Arbeitsgebieten und Situationen, also hinsichtlich der Leitung der einzelnen Funktionsbereiche und der Beziehungen zu Abnehmern, Lieferanten, Arbeitnehmern, Kapitalgebern, verbündeten Unternehmungen und Öffentlichkeit.

Die Bedeutung der Richtlinien für die Leitung der einzelnen Funktionalbereiche und für die Ausarbeitung spezifischer, die Implementierung der Strategien vorantreibender Aktionsprogramme kann nicht genug hervorgehoben werden. Werden sie mit der nötigen Objektivität, Klarheit und Gründlichkeit erarbeitet, so ergeben sich viele der zu verwirklichenden Zwischenziele und Aktionsprogramme quasi von selbst. Die Politiken und Aktionsprogramme für die funktionalen Bereiche bilden die Brücke zur Verwirklichung des strategischen Planes. Hier liegt ein Kernstück unternehmerischer Initiative, und nichts kann den sicheren Instinkt für das Wesentliche ersetzen, ohne den eine erfolgreiche strategische Führung der Unternehmung nicht denkbar ist.

Es ist Aufgabe der divisionalen und/oder funktionalen Führungskräfte, Chancen und Bedrohungen der strategischen Geschäftseinheiten rechtzeitig zu identifizieren (Abb. 1.6) sowie die für die Nutzung der Opportunitäten und/oder Abwendung der Gefahren notwendigen Maßnahmen unter Berücksichtigung der Reaktionszeiten und im Rahmen der gewählten Strategien und Politiken der Unternehmung zu ergreifen (Abb. 1.7)[4]. Sehr häufig nimmt mit zunehmender Beschleunigung der Veränderung die Fähigkeit der Unternehmung ab, rasch auf Umweltchancen und -bedrohungen zu reagieren; die Gründe dafür liegen in der zunehmenden Unternehmungsgröße, Komplexität, geogra-

[4] Vgl. H.I. Ansoff, Managing Strategic Surprise by Response to Weak Signals, in: „California Management Review", 18 (1975), Nr. 2, S. 21–33.

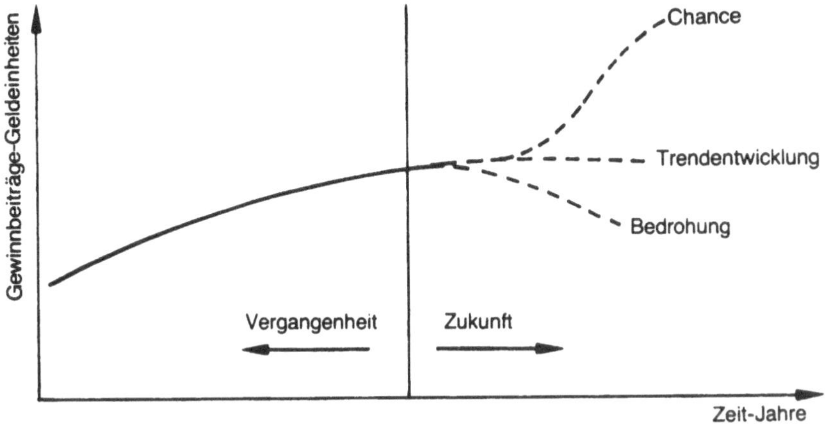

Abb. 1.6 Die Auswirkungen von Chancen und Bedrohungen auf den Gewinnbeitrag einer strategischen Geschäftseinheit.

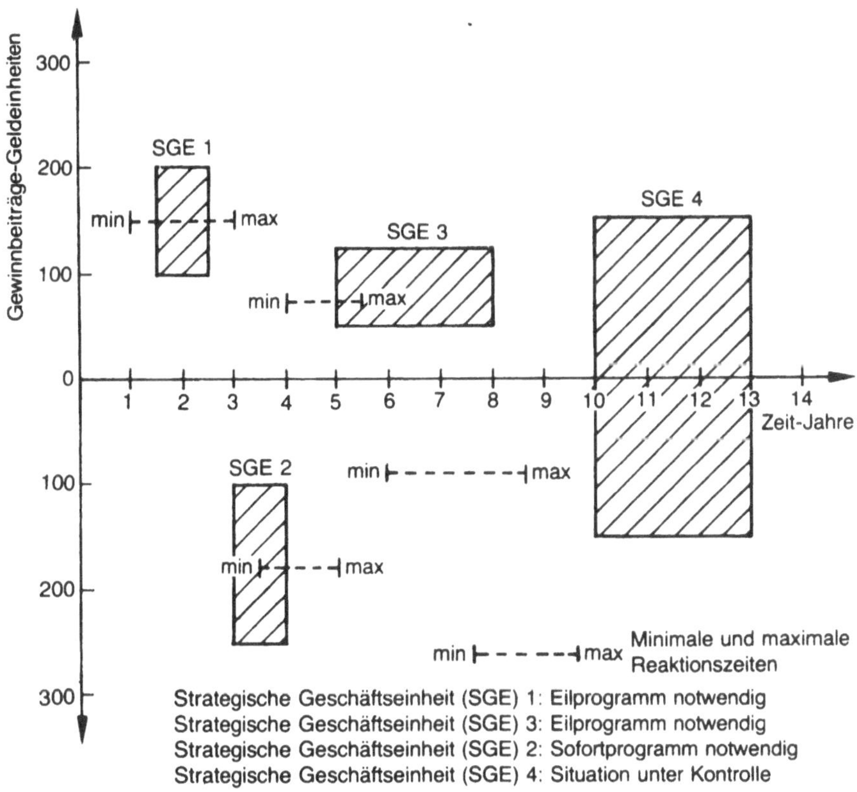

Abb. 1.7 Die Reaktionszeiten der Unternehmung für die Nutzung der Chancen und/oder Abwendung der Bedrohungen der strategischen Geschäftseinheiten (nach H.I. Ansoff).

phischen Diversifikation und dgl. mehr. Unter diesen Umständen können die Führungskräfte ihren Aufgaben nur gerecht werden, wenn sie die Flexibilität ihrer Einheiten erhöhen und eine Informations- und Indikatorenbasis aufbauen, die die wesentlichen Umwelttrends zu antizipieren gestattet oder mit diesen wenigstens synchron ist (Abb. 1.8).

Elemente der "Wertekette" oder des "Business Systems"	Gewichtung 1:unwichtig 2: sehr wicht.	Schlechter als die Konkurrenten - 2	- 1	± 0	+ 1	Besser + 2	Gewichtete Punktezahlen	Führender Konkurrent	Maßnahmen
Angewandte Forschung	1			●			-	A,B	
Experimentelle Entwicklung	3					●	+6	Wir, zu beobachten A	
Projektierung/ Konstruktion	3		●				- 3	C	2. Priorität
Beschaffung	3	●					- 6	A	1. Priorität
Komponentenherstellung	2		●				- 2	D	
Zusammenbau	3				●		+3	A	
Logistik	3		●				- 3	A	2. Priorität
Markteting/Vertrieb	3				●		+3	E	
Design	3					●	+6	Wir, zu beobachten B	
Kundendienst	3			●			-	B	
Gesamtergebnis (Minimum -60, Maximum +60)							+4		

Abb. 1.8 Die „Wertekette“ (M.E. Porter) oder das „Business System“ (McKinsey) als Instrumente zur Ermittlung von Wettbewerbsvorteilen (Beispiel)

1.2 Die Marketingpolitik

1.2.1 Die integrierende Funktion des Marketing

Im Rahmen der strategischen Unternehmungsführung ist Marketing ein „Fenster zur Welt“;[5] Marketing ist nicht nur ein Funktionsbereich neben der Produktion, der Forschung und Entwicklung, dem Personal usw., sondern übernimmt zunehmend die Rolle einer integrierenden Funktion, mit deren Hilfe die Unternehmung Marktsituationen zu ändern, neue Bedürfnisse hervorzurufen oder

[5] Vgl. hierzu M. Bower u. R.A. Garda, The Role of Marketing in Management, in: „The McKinsey Quarterly“, Autumn 1985, S. 34–46.

bestehende Bedürfnisse zu ändern und das Verhalten der Konkurrenten und der Institutionen sowie der Mitarbeiter und Lieferanten zu ihren Gunsten zu beeinflussen sucht, um den größtmöglichen Nutzen aus den angewandten oder einsetzbaren Produktionsverfahren zu ziehen.

Mit dieser kreativen Tätigkeit, die auf die Beeinflussung der Umweltsituation gerichtet ist, wird Marketing zu einer unternehmerischen Tätigkeit. Marketing ist nicht mehr nur die Aufgabe von Fachleuten, sondern auch von Führungskräften, die für andere operative Funktionsbereiche verantwortlich sind[6]. Im Industrieanlagenbau, in der Elektronik, Chemie und in vielen anderen Bereichen nehmen Ingenieure und Konstrukteure neben ihren eigenen Aufgaben in zunehmendem Umfang Marketingfunktionen wahr. Aufgrund der Anpassungsfähigkeit des Marketing finden sich Marketingbegriffe und -methoden auf allen Verantwortungsebenen und in allen Funktionsbereichen und Geschäftseinheiten der Unternehmung. Im folgenden sollen die strategischen und taktischen Aufgaben des Marketing im Rahmen der strategischen Unternehmungsführung kurz vorgestellt werden.

Die unterschiedlichen Auffassungen darüber, was unter dem Begriff Marketing zu verstehen ist und wie Marketing und Unternehmungsführung sich zueinander verhalten, zwingen zu einer kurzen begrifflichen Klärung.

Von vielen Autoren wird Marketing als „bewußt marktorientierte Führung des Gesamtunternehmens"[7] verstanden; dies nicht zuletzt deshalb, weil tatsächlich in der Praxis der letzten Jahre und Jahrzehnte eine durch verstärkten Konkurrenzdruck auf fast allen Märkten erzwungene Entwicklung hin zur absatz- bzw. kundenorientierten Gestaltung aller Unternehmungsbereiche erfolgt ist. Die somit erfolgte Gleichsetzung von Marketing und Unternehmungsführung würde jedoch – ohne die beschriebene Entwicklung verkennen zu wollen – eine Vernachlässigung der anderen Funktionsbereiche sowie anderer, gerade bei der strategischen Unternehmungsführung relevanter Aspekte technischer, ethischer und gesellschaftsbezogener Art bedeuten und Unternehmungsführung zur bloßen Reaktion auf Marktverhältnisse degradieren.

Deshalb erscheint es notwendig, eine Trennung zwischen strategischer Unternehmungsführung und Marketing vorzunehmen. Die vielfältigen Interdependenzen zwischen beiden Bereichen zeigen sich bei einer integrierten Betrachtung der Phasen der strategischen Führung und des Marketing-Prozesses[8] (Abb. 1.9).

Es wird dabei deutlich, daß strategische Führung und Marketing in einem engen Zusammenhang zueinander stehen.

Beispiel: Die Marktforschung bietet als Element der Marketing-Situationsanalyse Informationen (z.B. bezüglich der Attraktivität eines Marktes), die in die Analyse der Ausgangsposition und die Formulierung der

[6] Vgl. hierzu R.P. Bagozzi, Marketing Management: Strategies, Tactics, New Horizons, in: G.E. Germane (Hrsg.), The Executive Course, Reading, Mass. 1987, S. 1–66.

[7] H. Meffert, Marketing: Einführung in die Absatzpolitik, 7. Aufl. Wiesbaden 1986, S. 33.

[8] Vgl. Ph. Kotler, Strategic Planning and the Marketing Process, in: K. K. Kox u. V. J. McGinnis (Hrsg.), Strategic Market Decisions: A Reader, Englewood Cliffs, N. J. 1982, S. 21.

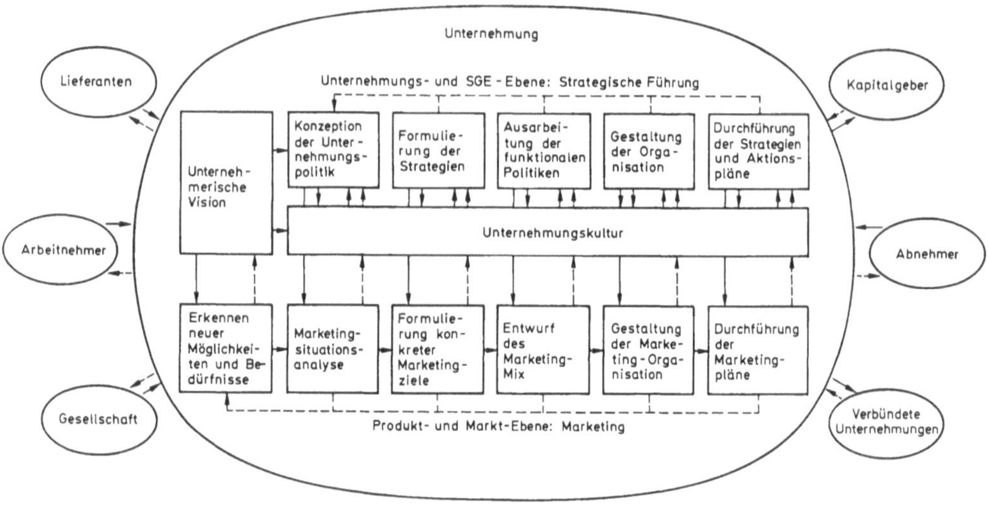

Abb. 1.9 Die Beziehungen zwischen strategischer Unternehmungsführung und Marketing

> Unternehmungspolitik im Rahmen der strategischen Führung eingehen. Dagegen ist die Marktforschung – wie alle Bereiche des Marketing – auf Richtlinien angewiesen, die aus den Strategien der Geschäftseinheiten und aus der Gesamtstrategie der Unternehmung abgeleitet sind.

Das Beispiel zeigt, daß Marketing-Informationen eine besondere Rolle im Prozeß der strategischen Führung spielen. Eine Ausrichtung der Marketing-Forschung auf die strategisch relevanten Inhalte im Rahmen der Marketingpolitik als funktionale Politik erscheint daher als vordringliche Aufgabe[9]. Aus dem beschriebenen Marketing-Prozeß sollen hier nur die Marketing-Situationsanalyse mit ihren Teilbereichen Marketingforschung (Kap. 1.2.3) und Marktsegmentierung (Kap. 1.2.4) kurz dargestellt werden. Darauf aufbauend werden dann die Marketing-Mix-Politiken in ihren Grundzügen beschrieben und jeweils der Bezug zur Strategie hergestellt. Das Marketing-Mix läßt sich nach den Instrumenten

- Programmpolitik
- Kommunikationspolitik
- Kontrahierungspolitik (Preis- und Konditionenpolitik)
- Distributionspolitik

unterteilen.

[9] Vgl. M. Rembeck, Unternehmungsführung und Marktforschung, in: M. Rembeck et al. (Hrsg.), Marktforschung im Dienst der Unternehmenssicherung und -entwicklung, 23. Jg. (1979), Heft 1, S. 5ff.

Die Elemente der Marketingpolitik sind in Abb. 1.10 zusammengefaßt.

Elemente der Marketingpolitik	NORM-STRATEGIEN		
	Investitions- und Wachstumsstrategien	Selektive Strategien	Abschöpfungs- und Desinvestitionsstrategien
Grundlage: Festlegung der Märkte und Segmente	Vergrößern, Dazugewinnen – Neue Regionen – Neue Anwendungen	Gezieltes Wachstum in Teilmärkten/ Position verteidigen	Aufgabe zugunsten von Erträgen – Selektion – Rückzug
MARKETING-MIX			
1. Programmpolitik (Marktleistungsgestaltung und Design)	Sortiment ausbauen; Diversifizieren; Innovation	Spezialisierung; Schwerpunktbildung (Randtypenbereinigung); Imitation	Programmbegrenzung (keine neuen Produkte; Aufgeben ganzer Linien)
2. Preis- und Konditionenpolitik	Preisdifferenzierung nach Segmenten Ziel: Preisführerschaft	Segmentspezifische Preisbildung	Abschöpfungs-preispolitik oder Preisstabilität
3. Kommunikationspolitik (Marktbearbeitungsmaßnahmen)	Aufbau eines hohen Bekanntheitsgrades durch: – Produktwerbung – Firmenwerbung	Gezielte Produktwerbung	Unterstützung der Abschöpfungs-preispolitik sonst: Rückgang der Aktivitäten
4. Distributionspolitik	Sicherung langfristiger Vertriebswege, Steigerung der Distributionsquote	Begrenzung/Straffung der Vertriebswege Konzentration auf zielgruppenspezifische Kanäle	Aufgabe teurer imageträchtiger Vertriebswege

Abb. 1.10 Die Elemente der Marketingpolitik.

Abb. 1.11 Die Abstimmung zwischen den Strategien und der Marketingpolitik (Beispiel)

Im folgenden werden die *Hauptinhalte* der Marketingpolitik kurz beschrieben und ein praktikables Verfahren zu ihrer Abstimmung mit den Strategien vorgestellt.

Grundlage der *Marketingpolitik* ist die Festlegung der Märkte und Segmente. Dies ist Aufgabe der Marktsegmentierung. Die Auswahl eines Marktsegmentes ist Teil der Strategie, die angibt, welches Produkt oder welche Dienstleistung welchen Abnehmergruppen auf der Grundlage welcher Technologie angeboten werden soll. Wieviele Produkttypen jedoch eine Produktlinie umfassen soll, wie die einzelnen Produkte zu gestalten sind, um sie von den Konkurrenzprodukten abzuheben, wie häufig das Design geändert werden soll – die Beantwortung dieser und ähnlicher Fragen erfordert verbindliche Richtlinien. Es ist Aufgabe der Marketingpolitik (Abb. 1.11), diese Richtlinien zu erlassen, um

(1) sicherzustellen, daß die Strategie im Marketingbereich korrekt und konsistent interpretiert wird;
(2) die anderen Funktionsbereiche (F & E, Produktion, Beschaffung, Personal und Finanzierung), deren Tätigkeiten von der Einfachheit oder Komplexität der angebotenen Produkte und Dienstleistungen beeinflußt werden, in die Lage zu versetzen, sich untereinander im Hinblick auf die Marketingpolitik abzustimmen;
(3) die Instrumente des Marketing-Mix so zu koordinieren, daß die Kundenbedürfnisse in den einzelnen strategischen Geschäftseinheiten auf optimale Weise erfüllt werden können.

1.2.2 Die strategischen Aufgaben des Marketing

Die strategischen Aufgaben des Marketing sind in den Beiträgen zu sehen, die das Marketing zur Klärung der folgenden Problembereiche leisten kann:

(1) Definition des natürlichen Marktes der strategischen Geschäftseinheiten und der Gesamtunternehmung;

(2) strategische Marktsegmentierung;
(3) Abgrenzung der strategischen Geschäftseinheiten der Unternehmung;
(4) Bestimmung der Marktattraktivität für die strategischen Geschäftseinheiten;
(5) Bestimmung der relativen Wettbewerbsvorteile der Unternehmung in bezug auf die einzelnen strategischen Geschäftseinheiten;
(6) Konkurrenzanalyse;
(7) Formulierung der Strategien.

Der *natürliche Markt* ist die geographische Region, in der die Unternehmung operieren muß, wenn sie wettbewerbsfähig sein will. Jeder natürliche Markt (Dachsteinziegel, Zement, Tageszeitungen, Arzneimittel usw.) ist durch ein spezifisches Wettbewerbssystem gekennzeichnet:

- Ist der Markt, in dem die Unternehmung operiert, größer als der natürliche Markt, wird die Unternehmung mit verschiedenen Wettbewerbssystemen konfrontiert, so daß sie sich gegenüber verschiedenen strategischen Geschäftseinheiten der Konkurrenten zu behaupten hat.
- Ist der Markt, in dem die Unternehmung operiert, kleiner als der natürliche Markt, befindet sich die Unternehmung in einem Wettbewerbsnachteil im Vergleich zu ihren Konkurrenten; will sie ihre Wettbewerbsvorteile erhalten, muß sie eine Marktnische finden, in der sie eine monopolähnliche Position aufbauen und auf Dauer halten kann.

Aufgabe des Marketing ist es, die Größe des natürlichen Marktes für die Geschäftseinheiten der Unternehmung zu bestimmen und deren Änderungen rechtzeitig zu ermitteln. Ohne Kenntnis des natürlichen Marktes lassen sich Strategien weder formulieren noch erfolgreich umsetzen.

Die *strategische Marktsegmentierung* ist eine weitere Aufgabe des Marketing, wenn eine strategische Geschäftseinheit entscheiden muß, mit welcher strategischen Grundkonzeption (Differenzierung oder Kostenfuhrerschaft) in welchem Marktsegment auf Dauer haltbare Wettbewerbsvorteile verwirklicht werden können. Die Marktsegmentierung als Vertiefung der strategischen Marktsegmentierung beruht auf der Analyse von fünf Dimensionen: Produktfunktionen (was?), Abnehmergruppen (wer?), Technologien (wie?), geographische Regionen (wo?) und Eigenfertigung/Fremdbezug (wieviel? und wann?).

Die *Abgrenzung der strategischen Geschäftseinheiten* (SGE) und ihre Zusammenfassung in SGE-Familien geht vom Ist-Zustand (gegenwärtige Definition, Führungsverantwortung, Wirtschaftsergebnisse) aus und hat die Wege aufzuzeigen, auf denen der angestrebte Soll-Zustand erreicht werden kann. Marketingleute, die das Gespür für ethische und moralische Wertvorstellungen und für die gesellschaftliche Verantwortung der Unternehmung besitzen und in der Lage sind, Veränderungen in der Gesellschaft rechtzeitig zu erkennen und in die Strategien einfließen zu lassen, leisten wesentliche Beiträge dazu, auf Dauer haltbare Wettbewerbsvorteile zu schaffen und somit strategische Geschäftseinheiten einzurichten.

Die *Marktattraktivität* ist das Produkt aus Wettbewerbsintensität (Verhalten der im Markt etablierten Unternehmungen, Bedrohung durch neue Konkurrenten und Substitutionsprodukte, Verhalten und Verhandlungsstärke der Abnehmer, Lieferanten und Arbeitnehmer sowie deren Organisationen, Eingriffe des Staates) und Marktdynamik (Wachstum des natürlichen Marktes, Lebenszyklusphase des Marktes, Risikosituation, Absatzkanäle). Aufgabe des Marketing ist es, zur Bestimmung und Gewichtung der Faktoren beizutragen, von denen die Gewinnaussichten und Entwicklungsperspektiven eines Marktsegmentes abhängen.

Die *Bestimmung der relativen Wettbewerbsvorteile* der Unternehmung in bezug auf die einzelnen strategischen Geschäftseinheiten ergibt sich aus der Gegenüberstellung der Kauffaktoren, die von den Abnehmern als kaufentscheidend betrachtet werden, und der zentralen Erfolgsfaktoren, mit denen sich die Unternehmung von den Konkurrenten abheben kann.

Das Marketing kann über die Bestimmung der Kauffaktoren, die den Ausschlag geben, welcher Anbieter von den Abnehmern bevorzugt wird, einen wesentlichen Beitrag zur Ermittlung der relativen Wettbewerbsvorteile der Unternehmung in bezug auf die einzelnen strategischen Geschäftseinheiten leisten.

Je ausgeprägter die Sensibilität für Veränderungen im wirtschaftlichen, politischen und sozialen Raum ist und je besser diese auf das Ganze eingehende Sichtweise des Marketing auf die Stärken der Unternehmungen Rücksicht nimmt, desto größer wird der Beitrag des Marketing zur Formulierung der Strategien sein.

Die *Konkurrenzanalyse* als Voraussetzung für die Bestimmung der relativen Wettbewerbsvorteile der Unternehmung in bezug auf die einzelnen strategischen Geschäftseinheiten verlangt vom Marketing die Erstellung von Wettbewerberprofilen. Ein Wettbewerberprofil gibt an[10]:

- Absatzmengen, Marktanteile, Kostenstrukturen und Kapazitätsausnutzungsgrade in zeitlicher Profilierung der Konkurrenten innerhalb und außerhalb des natürlichen Marktes; Bedeutung des Marktsegmentes für die einzelnen Konkurrenten;
- potentielle neue Konkurrenten: Namen, Eintrittsbarrieren, Mindestgrößen für Kapazitätserweiterungen und neue Anlagen, Anlaufzeiten und Kosten für einen erfolgreichen Markteintritt, Synergieeffekte usw.
- Anbieter von Substitutionsprodukten, ferner Art des Wettbewerbs, Ausmaß der vertikalen Integration, Ein- und Austrittsbarrieren, F&E-Intensität, finanzielle Kennzahlen u.a.m.

Für die *Strategieformulierung* gibt es kein Schema; das Marketing kann jedoch dazu beitragen, strategische Alternativen zu entwickeln und zu beurteilen, damit, ausgehend von den Positionen der strategischen Geschäftseinheiten im Ist-Portfolio, die angestrebten Positionen im strategischen Ziel-Portfolio unter Offenhaltung verschiedener Möglichkeiten und auf möglichst wirtschaftliche Wei-

[10] Vgl. im einzelnen H.H. Hinterhuber, Strategie und Taktik im Marketing, in: Ch. Belz (Hrsg.), Realisierung des Marketing, St. Gallen 1986, S. 191–209.

se erreicht werden können. Für die Beurteilung der Validität der vorgeschlagenen strategischen Alternativen sind die relativen Wettbewerbsvorteile der Unternehmung in bezug auf die einzelnen strategischen Geschäftseinheiten hinsichtlich Änderungen in den Kauffaktoren und in den Stärken und Schwächen der Unternehmung und der Hauptkonkurrenten sowie Aktionen und Reaktionen der Hauptkonkurrenten zu überprüfen.

Gefragt sind Marketingleute mit Intuition und Wissen, Gespür für Markt- und Umweltentwicklungen und Vertrautheit mit unternehmungsinternen Zusammenhängen, analytischem Denkvermögen und Kenntnis moderner Managementtechniken; mit anderen Worten Persönlichkeiten, die a) in der Lage sind, Prognosen zu erstellen, die dem effektiv eintretenden Lauf der Dinge nahekommen, und b) über die Kreativität und Initiative verfügen, um mit dieser Fähigkeit die Realisierung der Strategien zu erleichtern.

1.2.3 Die Inhalte einer strategischen Marketingforschung

Die Wahl des strategischen Planungshorizontes hängt bekanntlich von der Länge der technischen Zeiten im Bezug auf die Ressourcenallokation ab; die Eckpunkte des Planungshorizontes sind einerseits durch den Beginn eines Forschungs- und Entwicklungsprojektes und andererseits durch die Markteinführung der daraus resultierenden Produkte bestimmt; organisatorische Maßnahmen oder Probleme der Kaderentwicklung können allerdings in manchen Fällen einen längeren Planungshorizont notwendig erscheinen lassen.

Da generell die Lebensdauer der Produktfunktion länger als die des Produktes ist, impliziert die Länge des strategischen Planungshorizontes – Minimum fünf, Maximum zehn bis zwölf Jahre –, daß die von einem Produkt erfüllten *Funktionen* in die Zukunft projiziert werden. Das Denken in Produktfunktionen deckt im allgemeinen ein weiteres Gebiet ab als die Definition der Produktlinien. Beispiele hierfür sind:

Produkt:	*Funktion:*
Eisenbahn	Transport
Tageszeitung	Information
Fernsehen	Bildübertragung
Röntgenstrahlen	Diagnose

Folgende Fragen können zur *Entwicklung der Funktion* beitragen und sollen Gegenstand der Marketingforschung sein[11]:

(1) Wie entwickelt sich die Art der Funktion?
(2) Wie wichtig ist die Funktion für den Anwender?
(3) Welchen Anteil haben die Kosten der Funktion in der allgemeinen Kostenstruktur des Abnehmers?
(4) Wie verhält sich die Funktion zu anderen Funktionen? (Substituierbarkeit, Komplementarität, Integration)

[11] Vgl. hierzu W. Wyss, New Marketing, 2. Aufl., Adligenswil 1987, S. 120ff.

(5) Welche neuen Funktionen zeichnen sich ab?
(6) Welche konkreten Anforderungen werden von den zukünftigen Funktionen an die Anwendungen/Systeme/Produkte gestellt?

Die Beantwortung dieser Fragen hängt erstens vom Ergebnis der Untersuchungen der *Einflußfaktoren*, die das Verhalten der Abnehmer bedingen, zweitens von der *wissenschaftlichen und technischen Entwicklung* und drittens vom *Verhalten der Institutionen* ab.

Nach der Abgrenzung der zukünftigen Funktion einer Produktlinie sind Marktgröße und Marktwachstum zu schätzen.

Es ist Aufgabe der *technischen Prognosen* (*Technological Forecasting*), Antworten auf folgende, das Produkt und die Produktionsverfahren betreffende Fragen zu geben:

(1) Wird die *Funktion* der Produktlinie auch in Zukunft bestehen?
(2) Wird die gegenwärtig bestehende Funktion ausschließlich durch die Anwendung heute bekannter *physikalischer Gesetze* erfüllt werden?
(3) Werden die heute angewandten physikalischen Gesetze auch in Zukunft ausschließlich in der gegenwärtigen Art und Weise eingesetzt werden?
(4) Wird die *Art und Weise der Anwendung* der gegenwärtigen Methoden unverändert bleiben?

Die negative Beantwortung einer dieser (oder ähnlicher) Fragen erfordert eine kurze Beschreibung der erwarteten Änderungen und ihrer Einordnung in eine der folgenden Entwicklungsphasen:

- Stand von Wissenschaft und Technik,
- Verhalten der Konkurrenz,
- Einstellung der Abnehmer,
- Verhalten der Lieferanten und Arbeitnehmer,
- Verhalten der Institutionen,
- Stand der unternehmungsinternen Forschung und Entwicklung.

Da die Konkurrenz als Katalysator neuer technischer Anwendungen und neuer Produktfunktionen fungieren kann, müssen neben der strategischen Analyse der Dynamik der anwendungstechnischen Entwicklung, der Arbeitsorganisation und der technologischen Integration auch die Strategien der stärksten Konkurrenten und die intersektoralen Wettbewerbsbeziehungen untersucht werden. Folgende Fragen können die Erfassung der strategischen Wettbewerbsbeziehungen erleichtern:

(1) Welche Produkte konkurrieren gegenwärtig und in der Zukunft um dieselbe Funktion? (intersektoraler Wettbewerb)
(2) Welche strategischen Entwicklungen zeichnen sich ab hinsichtlich:
    - Forschung und Entwicklung,
    - Patentwesen,
    - Produktspektrum (Diversifikation),
    - Marktanteilen, und
    - regionalem Wachstum

(3) Welche Arbeitsgebiete aus anderen Branchen dringen gegenwärtig in die Branchen ein, in denen die Unternehmung operiert oder operieren wird? Welche Entwicklungen zeichnen sich ab?

1.2.4 Die Marktsegmentierung und die Abnehmerselektionspolitik

Die Strategie gibt unter anderem an, in welchen Marktsegmenten die Unternehmung mit ihren strategischen Geschäftseinheiten ihre Aktivitäten entfaltet. Die Aufnahme von Produkten und Märkten ergibt eine Vielzahl von Produkt/Markt-Kombinationen (Abb. 1.12).

Die Produkt/Markt-Kombinationen einer Unternehmung oder eines Unternehmungsbereiches lassen sich zu strategischen Geschäftseinheiten zusammenfassen, für die eine einheitliche Marketingpolitik formuliert werden kann.

Dabei ist bereits eine grobe Entscheidung über die Abnehmer, die man erreichen will, gefallen. Jedoch ist die grobe Definition des „Marktes", die im Rahmen der Strategieformulierung vorgenommen wurde, nicht differenziert genug, um als Grundlage für konkrete Marketing-Maßnahmen dienen zu können. Deshalb ist die Ausgangsbasis für die Formulierung der Marketingpolitik die Beschäftigung mit folgenden Fragen:

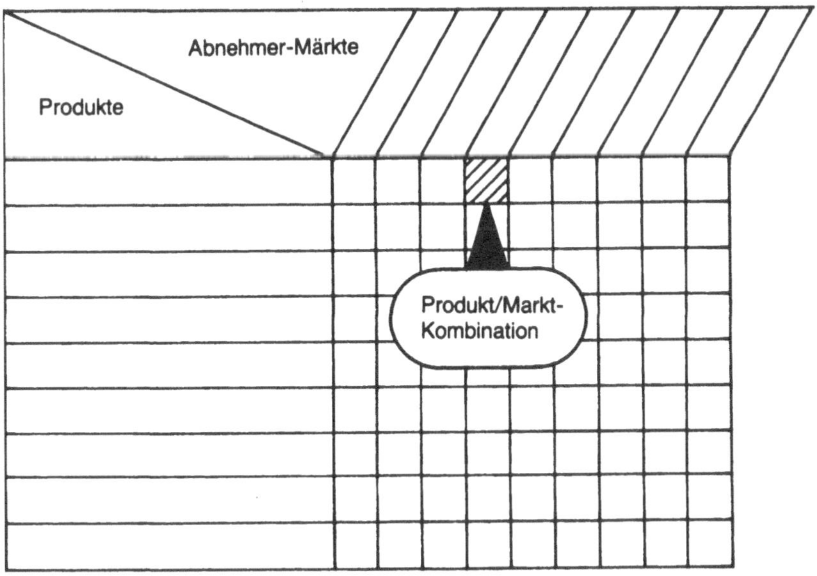

Abb. 1.12 Der Begriff der Produkt/Markt-Kombination (Durch eine entsprechende Kennzeichnung können im schraffierten Bereich die Hauptkonkurrenten angegeben werden).

(1) Nach welchen Kriterien lassen sich die potentiellen Abnehmer sinnvoll verhältnismäßig homogenen Gruppen zuordnen? Sinnvolle Kriterien sind solche, die eine hohe Relevanz für Marketing-Maßnahmen haben.
Beispiel:
- Abnahmemenge
- geographische Verteilung
- demographische und psychographische Merkmale der Nachfrager.

(2) Welche Abnehmergruppen sollen als erwünschte Kunden angesprochen und welche abgelehnt werden? (Abnehmerselektion)
Dabei sind insbesondere folgende Überlegungen wichtig: Welche Mindestmengen sollte ein Kunde abnehmen, damit er weiter beliefert wird? Welche Höchstmengen (in % vom Umsatz der SGE) können auf einen einzigen Abnehmer entfallen, ohne daß die Abhängigkeit zu groß wird? Welche Marktsegmente erscheinen für die Unternehmung besonders attraktiv? (Übereinstimmung von Erfolgsfaktoren, verstanden als Anforderungsprofil des Teilmarktes, und dem Stärken/Schwächen-Profil der Unternehmung) (Abb. 1.13)[12].

Bei einer Investitionsstrategie wird eine solche Aufteilung des Marktes tendenziell für Zwecke einer differenzierten Bearbeitung einer Mehrzahl von Segmenten erfolgen, die als Schlüsselsegmente bedeutsam sind für die Erreichung der Marktführerschaft (differenzierte Marktbearbeitung)[13].

Für selektive Strategien lassen sich Segmente ausmachen, auf die sich die Unternehmung konzentrieren kann, um dort in einem Teilmarkt eine sichere Position aufzubauen bzw. zu behaupten (konzentrierte Marktbearbeitung). Im Rahmen von Desinvestitionsstrategien liefert die Marktaufteilung ein Raster für die stufenweise Abschöpfung und Aufgabe von Marktsegmenten (stufenweise selektive Marktbearbeitung).

Erst wenn die Entscheidung gefallen ist, welche Abnehmergruppen zu Zielgruppen für Marketing-Aktivitäten werden sollen, können die Marketing-Ziele operational definiert und die Instrumente gezielt eingesetzt werden.

1.2.5 Die Programmpolitik

Ebenso wie die Absatzmärkte sind auch die Arten von Produkten und Dienstleistungen, die Gegenstand der Unternehmungstätigkeit sein sollen, von der Strategie grob vorgegeben (Abb. 1.12). Im Rahmen der Marketingpolitik stellt sich nun die Aufgabe, das Absatzprogramm der Unternehmung konkret so zu gestalten, daß

(1) damit eine konsequente Umsetzung der strategischen Entscheidungen erfolgt und

[12] Vgl. hierzu A. Lienhard, Eroberung neuer Märkte, in: H.B. Maynard AG (Hrsg.), Neue Grenzen und Möglichkeiten, Zürich 1976.

[13] Vgl. hierzu D. Ahlert, Grundzüge des Marketing, in: H. Vormbaum (Hrsg.), Betriebswirtschaftslehre für Ingenieure, 2. Aufl., Düsseldorf 1980, S. 44–46.

(2) eine klare Ausrichtung der Politik an den Bedürfnissen und Problemen der ausgewählten Abnehmer erreicht wird.

Die markt- bzw. segmentgerechte Gestaltung des Leistungsprogramms ist dabei unabdingbare Voraussetzung für die Erreichung der angestrebten Stellung im Wettbewerb. Die Charakteristika der gewünschten Abnehmergruppen, die im Rahmen der Marktforschung ermittelt und durch die Marktsegmentierung aufbereitet wurden, bilden also den Ausgangspunkt für produktpolitische Überlegungen und letztendlich für die Entscheidungen über die Eigenschaften der einzelnen Produkte wie[14]:

- physikalische und funktionale Eigenschaften
- symbolische Eigenschaften (Markenname)
- ästhetische Eigenschaften (Design)
- Zusatzleistungen zum Produkt (Kundendienst).

Wie tief und wie breit das Programm sein soll, d.h. wieviele Produktarten in wieviel verschiedenen Ausführungen angeboten werden sollen, das sind Fragen, die in engem Zusammenhang mit der Interpretation der strategischen Stoßrichtung beantwortet werden müssen.

Eine Investitionsstrategie wird tendenziell eine Verbreiterung und Vertiefung des Angebots bedeuten, da die Einnahme einer starken Marktstellung meist nur dadurch zu erreichen ist, daß für die meisten Marktsegmente spezifische Problemlösungen angeboten werden.

Dagegen wird eine Desinvestitionsstrategie tendenziell zu einer Straffung des Programms führen, da meist stufenweise die Programmteile ersatzlos eliminiert werden, deren Beitrag zur Erlöserzielung nicht den Ansprüchen genügt.

1.2.6 Die Preis- und Konditionenpolitik

Die Preis- und Konditionenpolitik regelt als Teil der Marketingpolitik die Bedingungen, unter denen die Ware oder Dienstleistung vom Anbieter auf die Nachfrager übergehen soll. Aktionsparameter sind:

- Verkaufspreise
- Rabatte
- Skonti
- Zahlungsbedingungen
- Absatzkredite etc.

Der Einsatz dieser Instrumente steht in engem Zusammenhang mit den Entscheidungen darüber, welche Abnehmergruppen mit welchen Produkt- und Service-Qualitäten angesprochen werden sollen. Dies insbesondere deshalb, weil die Preispolitik von einer starken Irradiation auf die Wahrnehmung der Produktqualität und des Unternehmungsimage durch die Nachfrager begleitet ist.

[14] Vgl. H. Meffert, Marketing, a.a.O., S. 336.

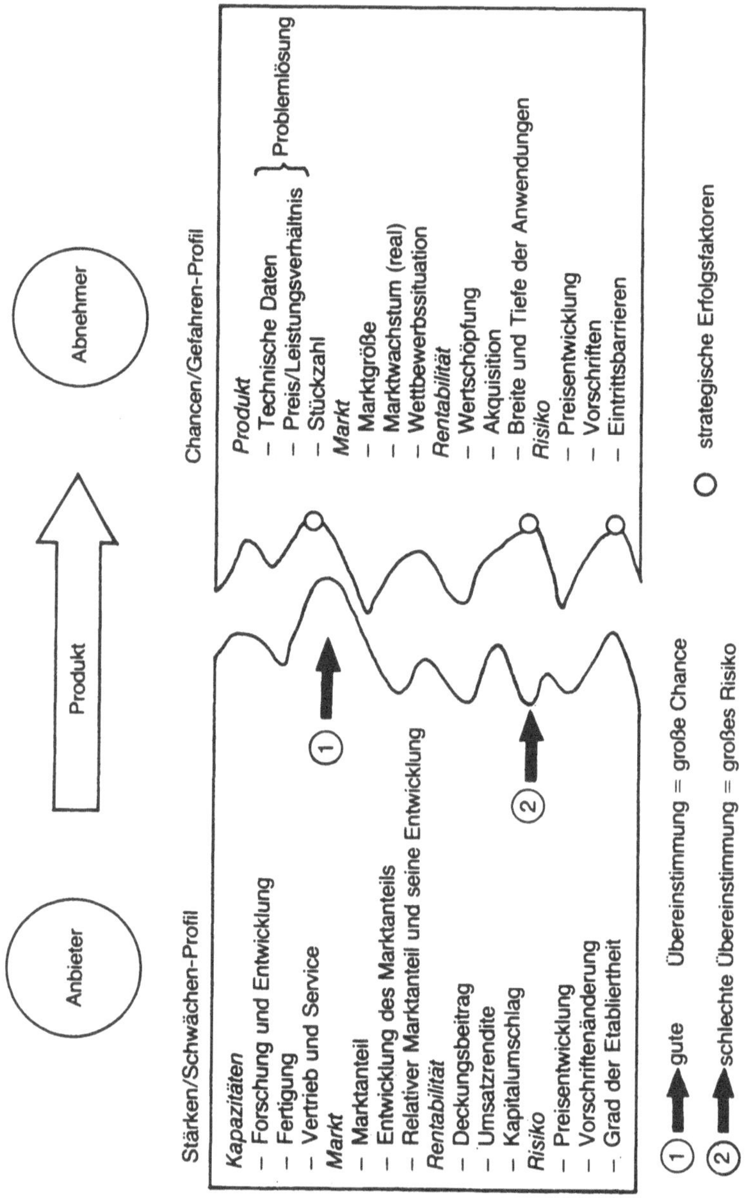

Abb. 1.13 Grundschema eines Produktprofils.

Also muß die Preispolitik abgestimmt sein

(1) mit den Zielen der Strategie – Desinvestition, Nutzung bestehender oder Schaffung zukünftiger Gewinnpotentiale –,
(2) mit den übrigen Komponenten des Marketing-Mix
  - Produktpolitik
  - Kommunikationspolitik
  - Distributionspolitik und
(3) mit den anderen funktionalen Politiken wie:
  - Finanzpolitik
  - Bilanzpolitik
  - Produktionspolitik.

Preispolitische Maßnahmen setzen einmalige und laufende Informationen voraus, wenn sie mit dem Ziel der Strategie übereinstimmen sollen. Verlangt werden:

(1) Kenntnis der Relationen zu den Preisen der Konkurrenzprodukte,
(2) Kenntnis der den Produkten zugrundeliegenden Erfahrungskurven (Stückkosten versus kumulative Produktionsmenge),
(3) Abschätzung der voraussichtlichen Inflationstendenzen und staatlichen Eingriffe in den Preisbildungsmechanismus,
(4) Kenntnis der Preisbereitschaft und Preiserwartung in den einzelnen Marktsegmenten,
(5) Informationen über die Reaktion der Nachfrager auf Preisänderungen,
(6) Informationen über die Reaktion der Konkurrenz auf Preisänderungen bei eigenen Produkten,
(7) Kenntnis der Kriterien für Preisbildung und -differenzierungen,
(8) nach Festsetzung der Preisstruktur, Angabe, wie oft und unter welchen Bedingungen Preisänderungen durchgeführt werden sollen.

Obwohl die strikte Orientierung der Preise an den Produktionskosten auch auf kurze Sicht bei schwankender Nachfrage problematisch ist, ist *langfristig* eine Orientierung der Preispolitik an den Möglichkeiten der Beeinflussung der Kostensituation unabdingbar[15]. Dabei ist der Effekt der „Erfahrungskurve" von besonderer Bedeutung. Die strategischen Auswirkungen der Erfahrungskurve auf die Preispolitik sollen deshalb näher erörtert werden.

Bei einer Offensivstrategie setzt die Preisbildung die *Kenntnis des kritischen Preises* voraus, d.h. des Preises, der erzielt werden muß, wenn die Unternehmung alle im Innovationsprozeß über den ökonomischen Horizont der Strategie anfallenden Investitionsausgaben durch die Überschüsse der erwarteten Einnahmen über die Betriebsausgaben und Steuern zurückgewinnen und zum Kalkulationszinssatz verzinsen will. In einer abgewandelten Formulierung der Kapitalwertmethode kann der kritische Preis im Schnittpunkt des gewünschten internen Zinssatzes mit dem Quotienten aus der abgezinsten Ausgabenreihe

[15] Vgl. hierzu H.H. Hinterhuber, Innovationsdynamik und Unternehmungsführung, a.a.O., S. 243ff.

und den abgezinsten Produktionsmengen auf der Ordinate abgelesen werden (Abb. 1.14)[16]. In Abhängigkeit von der Höhe der erwarteten Verkaufspreise läßt sich die Variationsbreite des internen Zinssatzes für unterschiedliche unternehmungsinterne und -externe Bedingungen bestimmen (Abb. 1.15). Die Preispolitik muß als Instrument zur Durchsetzung der Strategie verstanden werden (vgl. Abb. 1.16 und Tab. 1.1).

Eine Investitionsstrategie erfordert eine Preispolitik, die die anderen Marketing-Instrumente bei der Eroberung einer starken Marktstellung unterstützt. Je nach den Charakteristika des Marktes und der Nachfrager können eine Politik relativ hoher oder eine Politik relativ niedriger Preise für verschiedene Produkte

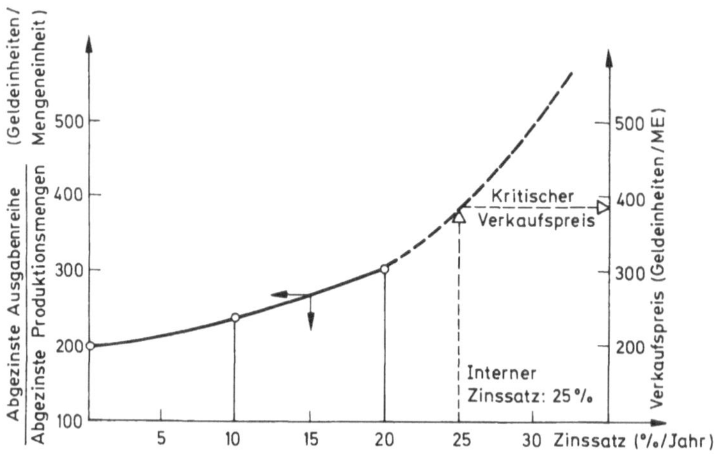

Abb. 1.14 Die Bestimmung des kritischen Verkaufspreises für einen gewünschten internen Zinssatz in Abhängigkeit von der abgezinsten Ausgabenreihe und den abgezinsten Produktionsmengen (Beispiel)

[16] Die angegebene Beziehung läßt sich in der Form:

$$\frac{\text{Abgezinste Ausgabenreihe}}{\text{Abgezinste Produktionsmengen}} = \frac{\sum_{t=0}^{n} (I_t + B_t + S_t)(1+i)^{-t}}{\sum_{t=0}^{n} q_t (1+i)^{-t}}$$

(z. B. DM/Mengeneinheit) schreiben.
Es bedeuten:
I_t: Investitionsausgaben im Jahr t (z. B. DM/Jahr),
B_t: Betriebs- und Instandhaltungsausgaben im Jahr t (z. B. DM/Jahr),
S_t: Durch die Strategie verursachte Steuern im Jahr t (z. B. DM/Jahr)
q_t: Produktionsmenge im Jahr t (Mengeneinheiten/Jahr)
i: Kalkulationszinssatz
n: Ökonomischer Horizont der Strategie (Jahre)

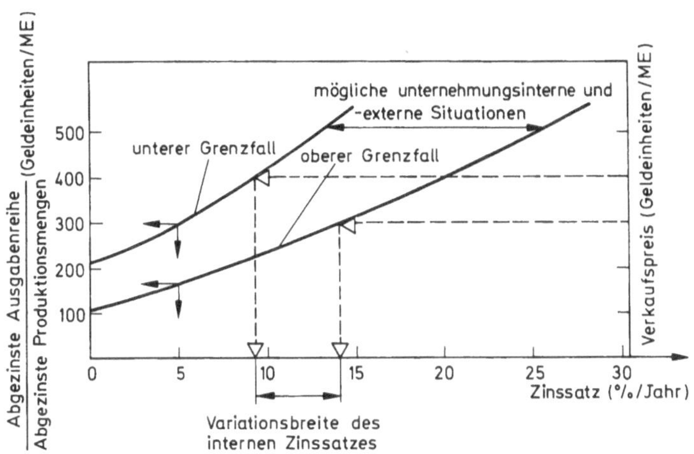

Abb. 1.15 Die Bestimmung der Variationsbreite des internen Zinssatzes für diverse mögliche Verkaufspreise in Abhängigkeit von unterschiedlichen unternehmungsinternen und externen Situationen (Beispiel)

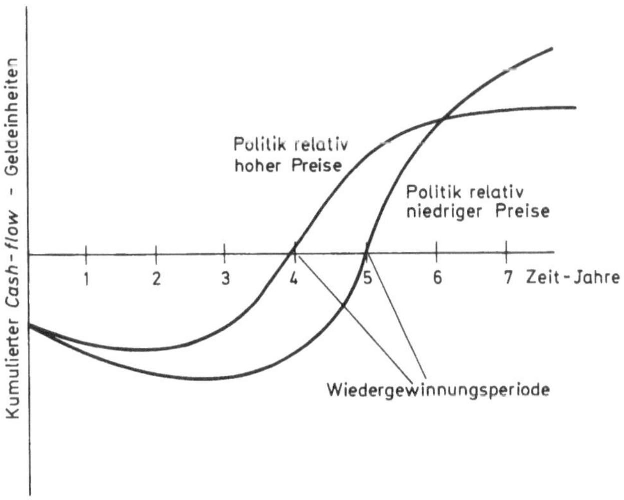

Abb. 1.16 Das *Cash-flow*-Profil zweier Strategien in Abhängigkeit von der Preispolitik (tendenzielle Konfiguration)

Tabelle 1.1 Grundschema der tendenziellen Auswirkungen einer Politik relativ niedriger und einer Politik relativ hoher Preise

Auswirkungen / Preispolitik	Kumulierter *Cash-flow*	Kapitalwert	Wiedergewinnungsperiode	Risiko	Zeitlicher Horizont
Politik relativ niedriger Preise	höher	größer	länger	höher	langfristig
Politik relativ hoher Preise	niedriger	kleiner	kürzer	niedriger	kurzfristig

bzw. in verschiedenen Marktsegmenten angezeigt sein. Ziel der Preispolitik ist es, in Verbindung mit den anderen absatzpolitischen Instrumenten die Erreichung einer führenden Wettbewerbsposition für jede strategische Geschäftseinheit zu sichern. Bei einer selektiven Strategie, die auf eine führende Stellung in einem Teilmarkt (Segment) abzielt, wird es darauf ankommen, den zu diesem Segment passenden Preis, d.h. den der Preisbereitschaft in diesem Segment angepaßten Preis zu finden und die Konkurrenten davon abzuhalten, in dieses Segment einzudringen und/oder ihre Marktanteile zu erhöhen.

Desinvestitionsstrategien schlagen sich dagegen in *Abschöpfungspreisen* nieder, die statt auf Erlangung oder Verteidigung einer Marktstellung auf die Erwirtschaftung eines hohen *Cash-flow* gerichtet sind. Hierbei kann es angesagt sein, von dem bisherigen hohen Preisniveau stufenweise bis zu einem durch die Kostensituation vorgegebenen Punkt Preissenkungen vorzunehmen, um ohne Rücksicht auf eine langfristige Stellung im Markt sukzessive jene Nachfrager-Segmente „abzuschöpfen", die bisher wegen des zu hohen Preises noch keine Käufer des Produktes waren. Voraussetzungen dafür sind jedoch:

- bisherige Hochpreispolitik,
- daraus resultierendes hohes Qualitätsimage (Preis-Qualitätszusammenhang von den Nachfragern vermutet).

In allen Unternehmungen und Industriesektoren kann bekanntlich damit gerechnet werden, daß jede Verdoppelung der im Zeitablauf kumulierten „Erfahrungen" (Produktionsmengen) die auf die Wertschöpfung bezogenen und in konstanten Geldeinheiten ausgedrückten Stückkosten auf 70 %, 80 % oder 90 % des Ausgangswertes senkt (70 %-, 80 %- oder 90 %-Erfahrungskurven), wenn eine effiziente Unternehmungsleitung alle Rationalisierungsreserven und Innovationsmöglichkeiten in allen Bereichen ausschöpft[17]. Es ist hier nicht der Platz, die Vielzahl schwieriger Probleme zu erörtern, welche die Ermittlung der Erfahrungskurven beinhaltet. Die Möglichkeiten und Grenzen solcher Analysen müssen unternehmungsspezifisch und situativ untersucht und dargestellt werden. Der produktive Effekt der Erfahrungskurven ist von einer Vielzahl subjektiver und objektiver Faktoren abhängig, die in Abb. 1.17 zusammengefaßt sind.

Aus diesem empirisch festgestellten Sachverhalt können folgende Schlußfolgerungen für preispolitische Maßnahmen abgeleitet werden:

(1) Die potentiellen Stückkosten verhalten sich umgekehrt proportional zu den kumulierten „Erfahrungen" (Produktionsmengen) und somit zu den Marktanteilen (Abb. 1.18), wenn die Relationen zwischen den Gesamtmengen mit den Relationen der Marktanteile übereinstimmen.

(2) Ändern sich die Marktanteile nicht, d.h. ist der jährliche relative Mengenzuwachs bei allen Wettbewerbern gleich, ändern sich auch die relativen Kostenunterschiede der Wettbewerber nicht.

(3) Eine Unternehmung kann ihre relative Kostensituation verbessern, wenn ihre Wachstumsrate größer als die der Konkurrenten ist; die Abb. 1.19

[17] Vgl. hierzu B.D. Henderson, Die Erfahrungskurve in der Unternehmensstrategie, Übersetzung und Bearbeitung: A. Gälweiler, Frankfurt/New York 1974; H.H. Hinterhuber, Innovation und gesellschaftliche Entwicklung, in: „Journal für Betriebswirtschaft", 26 (1976), S. 65–83. Bezeichnet man die durchschnittlichen Stückkosten mit y und die kumulierte Produktionsmenge mit x, so ist die Erfahrungskurve im doppeltlogarithmischen Netz gegeben durch den Ausdruck:

$$\log y = \log a - b . \log x$$

wobei a und b Konstanten sind. Bezeichnet man mit m die Höhe des Ausgangswertes, auf die sich die Stückkosten bei einer Verdoppelung der kumulativen Produktionsmenge reduzieren, so ergibt sich:

$$m = \frac{y_2}{y_1} = 2^{-b}$$

Löst man diese Gleichung mit Hilfe der Logarithmierung nach b auf, erhält man:

$$b = -\frac{\log m}{\log 2}$$

Der mit 100 multiplizierte Wert von m wird als Erfahrungsfaktor bezeichnet; die Größe b, die im doppeltlogarithmischen Netz die Neigung der Geraden darstellt, wird als Elastizität der Erfahrungskurve bezeichnet; darunter ist wie bei der Preiselastizität die prozentuale Änderung der Ordinate bei jeder prozentualen Änderung der Abszisse zu verstehen. Zwischen dem Erfahrungsfaktor und der Elastizität der Erfahrungskurve b besteht folgender Zusammenhang:

Erfahrungsfaktor	Elastizität der Erfahrungskurve b
70%	0,5146
80%	0,3219
90%	0,1520

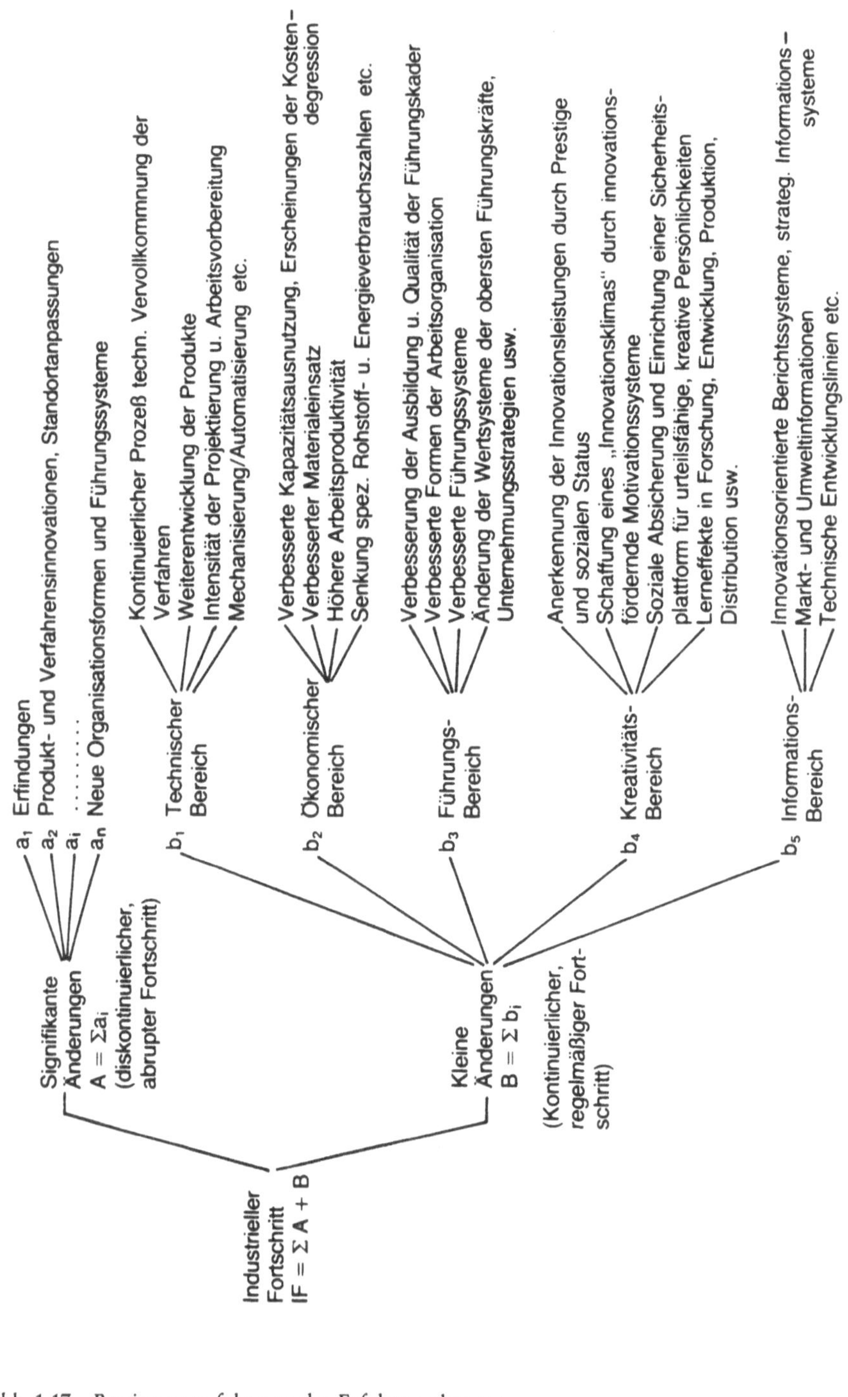

Abb. 1.17 Bestimmungsfaktoren der Erfahrungskurven.

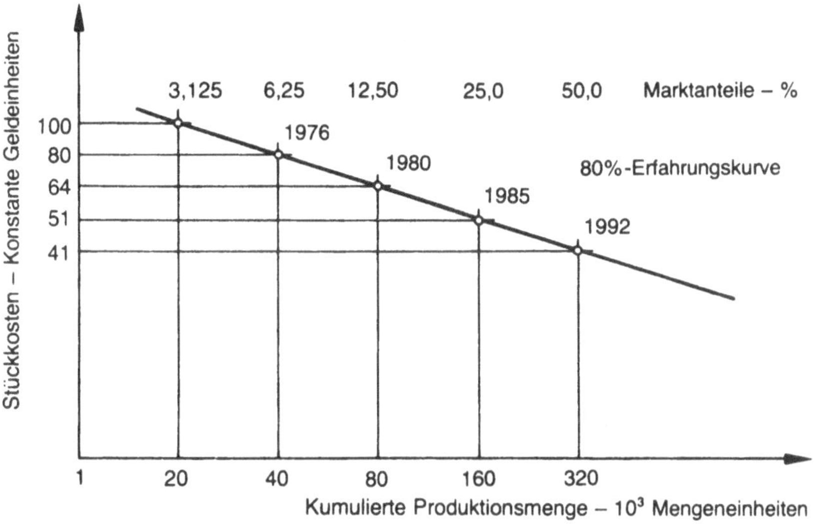

Abb. 1.18 Der Zusammenhang zwischen Stückkosten, Gesamtmenge und Marktanteil.

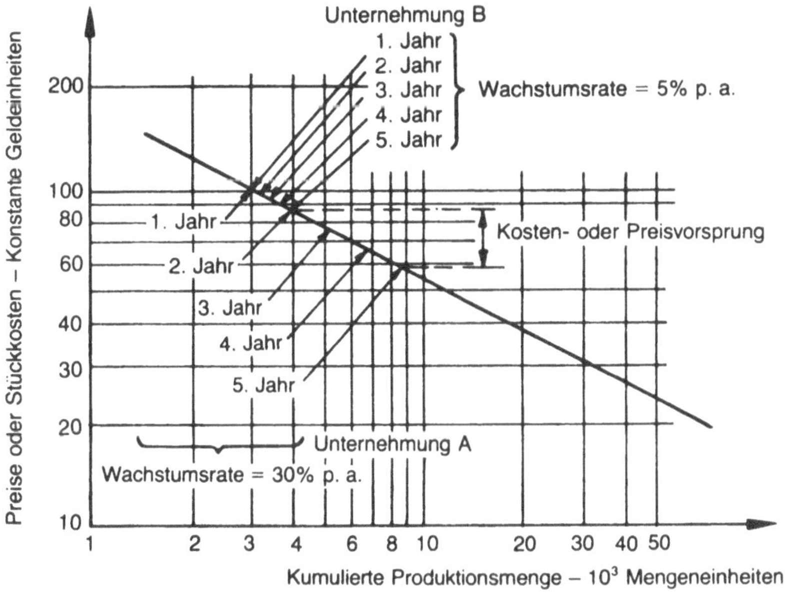

Abb. 1.19 Der Wert des Wachstums

macht die gleiche Ausgangsposition der Unternehmungen A und B deutlich; mit Hilfe einer aggressiven Preispolitik, als einer von mehreren Möglichkeiten, kann die Unternehmung A ihre „Erfahrungen" erweitern und die Kosten senken.

(4) Die Höhe der Gewinnspannen hängt von den kumulativen Produktionsmengen der Wettbewerber und deren relativen Verschiebungen ab (Abb. 1.20).

(5) Die potentielle Kostensenkung kann geplant werden; Abb. 1.21 zeigt, daß die Unternehmung in 4 Jahren einen bedeutenden Marktanteil (ausgedrückt in Mengeneinheiten) gewinnen kann, wenn der angestrebte Marktpreis von 50 Geldeinheiten innerhalb des Planungshorizontes verwirklicht werden kann; ausgehend von der Schätzung der jährlichen Produktionsmengen und der Kenntnis der anfänglichen Stückkosten kann der Erfahrungsfaktor bestimmt werden, von dem die Stückkostenziele im Zeitverlauf abhängen.

(7) Die Zweckmäßigkeit einer Investition in Marktanteile kann aus dem Erwerb des damit verbundenen Kostensenkungspotentiales berechnet werden.

Generell gilt, daß die Preispolitik (in Verbindung mit Produktqualität, Service, Lieferzeiten, Design usw.) darauf gerichtet sein muß

(1) über die Sammlung von „Erfahrungen" die Stückkosten zu senken und den Marktanteil zu erhöhen oder abzusichern,

(2) die Konkurrenzunternehmungen davon abzuhalten, „Erfahrungen" zu sammeln und Marktanteile zu erobern,

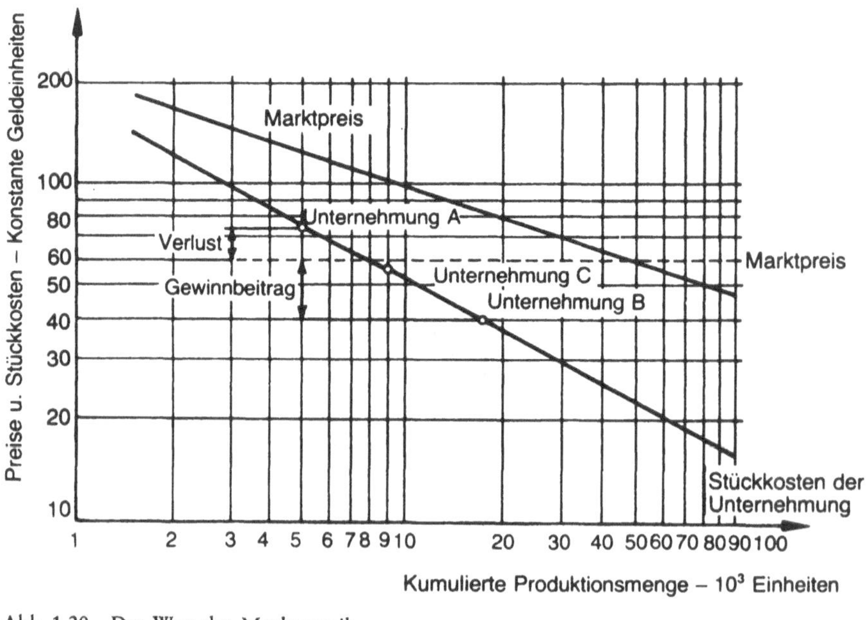

Abb. 1.20 Der Wert des Marktanteils.

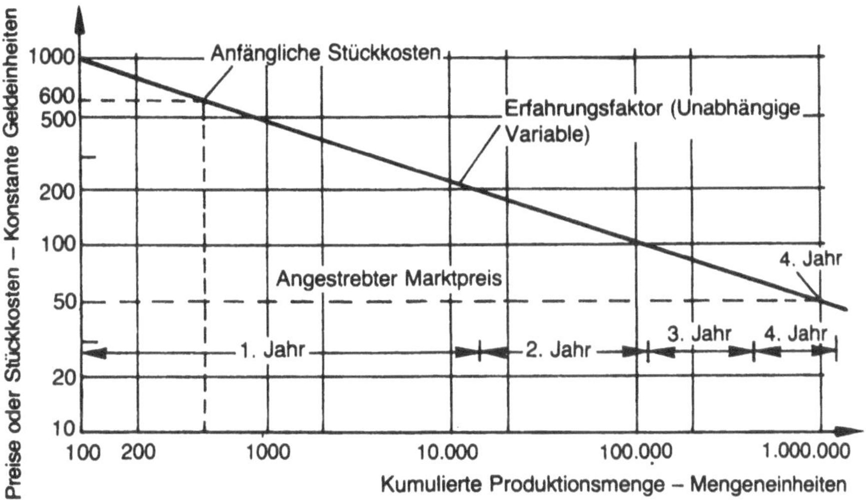

Abb. 1.21 Bestimmung des für die Erreichung eines angestrebten Marktpreises notwendigen Erfahrungsfaktors.

(3) die Konkurrenzunternehmungen daran zu hindern, in die Marktsegmente einzudringen, in denen die Unternehmung neue Gewinnpotentiale schaffen oder bestehende Gewinnpotentiale nutzen will.

Die Disziplin, die in einer Unternehmung durch die Vorgabe eines bestimmten Erfahrungsfaktors für jedes neue Produkt geschaffen wird, stellt ein wichtiges Instrument für Kostensenkungen und Produktivitätsfortschritte dar; Voraussetzung dafür ist die laufende Überprüfung und Revision der Kostenziele, da mit zunehmenden Erfahrungen die Qualität der Prognosen verbessert wird.

In jeder Unternehmung sollte eine institutionelle „Kultur" geschaffen werden, die kontinuierliche Produktivitätserhöhungen, Kostensenkungen und marktpreisorientierte Projektierungen als *Verpflichtungen gegenüber der Gesellschaft* ansieht. Es besteht keine moralische Berechtigung, die Preise in dem Ausmaß zu erhöhen, in dem die Kosten angestiegen sind (Tab. 1.2); ebenso falsch ist die Erwartung von Gehalts- und Lohnerhöhungen, wenn nicht gleiche oder größere Produktivitätsfortschritte erzielt werden[18].

1.2.7 Die Kommunikations- und Distributionspolitik

Auf dem Wege vom Fertigungsbetrieb zum Abnehmer wird das Produkt von einer Vielzahl von Tätigkeiten getragen. Die Politik des *Marketing-Mix* einer Unternehmung steuert die Auswahl dieser Tätigkeiten und die Zuteilung der

[18] Vgl. hierzu P.E. Haggerty, The Role of Institutional Culture in an Industrial Corporation, Leatherbee Lecture, prepared for Harvard Graduate School of Business Administration, March 11, 1975.

Tabelle 1.2 Schema zur Bestimmung des Kostenzieles auf der Grundlage der Erfahrungskurve (Beispiel)

Kostenelemente	Gegenwärtige Kostenstruktur (GE/ME)	Kostenanstieg (in %)	Zukünftige Kostenstruktur (GE/ME)
Materialkosten	40	5	42
Personalkosten	40	10	44
Overheads	20	7,5	21,5
Summe	100	–	107,5
Kostensenkungsstandard bei einer Erfahrungskurve von 70% und einer Wachstumsrate der Nachfrage von 12% p.a.			5,0
Kostenziel			102,5

Marketingressourcen; Ziel dieser Politik ist die Schaffung einer organischen Gesamtheit von Leistungen, die für die spezifischen, mit Hilfe der Marktsegmentierung und Abnehmerselektion ermittelten Gruppen von Abnehmern attraktiv sind. Dienstleistungen sind ebenfalls durch ein Spektrum von Attributen definiert, die mit Hilfe eines geeigneten Marketing-Mix für die Abnehmer in ihrer Gesamtheit attraktiv gestaltet werden müssen.

Die Kernelemente des Marketing-Mix, nämlich die Fragen, was (Programmpolitik) zu welchen Preisen und Konditionen (Preispolitik) angeboten werden soll, sind bereits erörtert worden. Im Rahmen der Marketingpolitik bleiben die Fragen zu klären,

- auf welche Art und Weise den Abnehmern das Programm dargestellt und bekanntgemacht werden soll (Kommunikationspolitik)
- auf welchen Wegen die Leistung zum Abnehmer gelangen soll (Distributionspolitik).

Distributions- und Kommunikationspolitik sind Elemente des Marketing-Mix, deren Gestaltung besonders von der gewählten Strategie abhängt.

Jede Investition in diesen Bereichen wie z.B.

- in den Ausbau des Vertriebssystems oder
- in eine Verbesserung des Produkt- oder Firmenimage durch verstärkte Kommunikationsanstrengungen

ist eine Investition, deren Erfolg erst langfristig wirksam werden kann. Deshalb ist bei der Gestaltung dieser Instrumente besondere Rücksicht zu nehmen auf

(1) die Übereinstimmung mit der gewählten Strategie

(2) die Ergänzung mit den anderen Instrumenten zu einem harmonischen Ganzen.

Insgesamt muß die Marketingpolitik stets bestrebt sein, Synergieeffekte mit Bezug auf die Forschungs- und Entwicklungs-, Produktions- und Beschaffungs-, Personal- und Finanzpolitik hervorzubringen und zusammen mit diesen die geplante Durchsetzung der Strategie zu gewährleisten.

Kriterien für die optimale Kombination des absatzpolitischen Instrumentariums sind:

(1) Übereinstimmung mit der gewählten Strategie und mit der Unternehmungskultur,

(2) Hervorbringung von Synergieeffekten mit Bezug auf die Forschungs- und Entwicklungs-, Produktions- und Beschaffungs-, Personal- und Finanzpolitik.

1.3 Die Forschungs- und Entwicklungspolitik

Es gibt viele Unternehmungen, die keine F & E-Tätigkeiten ausführen; andere Unternehmungen geben 10 % und mehr ihres Umsatzes für F & E aus. In diesem breiten Spektrum von Möglichkeiten muß die Unternehmungsleitung Richtlinien erlassen, die die Rolle und den *Auftrag von F & E* definieren. Diese Richtlinien betreffen (Abb. 1.22)

(1) die Ziele für neue Produkte und Verfahren sowie für Produkt- und Verfahrensverbesserungen, von denen der Erfolg der einzelnen strategischen Geschäftseinheiten abhängt;

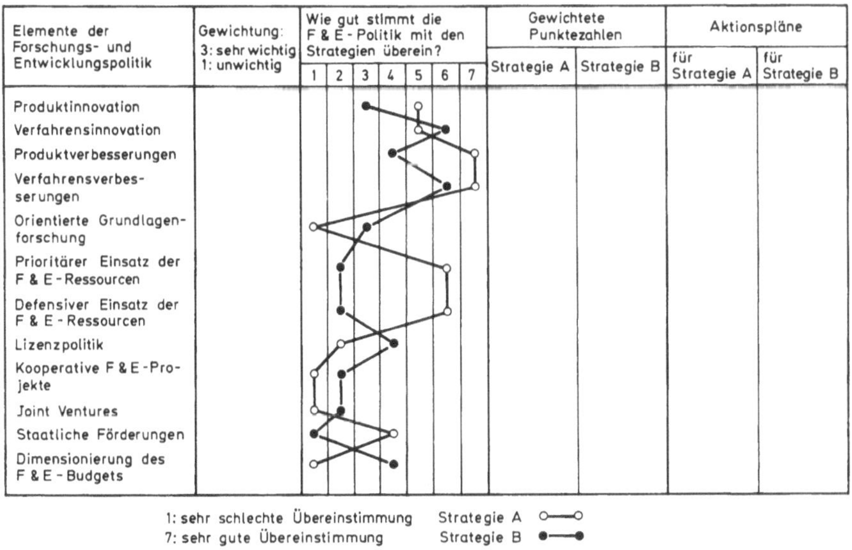

Abb. 1.22 Die Abstimmung zwischen den Strategien und der Forschungs- und Entwicklungspolitik (Beispiel)

(2) die Bereiche, die für eine orientierte Grundlagenforschung im Hinblick auf den Aufbau zukünftiger Gewinnpotentiale in Frage kommen; und
(3) die Bereiche, die einen prioritären Einsatz der F&E-Ressourcen rechtfertigen im Unterschied zu den Bereichen, in denen eine defensive Haltung strategisch vernünftig ist.

Da die obigen F&E-Tätigkeiten im Extremfall auch außer Haus abgewickelt werden können, muß die F&E-Politik auch die Lizenzierung, kooperative F&E-Projekte, *Joint Ventures* und die Einbeziehung von Lieferanten und staatlichen Forschungseinrichtungen regeln. Schließlich erfordert die Festlegung der Ober- und Untergrenze des F&E-Budgets Richtlinien seitens der Unternehmungsleitung.

1.3.1 Die strategische Bedeutung der Technologie

Die technische Innovation kann eine Quelle großer Möglichkeiten oder starker Bedrohungen für eine Unternehmung sein; sie muß deshalb in die Strategieentwicklung auf der Ebene der Geschäftseinheiten einer Unternehmung und auf Unternehmungsebene einbezogen werden.

Die Fragen nach der Wirksamkeit des F&E-Programmes, der Höhe des F&E-Budgets, den Schwerpunktbildungen im Rahmen dieses Budgets, der internen oder externen Abwicklung der F&E-Projekte, dem optimalen Zentralisierungs- oder Dezentralisierungsgrad der F&E-Tätigkeiten sowie nach dem zweckmäßigsten Verhältnis zwischen Innovation und Imitation lassen sich nur dann beantworten, wenn strategische Überlegungen hinsichtlich der im folgenden beispielhaft angegebenen Punkte angestellt worden sind:

- Welche Bedeutung hat die Technologie für die Strategie einer bestimmten Geschäftseinheit der Unternehmung?
- Entspricht die Technologie der Geschäftseinheit dem internationalen Stand?
- Stimmt der F&E-Einsatz mit den Zielen und Strategien der Geschäftseinheit und der Gesamtunternehmung überein?
- Ist die Allokation der technischen Ressourcen konsistent mit den Strategien der Geschäftseinheit?
- Werden Synergieeffekte, die im technischen Bereich auftreten, im Interesse der Gesamtunternehmung genutzt?

Der Wert der Forschungs- und Entwicklungspolitik besteht in der Beschaffung der Informationen, die für die kontinuierliche Realisation von Innovationen notwendig sind. Die Forschungs- und Entwicklungstätigkeit verliert in dem Maße ihre Bedeutung, in dem sie sich von den Innovationsleistungen entfernt. auf denen die Strategien aufbauen; sie ist deshalb integrierender Bestandteil der Innovationstätigkeit, die ihre *raison d'être* in den aus der Portfolio-Matrix abgeleiteten Strategien findet[19].

[19] Vgl. hierzu im einzelnen H. H. Hinterhuber, Innovationsdynamik und Unternehmungsführung, a.a.O., S. 26ff. und S. 104ff.

Zur Unterstützung der Strategien müssen der Forschungs- und Entwicklungspolitik Richtlinien vorgegeben werden, die folgende Bereiche betreffen:

(1) *Beschaffung des für Produkt- und Verfahrensinnovationen* notwendigen Wissens, von dem der Erfolg der Offensiv- oder Investitions- und Wachstumsstrategien abhängt;
(2) Beschaffung des für die Verbesserung der bestehenden Produkte und Verfahren notwendigen Wissens, von dem die Behauptung oder Verbesserung der gegenwärtigen Wettbewerbspositionen der Unternehmung abhängt;
(3) die Gebiete der Forschung und Entwicklung, die für den Aufbau von *Know-how* und die Erreichung der Gewinn- und Wachstumsziele prioritär zu forcieren sind;
(4) die möglichst effiziente Verwertung des technischen *Know-how* der Unternehmung.

In Abb. 1.23 ist ein nach Norm-Strategien und Forschungs- und Entwicklungszielen gegliedertes prozentuales Forschungs- und Entwicklungsbudget darge-

Beispiel

Strategische Stoßrichtungen (Normstrategien)	Forschungs- und Entwicklungsziele			Gesamt
	Neue Produkte und Verfahren	Bestehende Produkte und Verfahren	Orientierte Grundlagenforschung/ Aufbau v. Know-how	
Offensivstrategien	20%	–	5%	25%
Investitions- und Wachstumsstrategien	30%	15%	5%	50%
Defensivstrategien	–	20%	–	20%
Abschöpfungs- oder Desinvestitionsstrategien	–	5%	–	5%
Summe	50%	40%	10%	100%

Ist dieses Verhältnis zwischen den Strategien sinnvoll?

Entspricht diese Verteilung den Gewinn- und Wachstumszielen der Unternehmung?

Abb. 1.23 Nach Norm-Strategien und Forschungs- und Entwicklungszielen gegliedertes prozentuales Forschungs- und Entwicklungsbudget (nach McKinsey)

stellt. Die Verteilung der Forschungs- und Entwicklungsausgaben ist kritisch zu prüfen und mit den strategischen Stoßrichtungen in Einklang zu bringen.

Abbildung 1.24 stellt die komplexen Wechselbeziehungen dar, die das Entstehen und die Entwicklung einer Innovation bedingen. Aus der Abbildung geht hervor, daß der Innovationsprozeß parallel zu dem strategischen Prozeß verläuft, und zwar in dem Sinne, daß kreative Ideen aus dem Markt und der Technik kontinuierlich in das Unternehmungssystem einfließen, mit Hilfe der Portfolio-Methodik ausgewählt und über das Projektmanagement in Innovationen umgesetzt werden. Die Einführung von strategischen Planungselementen in innovative Tätigkeiten setzt voraus, daß ein kontinuierlicher Dialog zwischen den für Forschung, Entwicklung, Konstruktion, Produktion und Marketing zuständigen Führungskräften und der Unternehmungsleitung durch organisatorische Maßnahmen institutionalisiert wird[20]. Gerade im technischen Bereich entstehen häufig neue Projekte und Impulse, die den strategischen Rahmen wesentlich zu ändern vermögen, innerhalb dessen sich die Unternehmung bewegt (Tab. 1.3).

Prioritäre Aufgaben von Forschung und Entwicklung sind:

(1) die Schaffung von Produkten mit geringer Obsoleszenz und langer Lebensdauer des verwendeten Verfahrens,
(2) die Entwicklung schwer nachzuahmender Produkte, die attraktive Marktnischen vorfinden oder schaffen[21].

Zu einem erfolgreichen Innovationsmanagement gehören Vertrauen und positives Denken. Einer der wichtigsten Erfolgsfaktoren für eine strategieorientierte Innovationstätigkeit ist *unternehmerisches Verhalten* der am Innovationsprozeß beteiligten Mitarbeiter. Voraussetzungen für ein wirksames *Intrapreneurship* sind:

- einheitliche strategische Ausbildung der Mitarbeiter;
- selbstlose Einfügung der Mitarbeiter in einen strategischen Gesamtrahmen, bei dessen Ausfüllung jedoch jeder einzelne seine Initiative, Kreativität, Entscheidungsfreiheit und Verantwortungsfreude aktiv entfalten kann;
- Kontakt und Kommunikation auf und zwischen allen Verantwortungsebenen;
- relativ kleine Einheiten;
- hohe Fehlertoleranz, keine Bestrafung erfolgloser, aber gut konzipierter Innovationsprojekte;
- Belohnung erfolgreicher Innovatoren, auch mit Hilfe nicht-monetärer Gratifikationen.

[20] Vgl. hierzu K. Brockhoff, Forschung und Entwicklung, München, Wien 1988, S. 93ff.

[21] Vgl. hierzu G. Rosegger, The Economics of Production and Innovation, 2. Aufl., Oxford 1986, S. 166ff.

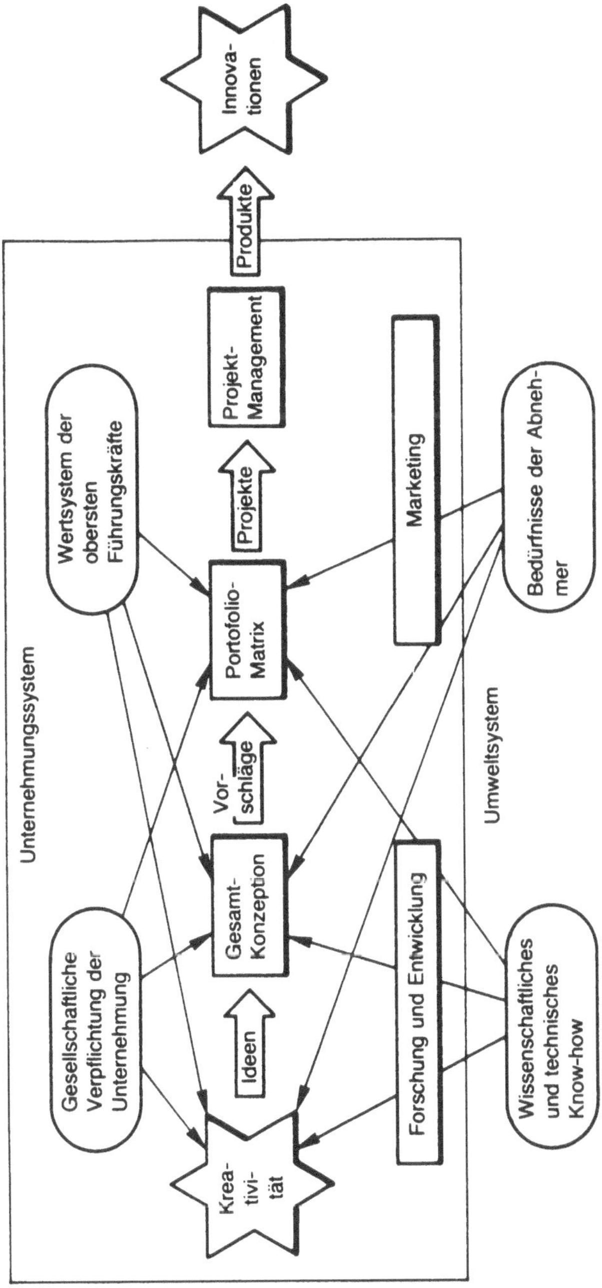

Abb. 1.24 Grundschema des Innovationsprozesses.

Tabelle 1.3 Die Integration der Technologie in den Prozeß der Formulierung der Strategien

Strategien / Technologien	Offensiv-Strategien	Investitions- und Wachstums-Strategien	Defensiv-Strategien	Abschöpfungs- oder Desinvestitions-Strategien
Anwendung bekannter Verfahren		×		
Verbesserung bekannter Verfahren			√	?
Anwendung von Verfahren, die von Dritten benutzt werden	?			?
Entwicklung neuer Verfahren	√	√	×	

Legende: √ = Solides Projekt

? = Fragwürdiges Projekt

× = Nicht akzeptierbares oder realisierbares Projekt

1.3.2 Die Technologiepolitik auf der Ebene der strategischen Geschäftseinheiten

Die technische Innovation beeinflußt unmittelbar die Evolution des Industriezweiges und die Wettbewerbsposition einer Geschäftseinheit. Die Technologie, auf der die relativen Wettbewerbsvorteile einer Geschäftseinheit beruhen, muß in Subsysteme kritischer Technologien zerlegt werden; dadurch lassen sich die Stärken und Schwächen der Unternehmung in bezug auf ihre wichtigsten Konkurrenten ermitteln.

Die Gesamtheit der Technologien, die im Hinblick auf die Erfüllung bestimmter Funktionen bestimmter Abnehmergruppen für die Verwirklichung eines bestimmten Produktes oder Systems eingesetzt werden müssen, läßt sich in drei Kategorien einteilen[22]:

(1) *Basistechnologien*, die leicht beschaffbar sind und ohne die der Wettbewerb in einem bestimmten Marktsegment nicht möglich ist,

[22] Vgl. hierzu A.D. Little (Hrsg.), The Strategic Management of Technology, Davos 1981.

(2) *Schlüsseltechnologien*, die schwer zugänglich sind und Wettbewerbsvorteile in bezug auf die Konkurrenz auf eine zweifache Weise verschaffen: durch Produktdifferenzierung oder durch niedrige Stückkosten, und
(3) *neue Technologien*, die sich noch in der Entwicklungsphase befinden und voraussichtlich die Schlüsseltechnologien von morgen darstellen werden.

Jedes Produkt baut auf einer Vielzahl von unterschiedlichen und identifizierbaren Technologien auf. Jede Geschäftseinheit muß deshalb die Technologien ermitteln, auf denen ihre Produkte beruhen. *Basistechnologien* sind solche, die auch die Wettbewerber anwenden und die für eine Branche als typisch bezeichnet werden können. *Schlüsseltechnologien* dagegen sind kritische Ressourcen, die, da sie den Wettbewerbern nicht zugänglich sind, Quellen von Wettbewerbsvorteilen sind. Basistechnologien sind wichtig, sie spielen jedoch im Wettbewerb nicht die Rolle, die die Schlüsseltechnologien einnehmen.

Schlüsseltechnologien bilden die wahre Grundlage des Wettbewerbs; der Entwicklung und/oder Verbesserung der Schlüsseltechnologien einer Geschäftseinheit muß deshalb Priorität bei der Zuteilung der personellen, finanziellen und materiellen Ressourcen zukommen (Abb. 1.25).

Mit zunehmendem Reifegrad der Technologie nimmt ihre Bedeutung als relativer Wettbewerbsvorteil in der Regel ab. Die Schlüsseltechnologien von heute sind deshalb nicht identisch mit den Schlüsseltechnologien von morgen. Die

Bedeutung der Technologie für die Strategie	Relative Beherrschung der Technologie durch die Unternehmung: gering	hoch
hoch	Selektive Strategie: Ausbau der Wettbewerbsfähigkeit im technischen Bereich durch kooperative F&E, *Joint Venture* usw. zwecks Senkung von Risiken und Kapitaleinsatz oder Aufgabe der Bemühungen um technische Wettbewerbsvorteile	Die Technologie als Quelle von Wettbewerbsvorteilen Prioritäter Ressourceneinsatz zwecks Konsolidierung der Wettbewerbsvorteile
gering	Aufgabe jeglicher Anstrengungen, die Technische Basis auszubauen Ressourcenfreisetzung	Der Vorsprung im technischen Bereich ist nicht mehr wettbewerbswirksam

Abb. 1.25 Grundschema der Ressourcenzuteilung im Forschungs- und Entwicklungsbereich in bezug auf die einzelnen strategischen Geschäftseinheiten (in Anlehnung an Harris, Shaw u. Sommers)

neuen Technologien, die die Grundlagen oder die Spielregeln des Wettbewerbes verändern können, sind die Schlüsseltechnologien von morgen.

Jede Geschäftseinheit muß deshalb die verschiedenen Technologiearten ermitteln und ihre strategische Bedeutung beurteilen. Die Entscheidung, ob in eine Basis- oder in eine Schlüsseltechnologie oder in eine neue Technologie investiert werden soll, ist eine strategische Entscheidung, die von der Positionierung der Geschäftseinheit in der Technologie-Matrix auf Unternehmungsebene abhängt. In diese Entscheidung muß die Unternehmungsleitung mit einbezogen werden.

1.3.3 Die Technologiepolitik auf Unternehmungsebene

Die wirksame Verbindung zwischen den Strategien der einzelnen Geschäftseinheiten und den Projekten im F & E-Bereich kennzeichnet die strategische Innovationsplanung auf der Ebene der Geschäftseinheiten. Auf Unternehmungsebene muß sichergestellt werden, daß die technischen Anstrengungen auf jene Geschäftseinheiten konzentriert werden, von denen ein hoher Beitrag zum zukünftigen Gewinn und Wachstum der Unternehmung erwartet werden kann.

Soll die Technologie als Quelle von Wettbewerbsvorteilen explizit in die strategische Planung auf Unternehmungsebene einbezogen werden, empfiehlt sich ein Vorgehen in drei Schritten[23]:

(1) Bestimmung der Technologie-Position für jede einzelne strategische Geschäftseinheit (Abb. 1.25);
(2) Verbindung der Technologie-Position mit der Portfolio-Positionierung der entsprechenden strategischen Geschäftseinheit;
(3) Festlegung von Investitionsprioritäten im technischen Bereich entsprechend der Bedeutung der Technologie für die Erzielung von auf Dauer haltbaren Wettbewerbsvorteilen (Abb. 1.26).

Die Portfolio-Methodik kann in einer leicht abgewandelten Form dazu benutzt werden, eine Rangordnung bei der Zuteilung der F & E-Ressourcen an die einzelnen Geschäftseinheiten festzulegen. Für die Einordnung der Geschäftseinheiten in das Technologie-Portfolio auf Unternehmungsebene (Abb. 1.27) sind die

- Marktaussichten, und die
- technischen Möglichkeiten

für jede Geschäftseinheit getrennt zu ermitteln.

Die *Marktaussichten* setzen sich aus der Marktattraktivität und den relativen

[23] Vgl. hierzu J. M. Harris, R. W. Shaw u. W. P. Sommers, The Strategic Management of Technology, in: Booz, Allen & Hamilton Inc. (Hrsg.), Utility Planning Tools Catalog, Bethesda, Maryland 1985, S. 107–125; siehe auch E. Staudt (Hrsg.), Das Management von Innovationen, Frankfurt 1986.

[24] Vgl. hierzu H. Staudt u. W. Pfeiffer, Technologie-Portfolio, Göttingen 1982; siehe auch W. Pfeiffer, G. Metze, W. Schneider u. R. Amler, Technologie-Portfolio zum Management strategischer Zukunftsgeschäftsfelder, 3. Aufl., Göttingen 1985.

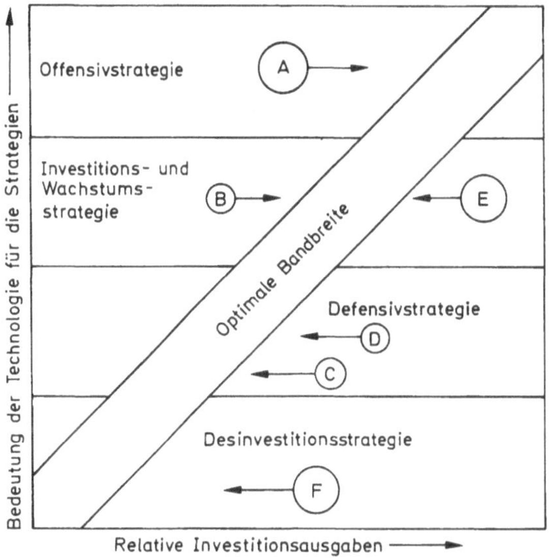

Abb. 1.26 Die Abstimmung zwischen Strategien und Höhe der Investitionsausgaben (in Anlehnung an Harris, Shaw u. Sommers) (Beispiel) (Die Größe der Kreise entspricht der Höhe der Investitionsausgaben)

Wettbewerbsvorteilen der Unternehmung, d.h. aus ihrer Fähigkeit, günstige Chancen im technischen Bereich zu nützen, zusammen.

Bei der Bestimmung der *technischen Möglichkeiten* kann von der Erfahrungstatsache ausgegangen werden, daß die Leistungsfähigkeit einer Technologie in Abhängigkeit vom kumulierten F&E-Aufwand durch eine logistische Kurve dargestellt wird[25]. Für jede Technologie gilt, daß ab einem bestimmten kumulierten F&E-Aufwand die weitere Technologieausbeute auf derselben logistischen Kurve weniger Fortschritt bringt als der Übergang zu einer neuen und anspruchsvolleren Technologiekurve (Abb. 1.28).

Die technischen Möglichkeiten sind eine Funktion des technischen Potentials und der technischen Fähigkeiten der Unternehmung; sie sind um so größer, je größer die Lücke zwischen dem technischen Maximum und dem gegenwärtigen Stand der Technik ist.

Die Kombination aus Marktaussichten und technischen Möglichkeiten ergibt die Positionierung einer Geschäftseinheit im Technologie-Portfolio. Das Technologie-Portfolio (Abb. 1.27) gibt an:

(1) die Bereiche, denen prioritär F&E-Ressourcen zuzuführen sind,
(2) die Bereiche, in denen nur beschränkte Mittelzuweisungen gerechtfertigt sind, und
(3) die Bereiche, in denen ein selektiver F&E-Einsatz angebracht ist.

[25] Vgl. hierzu R.N. Foster, A Call for Vision in Managing Technology, in: „The McKinsey Quarterly", Summer 1982, S. 26–36; E.G. Krubasik, Technologie: Strategische Waffe, in: „Wirtschaftswoche", Nr. 25, 18.6.1982, S. 28–33.

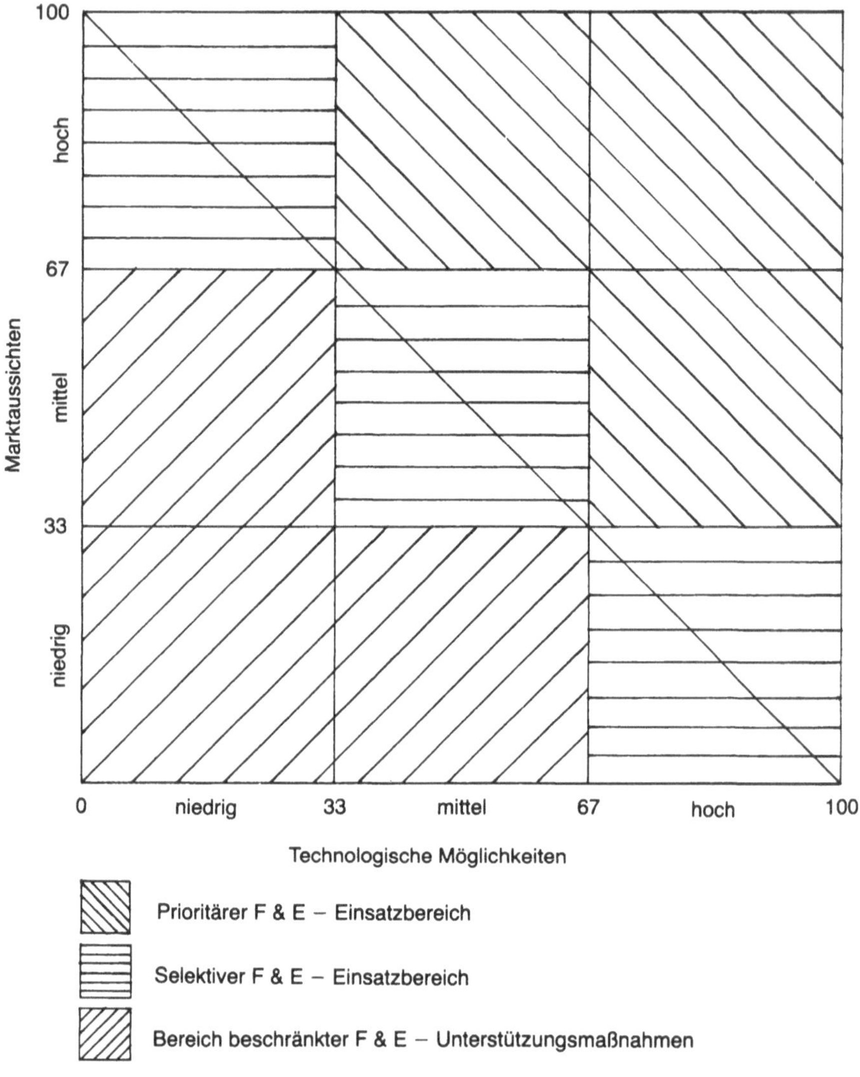

Abb. 1.27 Das Technologie-Portfolio auf Unternehmungsebene.

Aus der Differenz zwischen den gegenwärtigen F&E-Plänen und dem zweckmäßigsten F&E-Einsatz, abgeleitet aus dem Technologie-Portfolio, kann die Unternehmungsleitung nützliche Informationen gewinnen, um den Grad der Übereinstimmung zwischen der strategischen Ausrichtung der einzelnen Geschäftseinheiten und der Unternehmungsstrategie zu ermitteln. Nach der Erstellung des Technologie-Portfolios auf Unternehmungsebene und des Technologie-Portfolios auf der Ebene der Geschäftseinheiten kann die Unternehmungs-

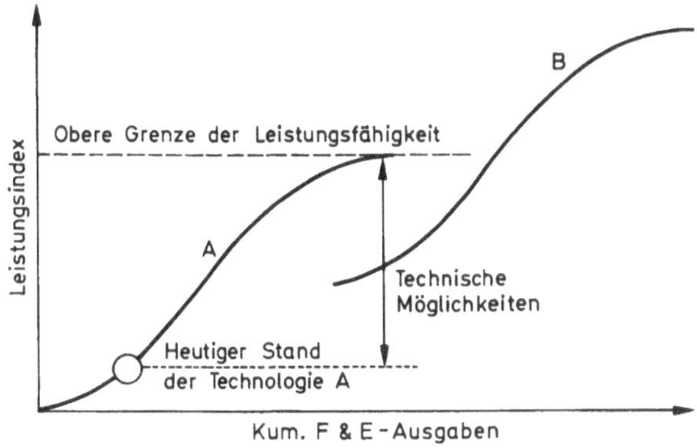

Abb. 1.28 Das Technologie-Kurven-Konzept von Mc Kinsey (Beispiel)

leitung die zweckmäßigsten Strategien für die Geschäftseinheiten mit den zuständigen Führungskräften vereinbaren (Abb. 1.29).

Die Wirksamkeit der strategieorientierten Innovationsplanung auf der Ebene der Geschäftseinheiten und auf Unternehmungsebene hängt von der Fähigkeit der Unternehmungsleitung ab, ein Organisationsklima zu schaffen, in dem die Beweggründe und Wertvorstellungen der technischen und unternehmerischen Kader sich gegenseitig verstärken und zu Maßnahmen führen, die im langfristi-

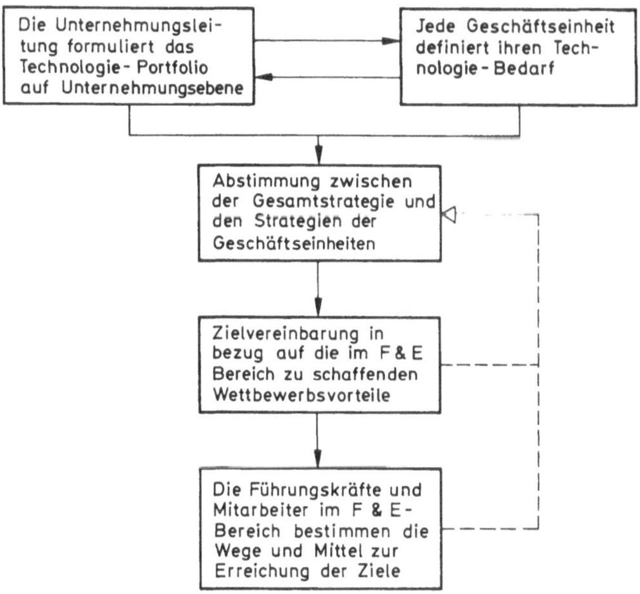

Abb. 1.29 Die Abstimmung zwischen der Technologiepolitik auf Unternehmungsebene und der Technologiepolitik auf der Ebene der strategischen Geschäftseinheiten

gen Interesse der Unternehmung liegen. Eine kleine Lehrgeschichte vermag den Zusammenhang zu erläutern. Ein mächtiger arabischer Scheich hat auf einer Reise eines seiner Pferde verloren. Er läßt im nächsten Dorf ein Pferd beschlagnahmen. Man bringt ihm zwei Pferde zur Auswahl. Da die Besitzer sie nicht verlieren wollen, übertreibt jeder von ihnen das Alter und die Schwächen seines Pferdes und versucht zu beweisen, daß es nie den Erwartungen des Scheichs entsprechen wird. „Sehr gut", sagt der Scheich, „wir werden ein Wettrennen veranstalten. Ich werde den Sieger nehmen". Ein Ratgeber wirft jedoch ein: „Ein Wettrennen wird nicht das beste Pferd ergeben. Die Besitzer werden aus ihren Pferden nicht das Beste herausholen". „Beide werden sich sehr wohl anstrengen", entgegnet der Scheich, „befiehl jedem Mann, das Pferd des anderen zu reiten".

1.4 Die Produktions- und Beschaffungspolitik

Die De-Vertikalisierung, die heute in vielen mittleren und großen Unternehmungen stattfindet, die zunehmende Verlagerung des wirtschaftlichen Einflusses zugunsten der Staaten mit Energie- und Rohstoffquellen, die Erhöhung der Auslandsinvestitionen, die zunehmende Unbeständigkeit des politischen und sozialen Klimas, die großen Unsicherheiten und Diskontinuitäten der Zukunft sind Faktoren, die der Produktions- und Beschaffungspolitik eine strategische Bedeutung verleihen und das Schicksal einer jeden Unternehmung weitgehend beeinflussen.

Aufgabe der Produktion ist es, die Erwartungen der Abnehmer im Produkt zu materialisieren; dabei ist die Bedingung der Effizienz einzuhalten.

Der wirkliche Reichtum einer Unternehmung besteht in der Gesamtheit ihres technischen Know-hows, ihres Wissens über die potentiellen Abnehmer und in ihrer Fähigkeit, beides über die verschiedensten Wege zu nutzen: ein wirksames Erscheinungsbild, eine wirksame Kommunikation, ein Verhalten der Mitarbeiter, das mit dem Erscheinungsbild in Einklang steht, ein kapillares Vertriebs- und Service-Netz und dgl. mehr. Diese immateriellen Ressourcen sind besonders wertvolle Wettbewerbsvorteile, da sie, im Unterschied zu allen anderen, auf keinem Markt gekauft werden können.

1.4.1 Direktiven für den Produktionsbereich

Die Unternehmungsleitung hat vor allem folgende Bereiche der Produktion durch Direktiven zu regeln (Abb. 1.30):

(1) Welche Teile sollen im eigenen Betrieb produziert, welche von Dritten zugekauft werden? (Ausmaß der vertikalen Integration)

(2) Nach welchen Verfahren sollen die Teile hergestellt und zu verkaufsfähigen Produkten zusammengebaut werden?

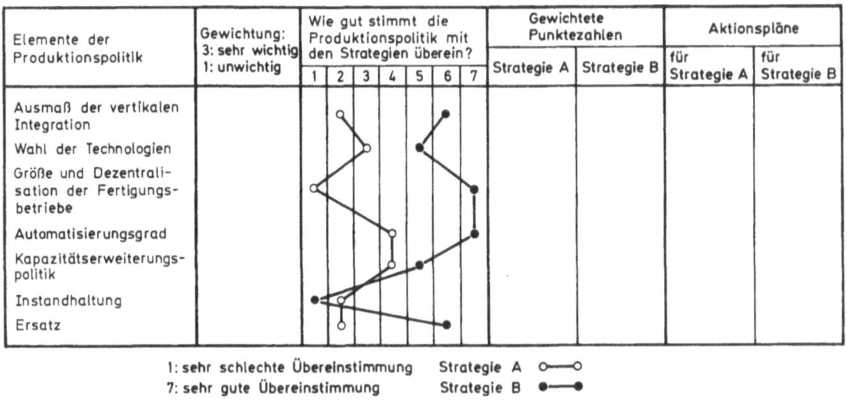

Abb. 1.30 Die Abstimmung zwischen den Strategien und der Produktionspolitik (Beispiel)

(3) Wie groß sollen die Fertigungsbetriebe sein?
(4) Sollen die Kapazitätserweiterungen der Nachfrage folgen oder ihr vorangehen? Wo sollen die Kapazitätserweiterungen erfolgen?
(5) Wie weit soll die Automatisierung in den Fertigungsbetrieben vorangetrieben werden?
(6) Welcher Instandhaltungs- und Wartungsgrad der Anlagen und Gebäude wird gewünscht? Wie sollen die Fragen des Ersatzes bestehender Anlagen und Kapazitäten geregelt werden?

Hinsichtlich des *vertikalen Integrationsgrades* muß jede Unternehmung eine Antwort auf folgende, für den langfristigen Erfolg entscheidende Fragen geben:
- Soll die Unternehmung ihre Produkte selbst hervorbringen oder von Dritten kaufen?
- Soll die Unternehmung im Falle der Eigenfertigung die notwendigen Teile, Vormaterialien und dgl. mehr selbst hervorbringen oder kaufen?
- Soll die Unternehmung die Rohstoffe gewinnen, die für die Fertigung der Vormaterialien und dgl. mehr benötigt werden?
- Soll die Unternehmung den Vertrieb ihrer Produkte oder die Weiterverarbeitung, Verwertung und Kommerzialisierung der Halbfabrikate, Vorprodukte usw. übernehmen?

Die Berücksichtigung der folgenden kritischen Gesichtspunkte kann die Beantwortung der obigen Fragen erleichtern:
(1) Kosteneinsparungen und Wertschöpfungen durch bessere Koordination der integrierten Prozesse;
(2) Verminderung des Risikos der Beschaffung von Rohstoffen und Vormaterialien;
(3) Schutzfähigkeit des technischen *Know-how* und Unabhängigkeit von fremden Patenten;

(4) Einschränkung der Flexibilität durch Ausrichtung der Produktionsprozesse auf bestimmte Rohstoffe und Vormaterialien;
(5) Möglichkeit der quantitativen und qualitativen Abstimmung zwischen den Anforderungen der Hauptproduktion und den kritischen Produktionsmengen der zu integrierenden Prozesse;
(6) Finanzsituation der Unternehmung;
(7) Verfügbarkeit von Kadern, *Know-how* usw;
(8) Reduktion aller nicht wertesteigernden Tätigkeiten und Kosten in der logistischen Kette.

Bei der Bestimmung des zweckmäßigsten vertikalen Integrationsgrades sind darüber hinaus die für den Erfolg in einem bestimmten Industriesektor maßgebenden Faktoren, die Fähigkeiten und Ressourcen der Unternehmung im Vergleich zu denen der stärksten Konkurrenten, die Einstellung der obersten Führungskräfte hinsichtlich des internen Wachstums der Unternehmung und der Streuung der Unsicherheit u. a. m. zu beachten[26].

Eng verbunden mit den Entscheidungen über die in der Unternehmung durchzuführenden Produktionen ist die *Wahl der Produktionsprozesse.* In diesem Zusammenhang muß die Unternehmungsleitung Richtlinien zu folgenden Aspekten festlegen:

(1) Wahl der Technologie,
(2) Ausmaß der Arbeitsteilung und Arbeitszeitflexibilisierung,
(3) Mechanisierungs- und Automatisierungsgrad.

Bei der Festlegung der Direktiven hinsichtlich der *Wahl der Technologie* ist in Rechnung zu setzen, daß natürliche Rohstoffe sowie Boden, Wasser und Luft nur begrenzt zur Verfügung stehen; die Unternehmung ist deshalb verpflichtet, einen aktiven Beitrag für den Umweltschutz auch ohne behördliche Auflagen zu leisten, d. h. sie hat dafür zu sorgen, daß die Produkte bei der Produktion und bei zweckmäßiger Anwendung keine unverantwortlichen Auswirkungen auf die Umwelt haben. Weiter sind Energieeinsparungen und *Recycling* mit oder ohne zusätzliche Transformationen mit Hilfe klarer Politiken zu regeln.

Die Frage der *Arbeitsteilung* betrifft die Möglichkeit, Arbeitsplätze nach dem Maße des Menschen zu schaffen sowie die Arbeitszeiten flexibel zu gestalten, um die bestmögliche Ausnutzung der Anlagen zu gewährleisten. Die Unternehmungsleitung muß versuchen, die Einführung neuer Formen der Arbeitsorganisation zu fördern.

Das Problem des *optimalen Mechanisierungs- und Automatisierungsgrades* ist im Zusammenhang mit dem Marktanteil der Unternehmung zu sehen: Je höher der Marktanteil der Unternehmung ist, desto größer ist im allgemeinen die Vorteilhaftigkeit der Ausdehnung des Mechanisierungs- und Automatisierungsgrades der Produktionsprozesse. Dieser Tendenz zur Erhöhung der Anlagengröße wirkt die damit verbundene Inelastizität der Produktionsstrukturen

[26] Vgl. hierzu die Ausführungen über die Umweltanalyse im Abschnitt I.4.1

entgegen; letztere kann durch flexible Automatisierung und gezielte Einbindung der Lieferanten abgeschwächt werden. Die zunehmenden Arbeitskosten und Inflexibilität im Einsatz der Arbeitskräfte als Resultate des Einflusses der Gewerkschaften lassen die Vorgabe entsprechender Richtlinien seitens der Unternehmungsleitung als zweckmäßig erscheinen[27].

Die *Kapazitätspolitik* der Unternehmung beschäftigt sich mit folgenden Fragen:

(1) Größe und Standort der Fertigungsbetriebe,
(2) Maximal- und Normalkapazitäten,
(3) Richtlinien für die Kapazitätserweiterung,
(4) Ausbalancierung der Kapazitäten,
(5) Ausrichtung der Kapazitäten auf die Finalproduktion,
(6) Systemintegration usw.

Der relative Wettbewerbsvorteil einer Unternehmung in bezug auf eine Geschäftseinheit wird stark von der Höhe des Marktanteils bestimmt; dieser hängt von einer aggressiven und wachsamen Preispolitik (mit Bezug auf Produktqualität, Service, Lieferbedingungen usw.) ab. Preissenkungen setzen Kostensenkungen und Produktivitätssteigerungen voraus, damit die Gewinnspannen gehalten werden können. Die mit steigender Produktionsmenge wachsenden „Erfahrungen" können einer Vielzahl von Produkten zugute kommen und zu einer Senkung der Stückkosten und der Preise dieser Produkte führen. Will die Unternehmung die Erfahrungsökonomien nutzen, muß die *Kapazitätserweiterung der Nachfrage vorauslaufen*. Die Umsetzung der Investitions- und Wachstumsstrategien sowie der Offensivstrategien in Aktionsprogramme im Produktionsbereich erfordert somit:

(1) die rechtzeitige Bereitstellung neuer Kapazitäten, und
(2) die Deckung des, der Wachstumsrate der Nachfrage proportionalen, Kapitalbedarfes.

Dabei sind die Rigidität der Produktionsstrukturen und das Risiko der Unbrauchbarkeit der Anlagen, besonders bei sehr hohen Wachstumsraten der Nachfrage, durch eine geeignete Produktionspolitik abzuschwächen. Die Unternehmungsleitung beschäftigt sich im allgemeinen nicht mit spezifischen Fragen der *Instandhaltung* und des *Ersatzes* von Anlagen; im Hinblick auf die Erhaltung der Effizienz und Effektivität muß sie jedoch Richtlinien hinsichtlich der angestrebten Intensität der Nutzung der Produktionssysteme, der für Instandhaltungsarbeiten optimalen Zeiten, des Niveaus der vorbeugenden Instandhaltung und des Ausmaßes des geplanten Ersatzes von Anlagen und dgl. mehr erlassen. Das qualitative Niveau aller Einrichtungen hängt letzten Endes von der Präferenzstruktur und der Kultur der obersten Führungskräfte der Unternehmung ab.

[27] Vgl. hierzu D. Hahn u. G. Lassmann, Produktionswirtschaft, Band 1, Heidelberg, Wien 1986, S. 284ff.

Zwischen der Kapazitätsplanung und der Konzeption von integrierten Systemen und der Wahl zwischen *Eigenfertigung oder Fremdbezug* besteht ein sehr enger Zusammenhang. Die Unternehmungsleitung muß in regelmäßigen Abständen prüfen lassen, ob

(1) zuverlässige, externe Bezugsquellen vorhanden sind, deren Benutzung die Führungslast verringern, die Führungskräfte für andere Aufgaben frei machen, die Kapitalintensität reduzieren, die Flexibilität der Strukturen erhöhen und Vorteile aus den „Erfahrungen" der Zulieferunternehmungen ziehen kann, die viele Abnehmer beliefern, oder

(2) die Eigenfertigung wirtschaftlich vorzuziehen ist, falls keine praktikablen externen Alternativen bestehen, die Koordinationsschwierigkeiten die Vorteile des Fremdbezuges überkompensieren, die hohen Produktionsmengen die Sammlung großer „Erfahrungen" und somit niedrige Stückkosten erwarten lassen oder die Zulieferer nicht bereit sind, zusätzliche von der Unternehmung gewünschte Leistungen zu erstellen.

Unabhängig von der Art, wie die Unternehmung die Probleme der vertikalen Integration und der Eigenfertigung/Fremdbezug gelöst hat, muß jede Unternehmung eine Reihe von Rohstoffen, Gütern, Dienstleistungen usw. kaufen; die Frage ist, wie die Lagerbestände reduziert und die Durchlaufzeiten gesenkt, dabei jedoch die Kundenbedürfnisse effizient und flexibel erfüllt werden können.

1.4.2 Direktiven für den Beschaffungsbereich

Die Unternehmungsleitung wird in der Regel Richtlinien für folgende Bereiche der Beschaffung ausarbeiten (Abb. 1.31):

(1) Welche Halbfertigfabrikate, Komponenten oder Verpackungsmaterialien sollen selbst hergestellt und welche von Dritten bezogen werden?

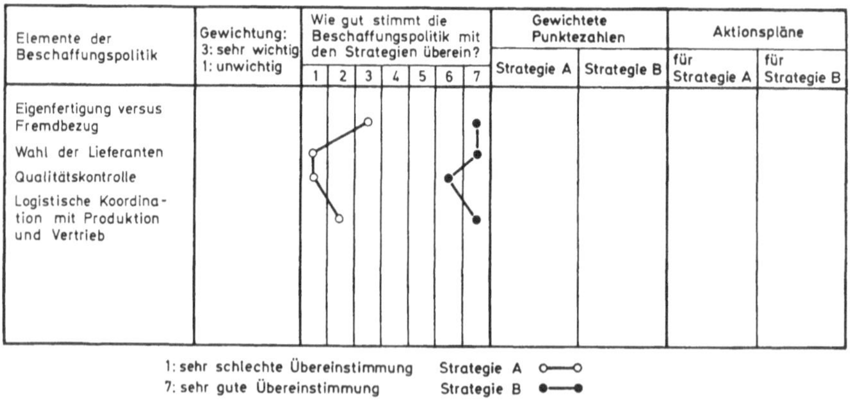

Abb. 1.31 Die Abstimmung zwischen den Strategien und der Beschaffungspolitik (Beispiel)

(2) Nach welchen Kriterien sollen die Zulieferer ausgewählt werden? Wieviele und welche Arten von Zulieferern sollen herangezogen werden?
(3) Wie soll die Qualitätskontrolle erfolgen?
(4) Wie lassen sich die Lagerbestände auf ein Minimum reduzieren, ohne die Produktionsabläufe zu beeinträchtigen?

Dies erhebt die Frage nach einer organischen *Beschaffungspolitik* vor allem hinsichtlich
(1) der Zahl der Lieferanten und
(2) der Auswahl der Lieferanten.

Die Vorteile der Konzentration auf wenige Lieferanten (Nutzung von Erfahrungsökonomien, günstige Preise, Lieferbedingungen usw.) müssen mit den damit verbundenen Nachteilen (Risiko von Lieferunterbrechungen durch Streiks, Katastrophenfälle, Abhängigkeit usw.) abgewogen werden. Die folgenden Fragen können das Problem der optimalen Anzahl der Lieferanten einer Lösung zuführen.
- Ist eine begrenzte Anzahl von Lieferanten in der Lage, die Vielzahl der Rohmaterialien, Produkte usw. zu liefern bzw. herzustellen, die die Unternehmung für die Produktionsprozesse benötigt?
- Welche Vorteile hinsichtlich Preis, Erfüllung von Sonderwünschen und dgl. mehr bietet die Konzentration auf wenige Lieferanten?
- Wie wichtig sind die Beziehungen mit der Unternehmung für den Lieferanten?
- In welchem Ausmaß hängt die Unternehmung hinsichtlich der Beschaffung der Rohmaterialien, Vorprodukte, Energie usw. von den Lieferanten ab?

Die *Auswahl der Lieferanten* hängt von den Anforderungen der Unternehmung hinsichtlich Qualität, Service, Reziprozität und Preis ab. Tabelle 1.4 enthält eine Übersicht über die wichtigsten Kriterien für die Auswahl der Lieferanten; Aufgabe der Unternehmungsleitung ist es, Prioritäten zu setzen, neue Kriterien einzuführen oder bestimmte Kriterien auszuschließen[28].

Die *langfristige Rohstoff- oder Materialplanung* wirft in Zeiten hoher Inflationsraten und großer Versorgungskrisen Fragen besonderer Art auf. Die Analyse der Auswirkungen der Inflation auf die Unternehmung oder einen Unternehmungsbereich zeigt besonders bei der Rohstoff- oder Materialversorgung deren finanzielle Verwundbarkeit auf (Abb. 1.32).

Die Rohstoff- und Materialkostenbilanz zu einem bestimmten Zeitpunkt verlangt neue Ansätze der Beschaffungspolitik (Tab. 1.5).

Die *Abstimmung von Produktion, Beschaffung und Absatz* erfordert eine Reihe von Richtlinien hinsichtlich
(1) Arten und Mengen an zu bestellendem Material für die Auftrags- oder Marktproduktion,
(2) Mindestlagerbestände, Meldemengen und optimale Bestellmengen,

[28] Vgl. hierzu W.H. Newman, J.P. Logan u. W.H. Hegarty, Strategy, Policy, and Central Management, a.a.O., S. 216ff.

Tabelle 1.4 Kriterien für die Auswahl der Lieferanten

Fähigkeit und Bereitschaft des Lieferanten, die Anforderungen der Unternehmung zu erfüllen	Allgemeine Anforderungen an die Lieferanten	Einschränkende Faktoren
Produktqualität: - Spezifikationen - Zuverlässigkeit *Dienstleistungsangebot:* - Liefertermine - Technische Assistenz - Instandhaltung - Kreditbedingungen - Garantien - Akzessorische Leistungen - u.a.m. *Preis:* - Wettbewerbsfähigkeit - Bereitschaft zur Weitergabe der gesammelten „Erfahrungen" über Preissenkungen - Preisgleitklauseln usw.	*Größe:* - Interesse an den Unternehmungstätigkeiten - Finanzielle Stabilität *Standort:* - Ortsansässige Unternehmungen - Risikostreuung *Professionalität:* *Erhaltung alternativer Beschaffungsquellen:* - Gerechte Aufteilung - Ein Hauptlieferant (in der Regel: 2× den Anteil des nächstgrößten Lieferanten), mehrere kleinere Lieferanten *Versorgungssicherheit:*	*Reziprozität:* *Zeit- und Kostenaufwand für die Prüfung neuer Lieferanten:* *Tradition:* *Loyalität zur Unternehmung und freundschaftliche Beziehungen:* *Bereitschaft der funktionalen Bereiche, neue Lieferanten einzuschalten und zu prüfen:* *Unseriöse Geschäftspraktiken der Lieferanten:*

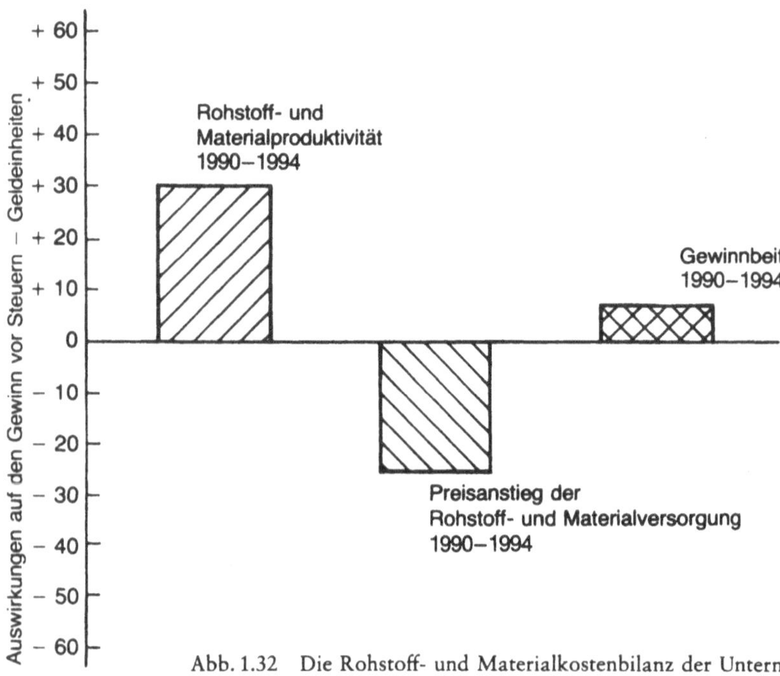

Abb. 1.32 Die Rohstoff- und Materialkostenbilanz der Unternehmung.

Tabelle 1.5 Anwendungsbeispiel zur Rohstoff- und Materialsicherung

Zunehmende Kapitalintensität

Rohstoffe und Materialien	Jahres-verbrauch 10^6 GE	Abschluß langfristg. Liefer-verträge	Substitu-tionsmög-lichkeiten	Beteili-gungen	Lager-haltung	Rück-wärts-integra-tion
Stahl	50	V				
Kupfer	30	<>	V			
Rohöl	25	V			V	
Silber	8		<>			
Aluminium	6	<>				
Wolfram	4			V	<>	V

V = Wird geprüft
<> = Bereits durchgeführt

(3) optimale Losgrößen,
(4) Stabilisierung der Produktion bei Saison- und Konjunkturschwankungen,
(5) Beschaffung und Lagerhaltung in Inflationszeiten.

Diese Richtlinien, von denen die Lieferfähigkeit, die Produktqualität, die Höhe der Produktionskosten, der Bedarf an Umlaufkapital und die Opportunitätskosten im Falle von Fehlmengen und Fehlbewertungen der Lagerbestände abhängen, lassen sich nur unter Berücksichtigung aller Umstände einer bestimmten Unternehmung formulieren.

Die Portfolio-Methodik vermag durch die Festsetzung von Prioritäten einen Beitrag zur wirksamen *Bewältigung der Wirtschaftszyklen* zu leisten. Zwei Ansätze bieten sich an:

(1) Einführung neuer Dimensionen der Marktattraktivität und der relativen Wettbewerbsvorteile (Stärken) der Unternehmung in bezug auf die einzelnen strategischen Geschäftseinheiten;
(2) Verschärfung der Selektivität durch Verschiebung der Diagonale nach rechts in der Portfolio-Matrix und Anwendung rigoroserer Kriterien für die Beurteilung der Investitionsstrategien.

Suboptimalen Ansätzen in der Begegnung von Wirtschaftszyklen kann durch die Herausarbeitung von differenzierten Portfolio-Prioritäten begegnet werden, wenn sich Wendepunkte der wirtschaftlichen Entwicklung abzeichnen (Tab. 1.6).

Die Anwendung der skizzierten Vorgehensweise ist in Tabelle 1.7 angedeutet.

Tabelle 1.6 Die Bewältigung der Wirtschaftszyklen durch die Festsetzung von Portfolio-Prioritäten

Wirtschaftssituationen	Aktionsprioritäten	
	Programme	Gewinnbeiträge
Starke Wirtschaft, sich abzeichnende *Rezession*	– Beschränkung der Overhead-Steigerungen – Beschleunigung/Genehmigung strateg. Programme in attraktiven Märkten zur Erzielung von Wettbewerbsvorteilen – Eingehen des Risikos von Ungleichgewichten	Finanzierung der Programme zur Kostensenkung und Verbesserung der relativen Wettbewerbsposition durch die zusätzlichen, in guten Jahren erzielten Gewinne
Schwache Wirtschaft, sich abzeichnender *Aufschwung*	Fortführung der langfristigen Wachstumsprojekte	Aufgabe der Produktlinien oder strategischen Geschäftseinheiten mit geringer/mittlerer Attraktivität und kleinen relativen Wettbewerbsvorteilen

Tabelle 1.7 Anwendungsbeispiel zur Portfolio-Ausbalancierung von zyklischen Wirtschaftsschwankungen

Strategische Geschäftseinheit	Gefährdung durch die Rezession im Jahr t	Aktionsprogramme zur Ausbalancierung des Portfolios des Jahres t–1
A	Hoch	– Standortanpassung – Aggressive Investitionen in nicht-zyklischer Diversifikation
B	Hoch	– Verzicht auf Kapazitätserweiterung – Förderung der Wachstumsprodukte – *Joint Venture*
C	Mittel	– Beschleunigung der internationalen Expansion
D	Niedrig	– – –
E	Hoch	– Beschleunigte Entwicklung des neuen Verfahrens
Unternehmungsbereich 1	Mittel	Überschreitung des Budgets des Jahres t–1

1.4.3 Die marktpreisorientierte Projektierung

Die bisherigen Ausführungen haben sich mit der Produktions- und Beschaffungspolitik befaßt, die die Hervorbringung der von der Marketingpolitik bestimmten Produkte und Dienstleistungen gewährleistet. Die Produktionspolitik schließt darüber hinaus das Problem der *marktpreisorientierten Projektierung* ein.

Marktpreisorientierte Projektierung liegt vor, wenn Ziel der Projektierung die Stückkosten sind, die von dem Preis abgeleitet sind, den der Markt für eine bestimmte Menge und Leistung zu zahlen bereit ist (Abb. 1.33). Diese Stückkosten sind ein Projektierungsparameter, dem die *gleiche* Bedeutung wie der Leistung und den sonstigen Produkteigenschaften zukommt. Aus der bestmöglichen Schätzung der Nachfrage wird ein aggressives Kostenziel abgeleitet, das in regelmäßigen Zeitabständen im Laufe des Lebens eines Produktes mit den entsprechenden Ist-Werten verglichen wird.

Die Abnehmer verlangen im allgemeinen nicht Technologie um ihrer selbst willen, sondern ein möglichst günstiges Preis/Leistungs-Verhältnis. Die kostenorientierte Projektierung dagegen (Abb. 1.33) geht nicht von einem vorausbestimmten Preis aus und versucht auch nicht, einen Kompromiß zwischen zusätzlicher Leistung und zusätzlichen Kosten bei einem vorgegebenen Preis zu erzielen. Der Ingenieur, der nicht in der Lage und bereit ist, ein *Trade-off* zwischen zusätzlicher Leistung und zusätzlichen Kosten im Hinblick auf ein bestimmtes Preisziel zu verwirklichen, übt in Wirklichkeit in unserer Zeit nur die Hälfte

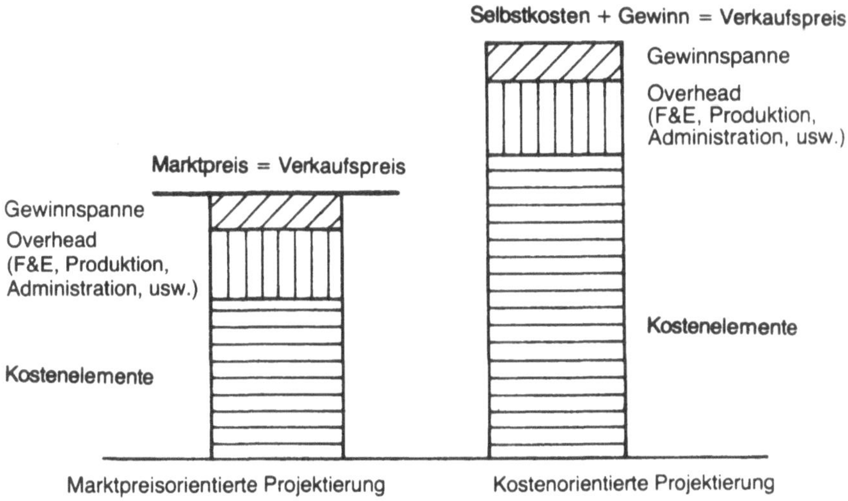

Abb. 1.33 Schema der marktpreis- und kostenorientierten Projektierung.

seines Berufes aus[29]; der gute Ingenieur muß, mit anderen Worten, entscheiden, welche Kombination aus Leistung und Kosten das marktgerechteste Produkt ergibt und den besten Beitrag zur Einnahme einer führenden Wettbewerbsposition der strategischen Geschäftseinheit leistet.

Die Grundlagen für diese Projektierung bilden:

(1) die Höhe des angestrebten Eintrittspreises und
(2) die von der Unternehmungsleitung für die Übersetzung einer technischen Konzeption in ein marktgerechtes Produkt vorgegebene Erfahrungskurve.

Zu den für die marktpreisorientierte Projektierung erforderlichen Informationen gehören bei Produktinnovationen:

(1) *die Leistung*, d.h. die von den potentiellen Abnehmern an das Produkt voraussichtlich gestellten Leistungsanforderungen;
(2) *die erwarteten Absatzmengen*;
(3) das angestrebte *Preisziel*, d.h. der Preis, den die potentiellen Abnehmer voraussichtlich zu zahlen bereit sind, wobei die Nachfrageelastizität, die Verdrängung bestehender Produkte, die Reaktionen der Konkurrenten und die neuen Funktionen zu berücksichtigen und bewerten sind;
(4) die angestrebte *Gewinnspanne*, wenn das Produkt in die Reifephase eingetreten ist und zur Finanzierung der Investitions- und Wachstumsstrategien beitragen soll;
(5) die den *Produktions- und Distributionskosten zugrundeliegende Erfahrungskurve*, wobei die Hauptkostenelemente spezifiziert werden.

Sind diese Voraussetzungen erfüllt, dann läßt sich, wie in Abb. 1.21 dargestellt, der in die Zukunft projizierte Stückkostenverlauf bestimmen, der termingerecht verwirklicht werden muß, wenn die Unternehmung ein angestrebtes Preisziel erreichen will.

Neue technische Erkenntnisse, die im Laufe der Projektierung und Produktion gefunden werden, sind dahingehend zu prüfen, ob und in welchem Ausmaße sie zur Verwirklichung des angestrebten Preiszieles beitragen; im negativen Fall müssen rechtzeitig *Trade-offs* gemacht werden. Die ingenieurmäßige Unterstützung eines Produktes endet nicht mit seiner Einführung auf dem Markt. Die Markteinführung löst zwei unmittelbare Reaktionen aus:

(1) Änderung der Produkte oder Einführung neuer Produkte durch die Wettbewerber,
(2) Beurteilung des Preis/Leistungs-Verhältnisses durch die Abnehmer.

Diese Reaktionen lösen technische Anstrengungen aus, die sich über den gesamten Lebenszyklus der Produkte erstrecken; aufgrund ihres Kostensenkungspotentials ergibt sich folgende Prioritätsordnung der technisch-organisatorischen Maßnahmen (Abb. 1.34)[30]:

[29] Vgl. hierzu Grubbström, R., H.H. Hinterhuber u. J. Lundquist (Hrsg.) State of the Art and Perspectives in Production Economics. Amsterdam 1989.
[30] Vgl. hierzu J.F. Bucy, World Price Leadership, Dallas, Texas 1974.

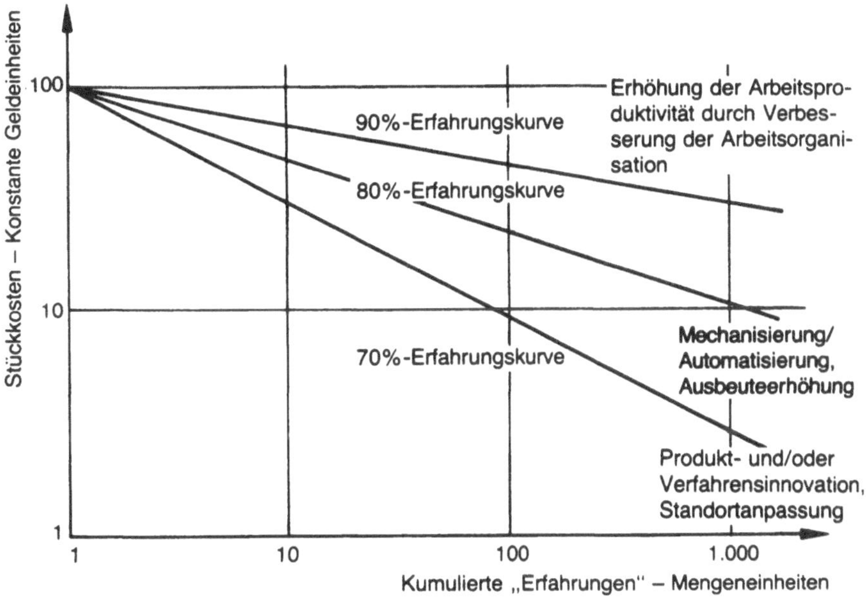

Abb. 1.34 Typische Erfahrungsfaktoren für technische und organisatorische Maßnahmen.

Prioritätsstufe 1: (Erfahrungsfaktor: ca. 70%)	– Produkt- und/oder Verfahrensinnovationen – Standortanpassungen
Prioritätsstufe 2: (Erfahrungsfaktor: ca. 80%)	– Mechanisierung/Automatisierung (wenn die Stabilität und Größe der Absatzmengen die Investitionen rechtfertigen), – Ausbeuteerhöhungen, – Prozeßverbesserungen und -vereinfachungen
Prioritätsstufe 3: (Erfahrungsfaktor: ca. 90%)	– Erhöhung der Arbeitsproduktivität durch Verbesserung der Arbeitsorganisation – Intensivierung der Projektierung

Das größte Kostensenkungspotential liegt in Produkt- oder Verfahrensinnovationen sowie in Standortanpassungen; Kosteneinsparungen in der Größenordnung von 10% können durch die Verbesserung der Arbeitsorganisation, Erhöhung der Intensität der Projektierung usw. erreicht werden.

Die Abb. 1.35 zeigt, daß das Kostenziel von 15 Geldeinheiten je Mengeneinheit eine 70%-Erfahrungskurve erfordert; diese setzt wiederum die Neuprojektierung des Produktes, die Verbesserung der Arbeitsorganisation usw. voraus. Jeder dieser Schritte baut auf detaillierten Aktionsprogrammen auf (Tab. 1.8); zu beachten ist, daß die angestrebte Gesamtkostenreduktion über alternative Ansätze mit eventuellen *Trade-offs* verwirklicht werden muß, so daß der Fehler eines Ansatzes nicht die Erreichung des Kosten- oder Preiszieles in Frage stellt.

Betrachtet man die Forschungs- und Entwicklungs-, Produktions- und Beschaffungspolitik im ganzen, ihre Probleme und Lösungsansätze, dann sieht

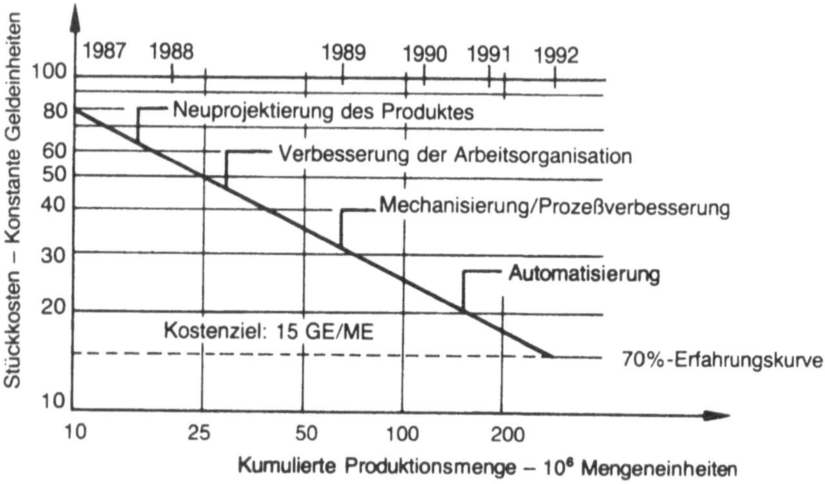

Abb. 1.35 Planung eines Kostenzieles mit Hilfe der Erfahrungskurve.

Tabelle 1.8 Beispiel eines Kostensenkungsprogrammes im Produktionsbereich (Prinzipschema

Programm	Dafür verantwortlich	Kritische Kontrollpunkte	Angestrebtes Kostensenkungsziel (GE)	Erfolgswahrscheinlichkeit (%)
1. Neuprojektierung des Produktes				
2. Verbesserung der Arbeitsorganisation				
3. Erhöhung des Mechanisierungsgrades				
4. Flexible Automatisierung				

man, daß es sich stets darum handelt, ausgehend von einem angestrebten Preisniveau, die von den Endabnehmern gewünschten Leistungen vorherzusehen und Produktionsstrukturen zu führen oder aufzubauen, die „Erfahrungen" zu sammeln gestatten, so daß durch kontinuierliche *Trade-offs* die Kosten- und Preisziele erreicht werden können. Die Unternehmungsleitung trägt wesentlich zum Erfolg der marktpreisorientierten Projektierung durch Regelungen bei, die folgende Aspekte betreffen:

(1) Einsetzung eines *Projektleiters*, der die Befugnisse hat, rechtzeitig *Trade-offs* in der Forschungs- und Entwicklungs- oder Produktionsphase zu machen;
(2) Aufbau eines *Projektteams*, das für die Erreichung der Kosten- und Leistungsziele verantwortlich ist;
(3) *Abstimmung mit den Marketingabteilungen*, um kritische *Trade-offs* in der Einführungsphase des Produktes rechtzeitig durchzuführen;
(4) *Kontinuität des Projektmanagements* von der Konzeptionsphase bis zur Markteinführung des neuen Produktes oder Anwendung des neuen Verfahrens;
(5) *Motivation der Mitarbeiter* durch klare Zielsetzungen, Unterstützung durch die Unternehmungsleitung, zeitgerechte Entscheidungen, meßbare Kontrollpunkte sowie ein geeignetes Anreizsystem.

1.4.4 Massenproduktion oder flexible Spezialisierung?

Massenproduktion oder flexible Spezialisierung (Automatisierung) sind die beiden Wege der industriellen Entwicklung. Welchen Weg soll die Produktionspolitik gehen?

Die industrielle Entwicklung war noch bis vor wenigen Jahren durch den *Trend zur Massenproduktion* gekennzeichnet: Spezialmaschinen werden zur Hervorbringung standardisierter Produkte eingesetzt. Dieser Trend kommt am besten im System des Taylorismus zum Ausdruck, der der großen Unternehmung und der Massenproduktion zum Durchbruch verholfen hat. Diesem entspricht auf der Ebene der Organisation des Staates der Keynesianismus mit seinem Trend zur Makroregulierung. Die neuen Technologien erlauben heute die Wiederaufnahme der Art von Produktion, die seit dem Beginn der industriellen Revolution von der Massenproduktion abgelöst wurde. Es handelt sich hierbei um die handwerkliche Produktion im kleinen Maßstab, die auf einem hohen Grad an Spezialisierung und auf dem Einsatz von Universalmaschinen beruht[31].

Die *flexible Spezialisierung* kommt in einer Zeit des Übergangs und der Unsicherheit zwei wesentlichen Anforderungen entgegen: größere Flexibilität in bezug auf die Bedürfnisse der Abnehmer und schnellere Reaktion auf die Chancen und/oder Bedrohungen des internationalen Wettbewerbs. Die neuen Technologien eröffnen neue Möglichkeiten, weil sie gleichzeitig vielseitig im Einsatz sind und eine hohe Produktivität erlauben.

Beide Produktionsarten bestehen nebeneinander. Die Maschinen und Anlagen, die für die Massenproduktion benötigt werden, müssen in geringen Stückzahlen von kleinen spezialisierten Unternehmungen projektiert und hergestellt werden. Neu ist jedoch die Integration großer und kleiner Unternehmungen mit

[31] Vgl. hierzu M. J. Piore u. Ch. F. Sabel, The Second Industrial Divide: Possibilities for Prosperity, New York 1984, S. 201ff.

dem Ziel, mit Hilfe der neuen Informations- und Automatisierungstechnologien rechtzeitig auf Nachfrage- und Wettbewerbsänderungen zu reagieren.

Unternehmungen sind in einer Krise, wenn ihre Produkte höhere Kosten, im Vergleich zu den Konkurrenten, aufweisen oder keine funktionalen oder ästhetischen Merkmale besitzen, die sie ähnlichen Konkurrenzprodukten vorziehen lassen. Schuld an der Krise sind in beiden Fällen die Starrheit der Produktionsstrukturen oder mangelnder unternehmerischer Schwung.

In allen Industriestaaten ist zur Zeit ein Prozeß der Wiederbesinnung auf den alten unternehmerischen Wert der Flexibilität im Gange. Angesichts einer zunehmend unsicheren Zukunft erscheint es notwendig und sinnvoll, sich in der Gestaltung der Produktion einen möglichst großen Handlungsspielraum offenzuhalten; dies nicht zuletzt, da die Industriestaaten, im Vergleich zu anderen Staaten, ein besseres Ausbildungssystem für Lehrlinge und Fachkräfte besitzen, ohne die eine flexible Spezialisierung nicht möglich ist.

Obwohl die Technologie der flexiblen Automatisierung nun auch von vielen mittleren Unternehmungen gefragt ist, lassen sich bereits jetzt erhebliche Nachteile für die kleineren Unternehmungen absehen:

- Nachteile großer Organisationen in der schnellen Reaktion auf Marktveränderungen gegenüber kleineren Unternehmungen werden reduziert.
- Große Unternehmungen können die Auslastung eines flexiblen, mit hohen Fixkosten belasteten Systems durch eine breitere Produktpalette gewährleisten.
- Große Unternehmungen können sich die notwendigen Experten für die Planung und den Betrieb derartiger Systeme im eigenen Haus erlauben.
- Große flexible Fertigungssysteme aus mehr als vier Bearbeitungsstationen arbeiten kostengünstiger als kleine Systeme, da beispielsweise Personalkosten und Transportanteile abnehmen.
- Da mit flexiblen Systemen auch Großunternehmungen in kleinen Marktnischen wirtschaftlich tätig werden können, verlieren kleinere und mittlere Unternehmungen ihre Rückzugsfelder.

Mit zunehmender Bedeutung der flexiblen Automatisierung werden also auch innovative, kleine und mittlere Unternehmungen des Maschinenbaus und der Elektrotechnik durch große, weltweit operierende Unternehmen bedroht. Da die aufgezeigte Entwicklung jedoch erst am Anfang ist, bestehen für die betroffenen Unternehmungen und die staatliche Strukturpolitik noch Handlungsmöglichkeiten:

- Intensive Nutzung von herstellerunabhängigen, international erfahrenen Ingenieurberatungsfirmen;
- Bildung von Kooperationen innerhalb der Branche, mit dem Ziel, gemeinsame Fertigungsstätten zu errichten.

Es gilt zu verhindern, daß mit der Gießkanne verteilte Subventionen die bestehende ungünstige Struktur konservieren und strukturelle Defizite zumindest vorübergehend überdecken.

1.5 Die Personalpolitik

Das Durchdenken eines strategischen Planes erfordert sorgfältiges Abwägen seiner Auswirkungen auf die Unternehmungsressourcen. Wenn mit Bezug auf die personellen Ressourcen kein praktikabler Austausch von *Inputs* (Fähigkeiten, Leistungen usw.) und *Outputs* (Entgelt, soziale Leistungen usw.) eingerichtet werden kann, dann muß die Strategie geändert werden. Die strategische Neuorientierung einer Unternehmung hängt erstens von der Verfügbarkeit der notwendigen Fähigkeiten und zweitens von der Einstellung der Mitarbeiter hinsichtlich der neuen Aufgaben ab. Die Personalpolitik der Unternehmung muß

(1) die Strategien oder Strategierevisionen unterstützen und
(2) in Einklang stehen mit den realen Bedürfnissen und Aspirationen der Mitarbeiter sowie mit der Evolution der gesellschaftlichen Strukturen.

Jede Unternehmung muß deshalb eine spezifische Personalpolitik ausarbeiten, die die Verwirklichung ihrer Strategien fördert, Synergieeffekte, d. h. zusätzliche Stärken und Wettbewerbsvorteile in den divisionalen und/oder funktionalen Bereichen hervorruft und die gesellschaftspolitische Situation auf eine konstruktive Weise beeinflußt.

Es ist nicht Aufgabe dieses Buches, die vielen Aspekte der Personalpolitik zu erörtern; es soll hier lediglich auf die Elemente der Personalpolitik hingewiesen werden, von denen die erfolgreiche Durchführung der Strategien abhängt und die die aktive Aufmerksamkeit der Unternehmungsleitung verdienen[32]. Die Richtlinien der Unternehmungsleitung betreffen (Abb. 1.36):

(1) die Auswahl und Entwicklung der Mitarbeiter,
(2) die Ausbildungspolitik,

Abb. 1.36 Die Abstimmung zwischen den Strategien und der Personalpolitik (Beispiel)

[32] Die Kaderplanung und Kaderentwicklung ist im Abschnitt 2.5 behandelt.

(3) die Entgeltspolitik,
(4) die Sozialleistungen und Gratifikationen,
(5) die Beziehungen zu den Gewerkschaften.

1.5.1 Die Auswahl und Entwicklung der Mitarbeiter

Die *Auswahl der Mitarbeiter* ist ein kontinuierlicher Prozeß, der nicht nur die Einstellung neuer Mitarbeiter, sondern auch die Beförderung oder Entlassung bzw. Versetzung der Mitarbeiter betrifft.

Jede Unternehmung verfügt über eine Vielzahl von Grundsätzen für die Einstellung neuer Mitarbeiter: Interne Ausschreibung der freien Stellen, Anforderungen an Alter, Geschlecht, spezifische Qualifikationen für bestimmte Aufgaben, Anzahl und Arten der früheren Beschäftigungen, Regelungen mit den Konkurrenten, Einhaltung gesetzlicher Vorschriften und dgl. mehr. Diese Grundsätze, Politiken, Standards und Verfahren leisten einen wichtigen Beitrag zur Akquisition einer guten personellen Basis der Unternehmung; sie involvieren im allgemeinen die Unternehmungsleitung nicht, die lediglich auf deren Anwendung achtet. Die Unternehmungsleitung greift dagegen in die Formulierung der Einstellungspolitik ein, wenn die Ausrichtung oder Intensität der Strategien geändert wird, Änderungen der Umweltbedingungen eine Anpassung der Unternehmung erfordern oder die gesellschaftspolitische Entwicklung eine neue Personalpolitik oder die Abstimmung mit den Politiken und Aktionsprogrammen der anderen Bereiche erforderlich machen.

Die *Beförderungspolitik* beeinflußt in hohem Ausmaß die Fähigkeiten und Vielseitigkeiten der Mitarbeiter; sie korreliert dadurch unmittelbar mit den Strategien der Unternehmung. Die Unternehmungsleitung muß vor allem zwei Aspekte der Beförderungspolitik unter Kontrolle halten: Die horizontale oder vertikale Mobilisierung der Kader und die Einrichtung von Karrieremöglichkeiten und -pfaden für hervorragende Fachkräfte (*individual contributors*)[33].

Strategien, die häufigen Wandel und Anpassungsfähigkeit erfordern, können am effizientesten von Mitarbeitern ausgeführt werden, die in der Lage sind, von einer Aufgabe zu sehr verschiedenen Aufgaben überzugehen. Die horizontale Mobilisierung der Kader fördert die Vielseitigkeit und Flexibilität; sie wird als Beförderung angesehen, wenn sie ein Teilstück der üblichen Karrierepfade der Unternehmung darstellt. Den Vorteilen der Erweiterung des intellektuellen Horizontes, der Gewöhnung an die Veränderung, der Ausdehnung der potentiellen Aufstiegsmöglichkeiten und dgl. mehr stehen als Nachteile die hohen Ausbildungskosten und das erhöhte Risiko von Fehlentscheidungen aufgrund einer unvollständigen Durchdringung der Gesamtsituation gegenüber.

Neben der Förderung der Führungskräfte mit unternehmerischen Perspektiven durch horizontale und vertikale Mobilisierung muß jede Unternehmung

[33] Vgl. hierzu auch H.H. Hinterhuber, Innovationsdynamik und Unternehmungsführung, a.a.O., S. 270ff.

auch spezifische Karrierepfade für technische und wissenschaftliche Fachkräfte – Forscher, Ingenieure, Physiker usw. – einrichten und gleichzeitig zur Vertiefung ihres Fachwissens beitragen. Durch die Schaffung von Positionen mit hohem Prestige, Status und Gehalt erhalten die Inhaber von *Know-how* die Möglichkeit, die ihnen administrativ vorgesetzten Führungskräfte bei Wahrung der unternehmerischen Gesichtspunkte zu übertreffen. Oder anders ausgedrückt: Die Möglichkeit des Aufstieges bleibt auch den hervorragenden technischen und wissenschaftlichen Persönlichkeiten offen, die auf ihren Gebieten Experten bleiben wollen.

Die Formulierung von Richtlinien für die Aufstiegspolitik erfordert ein tiefes Wissen und Verständnis für die Rollen der technisch-wissenschaftlichen Fachkräfte und unternehmerischen Führungskräfte; damit werden aber die großen Schwierigkeiten sichtbar, vor denen die Unternehmungsleitung steht, wenn ihre Strategien auf außergewöhnlichen Fähigkeiten aufbauen.

Die Art und Weise, in der *Entlassungen bzw. Versetzungen* der Mitarbeiter vorgenommen werden, beeinflußt langfristig die Stärken der Unternehmung. Eine schwache Personalpolitik führt zu Spannungen zwischen den personellen Anforderungen der Strategien und dem durchschnittlichen Qualifikationsniveau der Mitarbeiter, eine Politik der Härte dagegen wirkt sich hemmend auf die Initiative und Kreativität aus und wird von den Arbeitnehmerorganisationen nicht akzeptiert. Die Überstellung von Mitarbeitern nach Absolvierung ihrer Probezeit in andere Abteilungen muß durch eine geeignete Personal- und Ausbildungspolitik geregelt werden. Desinvestitionsstrategien, technische Innovationen, wirtschaftliche Entwicklungen usw., die die Stillegung einzelner Betriebe oder Teilbereiche der Unternehmung erfordern, werfen schwerwiegende Probleme auf. Erfolgreiche Unternehmungen haben soziale Verpflichtungen gegenüber ihren Mitarbeitern, die um so stärker sind, je größer deren Anciennität ist. Zwischen Anciennität und Effizienz besteht aber selten eine enge Korrelation. Die Personalpolitik orientiert sich deshalb im Falle von Personalentlassungen im allgemeinen an folgenden Grundsätzen:

(1) Personen mit ungenügender Leistung, unausgeprägter Charakterfestigkeit und Verantwortungsfreude sind aus ihren Positionen zu entfernen.

(2) Jede Verpflichtung der Unternehmung gegenüber bestimmten Personen wird so erfüllt, daß die optimale Durchführung der Strategien gesichert ist.

Diese Grundsätze können auf verschiedenen Wegen verwirklicht werden:

(1) Suche nach freien Positionen innerhalb der Unternehmung, die den Mitarbeitern angeboten werden;

(2) Unterstützung der Mitarbeiter bei der Suche einer neuen Tätigkeit in anderen Unternehmungen;

(3) Vorzeitige Pensionierung unter weitgehender Belassung der Bezüge;

(4) Abfindung des Mitarbeiters z. B. in Höhe eines Monatsgehaltes multipliziert mit der Anzahl der Dienstjahre.

1.5.2 Die Ausbildungspolitik

Grundsätzlich gilt, daß die Arbeitskosten zunehmend den Charakter von Fixkosten aufweisen. Die erfolgreiche Durchführung der Strategien wird in Zukunft weitgehend von einer an diesem Grundsatz orientierten Personalpolitik abhängen. Bei der Strategieformulierung muß die Unternehmungsleitung die Auswirkungen auf das Beschäftigungsniveau berücksichtigen und freizusetzenden Mitarbeitern entsprechende alternative Positionen anbieten. Die *Ausbildungspolitik* der Unternehmung als Teil der Personalpolitik baut auf zwei Überlegungen auf:

(1) Für die Mitarbeiter auf allen hierarchischen Ebenen besteht die Notwendigkeit eines lebenslangen Lernens.
(2) Dieser kontinuierliche Lernprozeß setzt eine aktive Kooperation seitens der Mitarbeiter voraus.

Die Unternehmung kann diesen Prozeß der individuellen Selbstentfaltung führen, ermutigen und unterstützen. Die Ausbildungspolitik bestimmt das Ziel und das Ausmaß des Engagements der Unternehmung für die verschiedenen Ausbildungstätigkeiten, auf die hier nicht eingegangen werden kann[34]. Die Ausbildungspolitik muß, genauso wie die Einstellungspolitik, auf die Strategien und die neuen Arbeitsstrukturen der Unternehmung abgestellt sein und dabei den gesellschaftlichen Entwicklungen Rechnung tragen. Aufgabe der Unternehmungsleitung ist es, die Kenntnisse und Fähigkeiten der Mitarbeiter mit den Anforderungen der Strategien an ihr professionelles Wachstum und ihre persönliche Entfaltung und mit der Umweltentwicklung in Einklang zu bringen.

1.5.3 Die Entgeltspolitik

Drittes Element der Personalpolitik ist die *Entgeltspolitik*; diese umfaßt:

(1) die Festsetzung des allgemeinen Entgeltsniveaus der Unternehmung,
(2) die interne Entgeltsstruktur,
(3) die Anerkennung von individuellen Leistungsunterschieden,
(4) den Einsatz von Lohnanreizsystemen.

Bei der *Festsetzung des allgemeinen Entgeltsniveaus der Unternehmung* muß die Unternehmungsleitung entscheiden, ob das Marktniveau überschritten, eingehalten oder, im Rahmen der gesetzlichen Bestimmungen, unterschritten werden soll. Die Bestimmungselemente dieser Entscheidung sind einerseits die Art der gewählten Strategien und Technologien, andererseits die angestrebte Personalpolitik; mit Bezug auf diese Elemente kann die Unternehmungsleitung entscheiden,

[34] Vgl. hierzu im einzelnen H.H. Hinterhuber, Anforderungen an den Manager der Zukunft, in: G. Aigner (Hrsg.), Das neue Erfolgs- und Karrierehandbuch für Selbständige und Führungskräfte, München 1985, S. 623–640.

(1) ob die Unternehmung ihre Kader laufend gegenüber denen der Wettbewerber verbessern und sich als Anziehungspol für die besten Fach- und Führungskräfte präsentieren will, oder
(2) ob die Kosten einer gewissen Instabilität und Inferiorität der Kader, mit Bezug auf die der Wettbewerber, kleiner sind als die einer Personalpolitik, die, bestimmt von Kriterien der Großzügigkeit, diese Kosten vermeidet.

Die Bestimmung des zweckmäßigsten Entgeltssystems kann nicht unabhängig von der Festsetzung der verschiedenen Bedingungen und Initiativen erfolgen, die gemeinsam zur Entstehung dieses Entgeltsniveaus beitragen. Oder anders ausgedrückt: Die Kosten eines bestimmten Entgeltsniveaus sind ein Element der Personalpolitik und können auch deren Grenze bilden; bei gleichem Kostenniveau kann die Effizienz der menschlichen Arbeitsleistungen jedoch sehr unterschiedlich sein und davon abhängen, wie die interne Entgeltsstruktur dem Prinzip der Lohngerechtigkeit entspricht, individuelle Mehrleistungen anerkannt und honoriert werden, die verschiedenen Anreizsysteme kombiniert sind und den Wertvorstellungen der Mitarbeiter entsprechen, vor allem aber, welche Antworten die Initiativen der Unternehmung auf dem Gebiet der Personalpolitik bei den Aufgabenträgern hervorrufen[35].

Nach der Bestimmung der zweckmäßigsten Beziehung zwischen dem allgemeinen Entgeltsniveau der Unternehmung und dem der stärksten Konkurrenten müssen im Rahmen des gewählten Entgeltssystems die Beziehungen zwischen dem Wert einer jeden Aufgabe und dem der anderen Aufgaben bestimmt werden; es ist, mit anderen Worten, die *Hierarchie der in der Unternehmung durchzuführenden Aufgaben* zu bestimmen, damit die Vorteile eines hohen allgemeinen Entgeltsniveaus nicht durch eine irrationale Entgeltsstruktur beeinträchtigt oder zerstört werden. Die gerechte Bewertung ist von grundlegender Bedeutung, da das Prestige und die Achtung, die ein Aufgabenträger innerhalb und außerhalb der Unternehmung genießt, weitgehend vom Wert abhängt, der den auszuführenden Aufgaben zugeordnet wird.

Die einzelne Arbeitsleistung kann objektiv weder von der Unternehmung noch vom Mitarbeiter bestimmt werden. Der Mitarbeiter besitzt als wichtigsten und häufig einzigen Maßstab für die Beurteilung der Angemessenheit seines Entgelts das Verhältnis, in dem sein Entgelt zu dem der Mitarbeiter steht, deren Aufgaben als vergleichbar betrachtet werden. Die Erfüllung der Erwartungen eines Aufgabenträgers und somit seine effektive Integration in die Unternehmung beruhen deshalb darauf, daß zwischen den den verschiedenen Aufgaben zugeordneten Werten als befriedigend zu beurteilende Verhältnisse bestehen. Die Einrichtung eines organischen Systems von den einzelnen Aufgaben zuzuordnenden Werten wird um so schwieriger, je größer und differenzierter die Unternehmung ist und je zahlreicher somit die Aufgaben sind, die in eine Wertehierarchie eingeordnet werden müssen; die Intensivierung des technischen Fortschrittes erhöht außerdem die Zahl der neuen Aufgaben, die nicht in die zu

[35] Vgl. hierzu F. G. Becker, Anreizsysteme für Führungskräfte im Strategischen Management, Bergisch-Gladbach, Köln 1985, S. 154ff.

einem gegebenen Zeitpunkt existierende professionelle Struktur eingefügt werden können.

In der modernen Unternehmung besteht eine außerordentliche Varietät von Aufgaben, die sich nach vorwiegend unvorhersehbaren Richtungen ausdehnt; eine Bewertung dieser Aufgaben anhand eines gemeinsamen Maßstabes, der eine Aufgabenhierarchie und somit eine rationelle Basis festzusetzen erlaubt, auf der ein gerechtes Entgeltssystem aufgebaut werden kann, ist bei der großen Heterogenität nicht denkbar. Die direkte Bestimmung des Wertes einer Aufgabe steht im allgemeinen nur der kleinen Zahl von oberen und obersten Führungskräften offen, mit denen das Wirtschaftssubjekt eine direkte Beziehung individueller Beurteilung und somit effektiver direkter Verhandlung aufrecht erhalten kann.

Diese große Aufgabenvarietät besitzt jedoch ein gemeinsames Element: Aufgaben verlangen in unterschiedlichem Ausmaß und in verschiedenen Kombinationen Fähigkeiten, Kenntnisse, Fertigkeiten und Erfahrungen, mit denen die Mitarbeiter in unterschiedlichem Ausmaß ausgezeichnet sind. Diese Fähigkeiten usw., die für die effiziente Ausführung einer bestimmten Aufgabe erforderlich sind, werden als *Aufgabenfaktoren* bezeichnet; diese lassen sich in vier Kategorien gliedern: Professionelle Anforderungen, Verantwortung, Anstrengung und Arbeitsbedingungen.

Durch die Anwendung eines bestimmten Faktorensystems verlagert sich die Bewertung einer Aufgabe zur Bewertung der Faktoren, die vorhanden sein müssen, damit eine Aufgabe auf eine effiziente Weise ausgeführt wird. Da jeder Faktor einen eigenen Seltenheitsgrad im Rahmen der verfügbaren personellen Ressourcen aufweist, kommt einer Aufgabe ein größerer oder kleinerer Wert zu, je nach der Summe der Seltenheitsgrade, die für jeden Faktor ermittelt werden.

Der Prozeß der Bestimmung der für eine gegebene Aufgabe erforderlichen Faktoren verläuft in zwei Phasen:

(1) Aufgabenbeschreibung;
(2) Faktorenspezifikation.

Aufgabenbeschreibung und Faktorenspezifikation sind zwei eng verbundene Tätigkeiten; die Kriterien, an denen sich die Spezifikation der Faktoren orientiert, bestimmten den Analysegrad der Aufgabenbeschreibung, d.h. der Tätigkeiten, aus denen sich eine Aufgabe zusammensetzt, der Gründe, weshalb diese Tätigkeiten durchzuführen sind, der Art und Weise, wie sie auszuführen sind, usw.

Wie aus dem in der Tabelle 1.9 dargestellten Beispiel der Faktorenspezifikation zu entnehmen ist, wird jedem Faktor ein bestimmtes Gewicht zugeschrieben; in einem zweiten Schritt wird die Bedeutung gewertet, die jeder Faktor einnehmen muß, damit eine bestimmte Aufgabe auf effiziente Weise ausgeführt wird. Die Summe der so ermittelten Punkte wird als Index des Wertes einer Aufgabe angenommen. Die Positionen der Aufgaben in der Unternehmung ergeben sich aus der Reihung der Indexwerte und aus den quantitativen Abständen, die zwischen den verschiedenen Aufgaben bestehen.

Tabelle 1.9 Beispiel zur Faktorenspezifikation im Rahmen der Job-Evaluation

Faktoren	Grade							
	1	2	3	4	5	6	7	8
1. Ausbildung (1)	19	59	132	*282*				
2. Erfahrung	21	38	60	88	125	*172*	233	311
3. Komplexität der Aufgaben	17	37	62	95	137	*192*	262	
4. Verantwortung für Mittel und Resultate	19	40	67	102	148	206	*281*	
5. Verantwortung für die Arbeit von anderen	5	11	19	29	*43*	60	82	
6. Verantwortung für die Sicherheit von anderen	*5*	23	47	78				
7. Verantwortung für Besprechungen mit Dritten und vertrauliche Informationen	7	23	43	69	*102*			
8. Anstrengung	2	*8*	16	27				
9. Arbeitsbedingungen	*5*	17	31	50				

(1) Zusatzpunkte für Sprachen:

	1 Sprache	2 Sprachen	3 und mehrere Sprachen
Kenntnisgrad A	7	15	22
Kenntnisgrad B	29	58	87
Kenntnisgrad C	*49*	99	--

1.139 = Indexwert für die effiziente Ausfüllung einer bestimmten Position

Im Anschluß an die Bestimmung der Aufgabenhierarchie in der Unternehmung kann die *Entgeltsstruktur* festgelegt werden.

Aufgabenbewertung und Entgeltsstruktur sind zwei verschiedene Problemkreise; erstere führt zu einer Wertehierarchie, die die inhaltliche Varietät der Aufgaben reflektiert, wie sie von der Art der Strategien, Aktionsprogramme und Betriebsbedingungen bestimmt wird; Änderungen der Strategien, Aktionsprogramme und Betriebsbedingungen finden somit ihren Niederschlag in Änderungen der gewählten Wertehierarchie.

Die Entgeltsstruktur, dagegen, drückt die Bedingungen aus, unter denen Arbeitsleistungen mit bestimmten Merkmalen angeboten werden.

Die Entgeltsstruktur stellt, mit anderen Worten, die Verbindung her zwischen dem Entgeltsniveau der Unternehmung und dem am Markt vorherrschenden Entgeltsniveau. Diese Verbindung wird dadurch hergestellt, daß in erster Linie die Aufgaben untersucht werden, die den Aufgaben gleich oder assimilierbar sind, die in anderen Unternehmungen durchgeführt werden. Diesen Aufgaben wird ein kleineres oder größeres Entgelt als jenes der Vergleichsunternehmungen zugeordnet, je nachdem ob die Unternehmungsleitung ein niedrigeres oder höheres Entgeltsniveau verwirklichen will. Anschließend werden die übrigen Aufgaben bewertet. Auf diese Weise wird die gewünschte Verbindung zwischen dem allgemeinen Entgeltsniveau der Unternehmung und dem des Marktes hergestellt; diese Verbindung zur Umwelt wird durch eine interne Entgeltsstruktur verwirklicht, die ihre Rationalität hat.

Es ist sicher nicht notwendig, die Aufmerksamkeit auf die großen Schwierigkeiten des dargestellten Verfahrens und auf die Vielfalt der Genauigkeitsgrade seiner Anwendung zu lenken. Hervorzuheben ist, daß mit diesem Verfahren Aufgaben und nicht Personen beurteilt werden. Die effektive Entgeltsstruktur kann deshalb nicht rigoros die Werteskala reflektieren, mit der der Prozeß der Aufgabenbewertung abgeschlossen wird. Korrekturen und Integrationen müssen eingeführt werden, um das erforderliche Gewicht den Elementen zuzuweisen, die, wie individuelle Mehrleistungen, Anciennität usw., im Prozeß der Aufgabenbewertung nicht zur Geltung kommen, jedoch für die korrekte Ermittlung des effektiven Entgeltsniveaus berücksichtigt werden müssen.

Individuelle Mehrleistungen werden in der Regel dadurch berücksichtigt, daß die verschiedenen Stufen der Entgeltsstruktur Bandbreiten zwischen 20 und 35 % aufweisen (Abb. 1.37); diese Bandbreiten sind von der Unternehmungsleitung festzusetzen, da ihr Ausmaß die Möglichkeit für Diskriminierungen und Begünstigungen öffnet.

Das vierte Element der Entgeltspolitik besteht in der Schaffung und Anwendung von *Entgeltsanreizsystemen.* Hier interessieren jedoch nicht das technische und organisatorische Problem, die Voraussetzungen und Grenzen der Entgeltsanreizsysteme, sondern lediglich die Tatsache, daß Innovationsfähigkeit, Leistungswille, Leistungsbewußtsein und Entgeltsanreizsysteme in einer positiven Korrelation zueinander stehen und auf die strategischen Konzeptionen der Unternehmung abgestellt sein müssen[36].

Das Zusammenwirken von Arbeit und Kapital ergibt einen um so besseren Nutzeffekt, je höher der Grad der Spezialisierung ist und je effizienter die spezialisierten Tätigkeiten mit Hilfe geeigneter Organisationsformen koordiniert werden. Die Unternehmungsleitung kann diesen Nutzeffekt durch geeignete Formen der Gewinn- und Kapitalbeteiligung der Arbeitnehmer sowie durch die Gewährung von bestimmten Mitbestimmungsrechten, Sozialleistungen, Gratifikationen usw. zusätzlich verstärken.

[36] Vgl. hierzu die Ausführungen im Abschnitt 2.5.

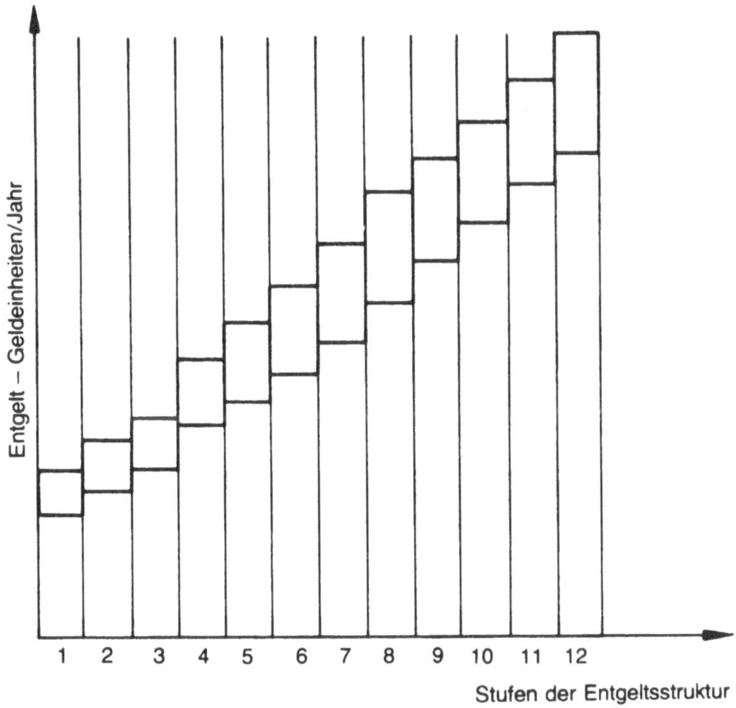

Abb. 1.37 Grundschema der Entgeltsstruktur einer Unternehmung.

1.5.4 Sozialleistungen und Gratifikationen

Keine Unternehmung darf die über die gesetzlichen Bestimmungen hinausgehenden zusätzlichen *Sozialleistungen und Gratifikationen* – Erfolgsbeteiligung, Partizipation, soziale Einrichtungen, Entgeltgarantien usw. – unberücksichtigt lassen. Die grundsätzliche Frage betrifft die zu verfolgende Politik: Soll die Unternehmung lediglich den allgemeinen Trends folgen oder soll sie die Führung in einem oder in mehreren der oben erwähnten Bereiche übernehmen? Die Unternehmungsleitung muß entscheiden, welche Alternative sich besser in das strategische Gesamtkonzept der Unternehmung einfügt, zu Synergieeffekten mit anderen Politiken führt, und muß die entsprechenden Richtlinien erlassen.

Outplacement ist ein Teil der Personalpolitik; man versteht unter *Outplacement* die Gesamtheit der Hilfsleistungen, mit denen die Unternehmung freizusetzende Mitarbeiter bei der Suche nach geeigneten Arbeitsplätzen unterstützt. Es zählt zur gesellschaftlichen Verantwortung der Unternehmung, den Mitarbeitern, von denen sie sich aufgrund strategischer Neuorientierungen trennen muß, zu helfen, adäquate Aufgaben in anderen Unternehmungen oder Institutionen zu finden.

Outplacement ist eine harmonieorientierte Konflikthandhabung, aus der die Unternehmung direkte und psychologische Kosten senken kann, die mit jedem Personalabbau verbunden sind; freizusetzende Mitarbeiter werden in die Lage versetzt, aus eigener Kraft neue Arbeitsplätze zu finden, in denen sie ihr Potential entfalten können.

1.5.5 Die Beziehungen zu den Gewerkschaften

Jede Unternehmung muß ein Konzept für die Beziehungen zu den *Gewerkschaften* entwickeln; am gewählten Ansatz, der von einer Politik der Härte bis zu einer Politik der Kooperation reichen kann, orientieren sich alle Vereinbarungen. Im Rahmen dieser allgemeinen Politik muß die Unternehmungsleitung spezifische Richtlinien formulieren, die nicht Gegenstand dieses Buches sind[37].

1.6 Die Finanzpolitik

Absolute Priorität vor allen anderen Belangen der Finanzpolitik haben die *Cash-flow-Beschaffung* für die einzelnen strategischen Geschäftseinheiten und die *Cash-flow-Verwendung* in den einzelnen Geschäftseinheiten. Die Richtlinien der Unternehmungsleitung betreffen deshalb (Abb. 1.38):

(1) die Ressourcenzuteilung an die einzelnen strategischen Geschäftseinheiten, regionalen Tochtergesellschaften und Funktionsbereiche;

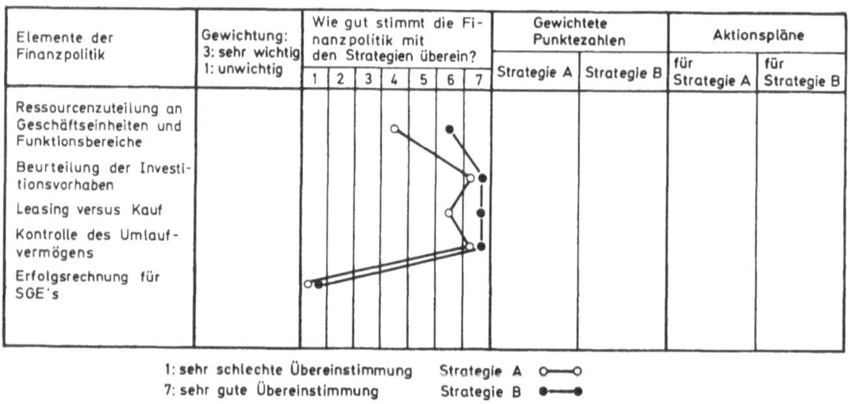

Abb. 1.38 Die Abstimmung zwischen den Strategien und der Finanzpolitik (Beispiel)

[37] Vgl. z. B. K. Mellerowicz, Allgemeine Betriebswirtschaftslehre V, Die betrieblichen sozialen Funktionen, Berlin, New York 1971, S. 19ff.; E. Gaugler (Hrsg.), Handwörterbuch des Personalwesens, Stuttgart 1975.

(2) die Methoden und Kriterien der Beurteilung der Investitionsvorhaben in den einzelnen strategischen Geschäftseinheiten, regionalen Tochtergesellschaften und Funktionsbereichen;
(3) die Inanspruchnahme von Leasing im Vergleich zum Kauf von Anlagen;
(4) die Kontrolle des Umlaufvermögens; und
(5) die Kriterien für die Erfolgsrechnung der einzelnen strategischen Geschäftseinheiten.

1.6.1 Der Begriff des *Cash-flow*

Bei der Formulierung der Finanzpolitik der Unternehmung kommt dem Begriff des *Cash-flow* eine zentrale Bedeutung zu. Unter dem *Cash-flow* wird die Differenz aus liquiditätswirksamen („barem“) Ertrag und liquiditätswirksamem („barem“) Aufwand verstanden. Diese direkte Ermittlung des *Cash-flow* aus den Umsatzvorgängen ergibt einen höheren Informationsgehalt als die indirekte Ermittlung (Reingewinn (+) liquiditätsunwirksamer Aufwand (−) liquiditätsunwirksamer Ertrag, oder, unscharf ausgedrückt, Reingewinn (+) Abschreibungen und Rückstellungen), weil sie die für die Innenfinanzierung viel bedeutsameren und die Situation einer Unternehmung oder strategischen Geschäftseinheit viel besser kennzeichnenden Umsatzvorgänge enthält. Es sind auch jene Vorgänge, die durch willkürliche Entscheidungen in viel geringerem Maß beeinflußt werden können als die bei der indirekten Ermittlung des *Cash-flow* eingesetzten Größen[38].

Bei der direkten Ermittlung des *Cash-flow* aus den Umsatzvorgängen (liquiditätswirksamer Ertrag (−) liquiditätswirksamer Aufwand) sind folgende Tatbestände in den *Cash-flow* einzubeziehen, weil sie das Nettoumlaufvermögen verändern:

- Verkauf gegen bar, mit kurzfristiger Kreditgewährung (Debitoren) oder als Gegenlieferung zur Verrechnung mit kurzfristigem Fremdkapital (z. B. Kreditoren),
- alle bar bezahlten Aufwendungen (z. B. Gehälter, Büromaterial, Miete, Porti, Telephon) sowie Aufwendungen, die mit kurzfristiger Kreditgewährung verbunden sind (z. B. Rechnungen für Drucksachen, Verbrauchsmaterial, Einkauf von Rohstoffen oder Handelswaren, korrigiert um die Veränderung der Vorräte),

[38] Als liquiditätswirksam oder „bar“ werden alle jene Erfolgsvorgänge bezeichnet, die ein Bestandskonto des Nettoumlaufvermögens verändern (z. B. die Fakturierung einer Warenlieferung, die Auszahlung von Gehältern), als liquiditätsunwirksam oder „nicht bar“ dagegen die Erfolgsvorgänge, die ihre Gegenbuchung in einem Bestandskonto des Anlagevermögens, des langfristigen Fremdkapitals oder des Eigenkapitals erfahren (z. B. die Abschreibung auf Maschinen, die Bildung einer langfristigen Garantierückstellung, ein verbuchter Kursgewinn auf Beteiligungen). Vgl. hierzu P. Weilenmann, Der Cash-flow, in: „Die Orientierung“, IV (1975), Nr. 60, S. 6ff.

- die Bildung und die Auflösung kurzfristiger Rückstellungen (z. B. für Steuern, für schwebende Geschäfte, für schwebende Prozesse),
- Wertberichtigungen (Abschreibungen oder Aufwertungen für das Umlaufvermögen, insbesondere von Vorräten und kurzfristigen Forderungen (Delkredere)).

Nicht zum so ermittelten *Cash-flow* gehören folgende Umsatzvorgänge:
- Abschreibungen von Beteiligungen, Mobilien und Maschinen, Liegenschaften
- Aufwertungen von Beteiligungen, Mobilien und Maschinen, Liegenschaften
- Bildung und Auflösung langfristiger Rückstellungen (z.B. für Garantieleistungen auf lange Sicht).

1.6.2 Strategie und Ressourcenallokation

Die Finanzpolitik gibt keine *spezifischen* Mittelverwendungen an. Die Strategien weisen die Richtung, in die sich die Unternehmung oder die strategischen Geschäftseinheiten bewegen werden; die Führungskräfte der funktionalen Bereiche formulieren die Aktionsprogramme, die notwendig sind, um den ihnen zugewiesenen Teil der Strategien auszuführen. Aus den Aktionsprogrammen resultieren spezifische Anträge auf Zuteilung von Kapital und anderen Ressourcen. Spezifische Zuteilungen von finanziellen Ressourcen erfolgen erst nach Abschluß dieses kreativen Planungsprozesses. Die Finanzpolitik setzt nun Richtlinien, (1) wie finanzielle Ressourcen in der Unternehmung einzusetzen sind und wie der laufende Finanzbedarf gedeckt werden kann, und (2) nach welchen finanzwirtschaftlichen Kriterien die Strategien und Programme zu beurteilen sind.

Die finanzpolitischen Richtlinien betreffen (Abb. 1.39):

(1) die Investitionspolitik und Lagerhaltung,
(2) die Gewährung von Krediten,
(3) die Gewinnausschüttung, und
(4) die Rückzahlung von Fremdkapital.

Ebenso wie das Marketing-Mix muß auch das Investitions-Mix den Strategien der Unternehmung entsprechen. Mit Hilfe der strategischen Planung werden (1)

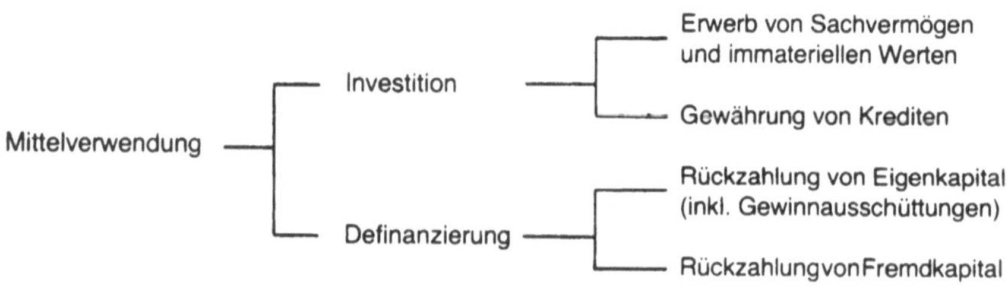

Abb. 1.39 Schema der Mittelverwendung in der Unternehmung

Richtlinien für Investition und Desinvestition vorgegeben und (2) das Ziel-Portfolio ermittelt, das das von den Strategien vorgesehene Gleichgewicht zwischen Risiko, Wachstum und *Cash-flow* verwirklicht. Daraus ergeben sich Restriktionen, die viele Vorschläge von vornherein ausschließen. Anhand von geeigneten Kriterien (Kalkulationszinssatz, Risikoklassifikationen) und Methoden (Kapitalwertmethode, interne Zinssatzmethode, Annuitätsmethode) wird die Wirtschaftlichkeit der verbleibenden Vorschläge ermittelt und in eine umfassende Entscheidungsanalyse eingefügt. Vor diesem differenzierten Hintergrund der Investitionspolitik muß die Unternehmungsleitung auch eine auf die Strategien abgestimmte *Finanzpolitik* formulieren, die die Möglichkeiten des *Leasings* und *Factorings* einschließt.

Operative Notwendigkeiten bestimmen die Größe und Zusammensetzung der Lager, die von Faktoren wie Mindestlagergröße, wirtschaftliche Bestellmengen, optimale Fertigungsauftragsgrößen, Produktion auf Lager im Hinblick auf die Stabilisierung des Beschäftigungsniveaus, Lageraufstockung im Hinblick auf die Erzielung von Preisnachlässen, Erwartung von Preisanstiegen, Versorgungsengpässen und dgl. mehr abhängen. Die finanzpolitischen Richtlinien hinsichtlich der Zuteilung der Mittel setzen der Größe der Lager Grenzen; zwei Wege werden im allgemeinen beschritten:

(1) Monatliche Budgetierung des gesamten Lagerbestandniveaus, wobei bei jeder Budgetrevision die Opportunitätskosten der Lagerhaltung bestimmt werden;
(2) Ermittlung von Richtwerten der Kapitalumschlagshäufigkeit für Rohmaterialien und Fertigprodukte.

Die *Gewährung von Krediten* stellt ein Instrument für die Realisierung der Strategien dar; die Unternehmungsleitung muß unter Berücksichtigung der Opportunitätskosten Budgetgrenzen für die der Kreditpolitik zuzuteilenden Mittel setzen und Richtlinien hinsichtlich der Ziele und Bedingungen für die Gewährung von Krediten festlegen.

1.6.3 Die Dividendenpolitik

Ein weiterer wesentlicher Aspekt der Finanzpolitik ist die *Dividendenpolitik* im Zusammenhang mit der *Selbstfinanzierung*. Selbstfinanzierung ist nicht gleichbedeutend mit Innenfinanzierung, d.h. *Cash-flow*. Als Selbstfinanzierung bezeichnet man vielmehr den in der Unternehmung zurückbehaltenen Teil des Gewinnes. Der *Cash-flow* als Differenz von Einnahmen und Ausgaben aus betrieblichem Umsatz bzw. als Differenz zwischen liquiditätswirksamen Erträgen und liquiditätswirksamen Aufwendungen wird in der Regel (aber nicht immer) einen beträchtlich höheren Wert aufweisen als die Selbstfinanzierung[39]. Zu beachten ist, daß Selbstfinanzierung nicht nur durch Zurückbehalten eines Teiles des offen ausgewiesenen Gewinnes (Gewinnreinvestition) entsteht, sondern

[39] Vgl. hierzu P. Weilenmann, Der Cash-flow, a.a.O., S. 11.

auch durch die Bildung stiller Reserven (Überschuß der jährlichen Abschreibungen über die Ersatzinvestitionen, Gestion der Spesenfonds sowie Erhöhung der Schulden gegenüber den Lieferanten). Die Höhe der Gewinnausschüttung hängt von folgenden Faktoren ab:

(1) Liquiditätssituation und zusätzlicher Kapitalbedarf der Unternehmung;
(2) Bestreben, eine Politik möglichst stabiler Dividenden über einen langen Zeitraum zu verwirklichen;
(3) Schaffung oder Erhaltung einer gesunden Kapitalstruktur durch ein ausgewogenes Verhältnis zwischen Innenfinanzierung (*Cash-flow*), Außenfinanzierung und Gewinnausschüttung;
(4) Konkrete Maßnahmen der Unternehmung zur Förderung der Vermögensbildung der Arbeitnehmer.

In den Erwartungen der Minderheitsaktionäre steht die *Stabilität der Dividende* meist an der Spitze; die Überzeugung, daß das Ausmaß der Kapitalverzinsung eine gesicherte Minimalposition darstellt, die nur verbessert werden kann, scheint das Element mit dem größten Gewicht in den vergleichenden Urteilen der Aktionäre zu sein. Bei der Festsetzung der Höhe der Dividende besteht das Problem nicht darin, das Ausmaß des ausschüttbaren Gewinns zu beurteilen, sondern zu verifizieren, ob die letzte Dividende geändert werden soll. Die Bedeutung der vorausgehenden Dividende ist im allgemeinen so groß, daß die Unternehmungsleitungen, außer im Falle eines katastrophalen Verlaufes, diese über mehrere Jahre, auch angesichts einer Verschlechterung der Unternehmungssituation, konstant halten; die Dividende wird in der Regel erst dann erhöht, wenn die Verbesserung der Ergebnisse sicher konsolidiert scheint.

Eine Dividendenpolitik dieser Art führt zu einer laufenden Reinvestition der Gewinne; in beiden Fällen besteht die Tendenz, das Ausmaß des ausgeschütteten Gewinnes unter dem Niveau zu halten, das objektiv durch die Unternehmungssituation gerechtfertigt ist. Das Prinzip nicht zurückgehender Dividenden ist eine notwendige, aber keine hinreichende Bedingung für die Durchführung einer wirksamen Dividendenpolitik. Werden die Dividenden der Aktien erhöht, die sich auf dem Markt als alternative Investitionen präsentieren, kann es für die Unternehmung zweckmäßig sein, sich dem allgemeinen Trend anzupassen, auch wenn dadurch eine Reduktion oder Aufhebung der Gewinnreinvestition verbunden ist.

Eine Erhöhung der Dividende und somit *ceteris paribus* eine Reduktion der Höhe der Gewinnreinvestition ist im allgemeinen auch dann zweckmäßig, wenn die Unternehmung die Emission neuer Aktien plant und somit bei den alten Aktionären und allgemein im Markt ein Anreiz geschaffen wird, die zu emittierenden Aktien zu unterschreiben.

Für die Unternehmungsleitung bringen hohe Gewinnreinvestitionen aufgrund einer Politik der Dividendenbeschränkung einen zweifachen Vorteil:

(1) Verfügbarkeit von Finanzmitteln, die formell nicht verzinst werden müssen, und
(2) Verbesserung – *ceteris paribus* – der Schuldensituation der Unternehmung.

Hohe Gewinnreinvestitionen schließlich vermindern in Unternehmungen in monopolähnlichen Positionen das Risiko staatlicher Eingriffe, die auf die Ausschaltung oder Kontrolle dieser Positionen gerichtet sind.

Eine über längere Zeiträume betriebene Politik der Gewinnreinvestition erhöht die Gewinnrate der Unternehmung; die Unternehmung ist somit in der Lage, die Dividende zu erhöhen oder Gratisaktien auszugeben, wenn sie das Kapital stärker verzinsen will. Im ersten Fall werden die Aktien höher notiert sein als bei der Verfolgung der zweiten Linie. Die Erhöhung der Börsennotierung der Unternehmungen, die eine Politik der Gewinnreinvestition verfolgen, zeigt sich aber nicht nur zum Zeitpunkt der Dividendenerhöhung oder Gratisemission von Aktien; die Aktien der Unternehmungen, die eine aktive Politik der Gewinnreinvestition betreiben, steigen im Wert tendenziell in dem Ausmaß, in dem dem Markt bewußt wird, daß die Dividendenrate unter der Gewinnrate gehalten wird. Durch den Verkauf eines Teiles der Aktien können die Aktionäre den Gewinn erzielen, der ihnen aufgrund der Politik der Gewinnreinvestition entgangen ist; dies unter der Voraussetzung, daß die Höhe der Gewinnreinvestition unverzüglich bekanntgegeben wird. Da dies im allgemeinen nicht der Fall ist, reflektieren die Börsennotierungen nur teilweise und mit Verspätung und in dem Ausmaß, in dem der Markt Kenntnis erhält, die Wertsteigerung, die das Kapital aufgrund der Reinvestition der Gewinne erfährt[40].

Eine Politik der Gewinnreinvestition setzt günstige interne Investitionsmöglichkeiten und Wachstumsperspektiven voraus; Investitions- und Wachstumsstrategien, Desinvestitionsstrategien und selektive Strategien müssen, mit anderen Worten, in einem sinnvollen Verhältnis zueinander stehen. Soll eine Unternehmung mit einem unausgewogenen Portfolio, d.h. mit hohem gegenwärtigen *Cash-flow*, aber ohne Investitions- und Wachstumsstrategien, ebenfalls eine Politik der Gewinnreinvestition verfolgen? Die Erfahrung zeigt, daß auch in dieser Situation die Unternehmungen im allgemeinen die Politik verfolgen, die Dividendenrate unter der Gewinnrate zu halten; die höheren Finanzmittel, die sich im Vergleich zu einer Politik der vollen Gewinnausschüttung ergeben, werden in diesem Fall anhand von drei Direktiven eingesetzt:

(1) Zurückzahlung von Schulden und Bildung von Liquiditätsreserven im Hinblick auf zukünftiges Wachstum;
(2) Vertikale und laterale Entwicklung sowie Diversifikation;
(3) Konglomeration, d.h. Eintritt in Arbeitsgebiete ohne fachlichen Zusammenhang mit der Hauptproduktion.

Zusammenfassend kann festgestellt werden, daß die Kapitalallokation kein mechanistischer Prozeß ist; die Mittelzuweisungen erfolgen innerhalb der Grenzen und einschränkenden Bedingungen, die in der Unternehmungspolitik und Gesamtstrategie spezifiziert sind. Die Tragbarkeit des Risikos der Strategien und die Gesamtrisiko-Exposition der Unternehmung in ihren Auswirkungen auf die

[40] Damit wird einer der heikelsten Aspekte des Phänomens der Gewinnreinvestition berührt: Ist eine Dividendenpolitik erlaubt, die einen Teil des Gewinnes verbirgt, um ihn zu reinvestieren?

zukünftige Liquiditätssituation werden mit Hilfe der Portfolio-Methodik beurteilt; ein geeignetes Investitions-Mix kann das Gesamtrisiko der Unternehmung in ein ausgewogenes Verhältnis bringen. Im Hinblick auf die *Sicherung der Unabhängigkeit* der Unternehmung erhält der *Cash-flow* eine große Bedeutung, da er den Rahmen für die im Hinblick auf diese Bedingung mögliche Fremdfinanzierung (solange keine Erhöhung des Eigenkapitals durch die Anteilseigner beabsichtigt ist) und für die Gewinnausschüttung darstellt.

1.6.4 Strategie und Mittelbeschaffung

Im finanziellen Bereich steht meist die *Sicherung der Liquidität* als prioritäre Zielsetzung: Eine Unternehmung kann sehr wohl mit kleinen Gewinnen, kurzfristig sogar mit Verlusten weiterleben, die Illiquidität bedeutet aber den sehr raschen Untergang der Unternehmung.

Der *Cash-flow* leistet einen Beitrag zur Mittelbeschaffung, er stellt aber nicht die einzige Quelle flüssiger Mittel dar, da diese auch aus der Außenfinanzierung oder aus der Desinvestition stammen können.

Generell gilt, daß ein hoher *Cash-flow* einen größeren finanziellen Spielraum abgibt als ein kleiner. Aber es ist doch zu beachten, daß die Verbindung zwischen einzelnen Quellen von Finanzmitteln und einzelnen Verwendungen von Finanzmitteln (Strategien) nur selten herzustellen ist, sondern daß vielmehr die Gesamtheit der Mittelbeschaffung der Gesamtheit der Mittelverwendung dient.

Finanzmittel werden beschafft (Abb. 1.40):

(1) durch Finanzierungsvorgänge und
(2) durch Desinvestitionsvorgänge.

Im Rahmen der *Finanzierung* wird unterschieden zwischen Innenfinanzierung und Außenfinanzierung, die wiederum Zufuhr von Eigenkapital oder Kreditgewährung bedeuten kann.

Finanzmittel werden der Unternehmung aber nicht nur durch die Finanzierungsvorgänge zugeführt, sondern auch durch die Rückzahlung von langfristigen Krediten, die die Unternehmung zu einem früheren Zeitpunkt Außenstehenden gewährte, sowie durch Veräußerung von Teilen des Anlagevermögens (gebrauchte Maschinen, Anlagen, Grundstücke, Anlageeffekten usw.).

Eine der wichtigsten Aufgaben der Unternehmungsleitung besteht

(1) in der Beschaffung der zur Durchführung der Strategien erforderlichen Mittel zu niedrigen Kosten und mit einem akzeptablen Risiko, und
(2) in der Zusammenfügung der verschiedenen Kapitalquellen zu einer den Strategien entsprechenden Finanzstruktur.

Aufgrund der Interdependenzen zwischen Finanzstruktur und Strategie führt jede Änderung der Strategie zu einer Änderung der Finanzpolitik. Es würde den Rahmen dieser Arbeit überschreiten, die Finanzpolitik der Unternehmung darzustellen[41].

[41] Vgl. hierzu P. Swoboda, Betriebliche Finanzierung, Würzburg 1981; L. Perridon u. M. Steiner, Finanzwirtschaft der Unternehmung, 4. Aufl., München 1986.

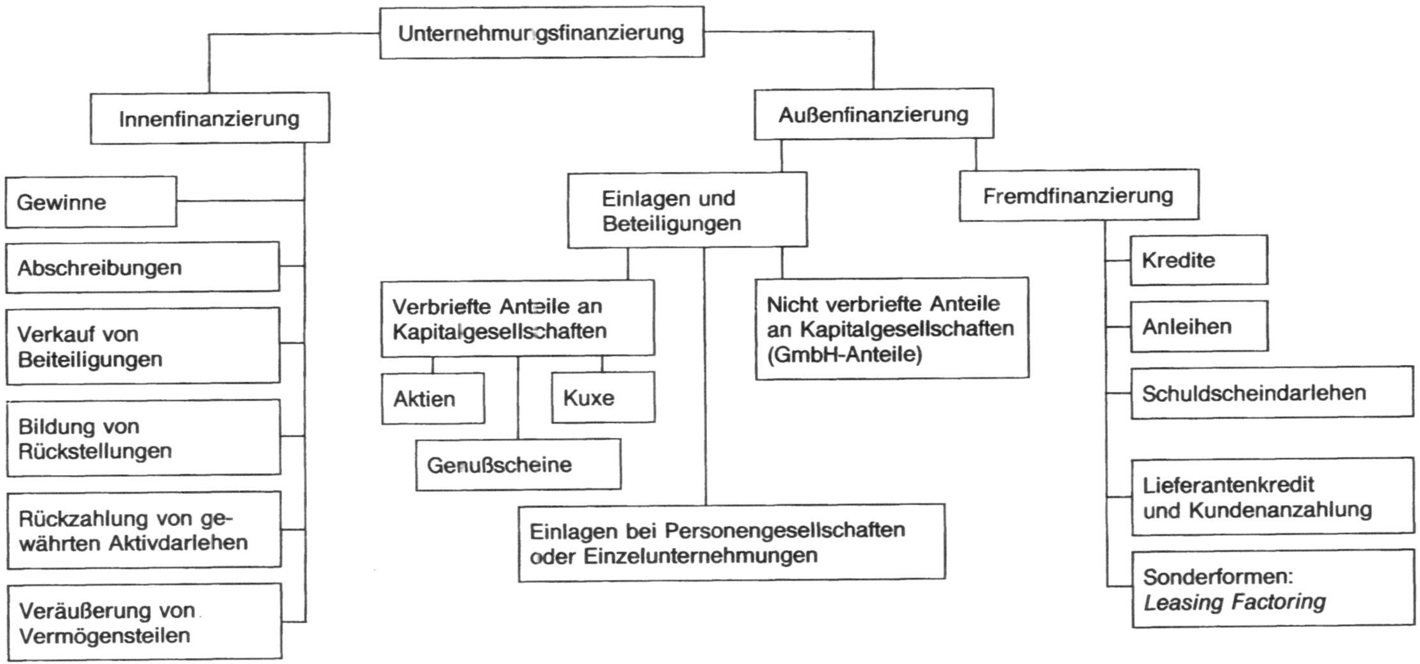

Abb. 1.40 Schema der Mittelbeschaffung: Die wichtigsten Formen der Unternehmungsfinanzierung im Überblick (Quelle: Handelsblatt, Nr. 68, S. 25, 7.4.1987)

1.7 Die Kooperations-, Fusions- und Akquisitionspolitik

1.7.1 Die Internationalisierung der Unternehmung

Im Unterschied zu den USA besteht in Europa die Notwendigkeit und Zweckmäßigkeit der internationalen Ausdehnung der eigenen Tätigkeiten in allen industriellen Unternehmungen, deren Größe eine bestimmte Schwelle übersteigt. Diese Schwelle ist um so niedriger, je kleiner der Inlandsmarkt ist. Die Problematik der Internationalisierung hat deshalb in kleinen Staaten eine zentrale Bedeutung auch für kleine und mittlere Unternehmungen.

Internationalisierung ist nicht gleichbedeutend mit multinationaler Unternehmung. Der Aufbau von Produktionsstandorten und Vertriebssystemen in verschiedenen Staaten ist nur eine Möglichkeit – und für kleine Staaten mit Sicherheit nicht die wichtigste –, um die internationale Präsenz einer Unternehmung zu verstärken. Es gibt viele Entwicklungspfade, auf denen eine Unternehmung ihre Tätigkeiten im Ausland vorantreiben kann. Die multinationale Entwicklung stellt dabei nicht einmal die wirksamste Möglichkeit der Internationalisierung einer Unternehmung dar.

Das klassische Modell der multinationalen Unternehmung wird heute abgelöst durch flexible Unternehmungen, die über

- *Joint Ventures*;
- Kooperationsabkommen in verschiedenen Bereichen und Staaten;
- Austausch von Informationen;
- gemeinsame Projekte;
- und ähnliches

in einer transnationalen Perspektive operieren und dabei, auf Kooperationsbasis, mit ihren Geschäftseinheiten spezifische Ziele verfolgen. Was zählt, ist nicht die Unternehmungsgröße, sondern das Informationsnetz, an das die einzelnen Unternehmungen angeschlossen sind, und die Konvergenz der Ziele, die sich gemeinsam in bestimmten Märkten erreichen lassen.

Das Ziel der Internationalisierung ist nicht so sehr der Absatz der Produktionsmengen im Ausland, für die der Inlandsmarkt aufgrund der mit den neuen Technologien erzielbaren Produktivitätsfortschritte zu klein geworden ist; die Internationalisierung erschließt den Unternehmungen über flexible Organisationsformen (Kooperationen und Abkommen mit anderen Unternehmungen, die die eigene unternehmerische Handlungsfreiheit nicht beeinträchtigen) einen weltweiten Bezugshorizont: Der Zugang zu neuen Technologien und günstigeren Lieferanten, die Erschließung neuer Absatzmärkte für Halbfertigprodukte und Komponenten, die Einbindung in ein flexibles Kooperationssystem, mit anderen Worten, der Zugang zur Vielfalt und Unterschiedlichkeit der Weltwirtschaft stellen Wettbewerbsvorteile dar, die sich eine Unternehmung, die nur auf einem kleinen Inlandsmarkt operiert, nie zunutze machen kann.

Das Größenwachstum ist in der Wirtschaft unserer Zeit nicht mehr Voraussetzung für die Internationalisierung einer Unternehmung. Die neuen Informationstechnologien ermöglichen die Zusammenarbeit verschiedener, weit entfernter Unternehmungen an einem gemeinsamen Projekt: Jede Unternehmung behält ihre Entscheidungsautonomie, trägt aber mit komplementären Fähigkeiten zum Erfolg eines gemeinsamen Projektes bei. Die Internationalisierung ist somit die Resultierende der Interaktionen kleiner und mittlerer Unternehmungen unterschiedlicher Nationalität; sie setzt flexible Organisationsformen, für internationale Kooperationen aufgeschlossene Führungskräfte, vor allem aber strategisches Denken der Unternehmungsleitung voraus.

Koalitionen beinhalten jedoch auch Gefahren. Die Erfahrung internationaler *Joint Ventures* zeigt, daß die Stabilität und der Erfolg der Koalition in der Regel dann gesichert sind, wenn eine führende Unternehmung in der Lage ist, die für sie zweckmäßigsten Lösungen mit denen zu verbinden, die den Interessen der Mitglieder entsprechen. Die Voraussetzungen dafür, daß eine Unternehmung auf Dauer die Rolle eines führenden Wettbewerbers erfüllen und eine Koalition zu gemeinsamen Zielen führen kann, sind ein hoher Marktanteil im entsprechenden Marktsegment und ein hohes Prestige. Der hohe Marktanteil läßt die Mitglieder vermuten, daß die Unternehmung die Marktsituation und die technische Entwicklung genauer kennt. Ein hohes Prestige weist darauf hin, daß es ihr in der Vergangenheit gelungen ist, die Markttrends und technischen Möglichkeiten richtig und rechtzeitig zu interpretieren sowie sich gleichzeitig auch der Interessen der Konkurrenten anzunehmen.

Das wesentliche Element in allen Internationalisierungsprozessen ist das technisch-wissenschaftliche Know-how; dieses ist die treibende Kraft in einer Wirtschaft, in der die immateriellen Investitionen (Software, Know-how, Ausbildung, Beratung usw.) zunehmend an Bedeutung gewinnen. Technisch-wissenschaftliches Know-how ist allerdings eine Ressource, deren unternehmungsinterne Bildung um so schwieriger wird, je intensiver und rascher der technische Fortschritt ist. Der Austausch von technischen Erfahrungen und Informationen verlangt geradezu nach neuen Formen der internationalen Kooperation zwischen Unternehmungen und Staaten[42].

Die Kooperation zwischen Unternehmungen verschiedener Nationalität und unterschiedlicher technischer Ausrichtung kann neue Möglichkeiten erschließen und gleichzeitig dazu beitragen, daß die Forschung und Entwicklung durch die Einbindung in ein transnationales Informationsnetz neue Impulse erhält und daß durch die Valorisierung auf weltweiter Basis des Kreativitäts- und Know-how-Potentials der Ingenieure, Wissenschaftler und Techniker neue Arbeitsplätze geschaffen werden.

[42] Vgl. hierzu K. Bleicher, Weltweite Strategien der Unternehmungsakquisition und -kooperation zur Bewältigung des Markt- und Technologiewandels, in: Ch. Belz (Hrsg.), Realisierung des Marketing, a.a.O., S. 211–228.

1.7.2 Strategische Netzwerke

Strategische Netzwerke sind die effizienteste Form, um im zunehmend härteren Wettbewerb bestehen zu können; man versteht darunter komplexe, vernetzte Beziehungen zwischen selbständigen Unternehmungen. Diese Beziehungen werden über Beteiligungen, *Joint Ventures*, Kooperationen, gemeinsame Projekte, Zulieferungsverträge, oft auch nur durch einen gezielten Informationsaustausch in bestimmten Bereichen oder durch die Teilnahme an Großprojekten hergestellt. Dadurch wird der Wettbewerb mehr eine Frage der Positionierung der Unternehmung im Netzwerk als der Einnahme einer bestimmten Stellung in der Umwelt. Die Wettbewerbsvorteile, die sich in einem Netzwerk erzielen lassen, sind in der gegenwärtigen Wirtschaftssituation oft viel größer und dauerhafter als die, die eine Unternehmung allein außerhalb eines solchen Netzwerkes verwirklichen kann[43].

Beispiele für strategische Netzwerke sind: die Zusammenarbeit zwischen Fiat und IBM im Bereich der Dienstleistungen mit hoher Wertschöpfung (Telematik), die Einbindung von Olivetti in ein weltweites System von Verbindungen, die Allianz von Siemens, Italtel, Alcatel und Plessey in der Telekommunikation, die Verflechtungen, die in der europäischen Automobilindustrie, vor allem in der LKW-Produktion, im Gange sind, die Devertikalisierung (das Gegenteil der vertikalen Integration der 60er Jahre), die heute weite Bereiche der Elektronik und des Maschinenbaus erfaßt hat.

Es geht bei strategischen Netzwerken um die Entscheidung, welche Abschnitte der „Wertekette" eines Produktes von der Unternehmung selbst zu gestalten sind und welche dagegen an Dritte abgegeben werden können; damit sich die Beziehungen mit Dritten in ein strategisches Netzwerk einfügen, muß allerdings die Möglichkeit der gemeinsamen Wertschöpfung geklärt sein.

1.7.3 Richtlinien für die Umsetzung

Die Zusammenarbeit und der Zusammenschluß mit oder die Akquisition einer anderen Unternehmung können von entscheidender Bedeutung für die Realisierung der angestrebten Strategien sein. Der Inhalt und die Form der Kooperation mit anderen Unternehmungen lassen sich aus den Anforderungen des Ziel-Portfolios ableiten; eine Offensivstrategie zum Beispiel kann nur dadurch verwirklicht werden, daß im Rahmen einer *Joint Venture* der Kapitalbedarf aufgeteilt und das Risiko gestreut wird.

In zunehmendem Ausmaß sind z.B. die Entwicklungsländer zur Erfüllung ihrer ehrgeizigen Pläne auf die Industrieländer angewiesen; eine Kooperation mit lokalen Unternehmungen, in der kein Partner eine beherrschende Stellung erzwingt, vermag aus der Phasenverschobenheit vieler Markt- und/oder Pro-

[43] Vgl. hierzu J.C. Jarillo, On Strategic Networks, In: „Strategic Management Journal", 9 (1988), S. 31–41.

duktzyklen zwischen Industrie- und Entwicklungsländern Nutzen zu ziehen und gleichzeitig zum Abbau des Nord-Süd-Konfliktes beizutragen.

Bei jeder Fusion oder Akquisition sind drei grundlegende Fragen zu beantworten:

(1) Welche Vorteile erwachsen der Unternehmung durch die Zusammenlegung ihrer Tätigkeiten mit denen einer anderen Unternehmung?
(2) Wie kann die Fusion oder Akquisition finanziert werden?
(3) Mit Hilfe welcher Maßnahmen können nach erfolgter Fusion oder Akquisition die angestrebten Vorteile verwirklicht werden?

Mit der Zusammenlegung der Tätigkeiten mit einer anderen Unternehmung – die Erfüllung der gesetzlichen Vorschriften vorausgesetzt – werden (1) eine Verbesserung der Gewinnsituation und (2) eine Produktivitätssteigerung angestrebt. Die *Verbesserung der Gewinnsituation* durch Fusion oder Akquisition kann auf folgende Tatbestände zurückgeführt werden:

(1) Risikostreuung;
(2) Anlage überschüssiger Finanzmittel oder Finanzierungskapazitäten, wenn die gegenwärtigen Arbeitsgebiete der Unternehmung keine Investitions- und Wachstumsstrategien rechtfertigen;
(3) Eintritt in einen Industriesektor mit hoher Attraktivität.

In diesen und ähnlichen Fällen ist die Fusion oder Akquisition vorwiegend auf die Verbesserung der kurzfristigen Gewinnsituation abgestellt.
Kurzfristige Vorteile führen aber in der Regel zu langfristigen Schwierigkeiten, wenn sie nicht auch mit Produktivitätsfortschritten und Synergieeffekten verbunden werden können.

Die Fusion oder Akquisition kann zu *Produktivitätssteigerungen und Synergieeffekten* führen durch

(1) Erwerb von fehlenden kritischen Ressourcen (urteilsfähige Führungskräfte, Zutritt zu einem bestimmten Markt, Rohstoffe usw.);
(2) bessere Nutzung der Stärken der Unternehmung durch Zusammenlegung der Forschungs- und Entwicklungskapazitäten, Fertigungsoperationen usw.;
(3) gemeinsame Führung zweier oder mehrerer Produktions- und Distributionsstufen (vertikale Entwicklung);
(4) Nutzung des Phänomens der Erfahrungskurven durch Zusammenlegung ähnlich gelagerter Produktions- und Distributionstätigkeiten.

Die effektive Verwirklichung der Produktivitätssteigerungen und Synergieeffekte setzt signifikante organisatorische Änderungen der zusammengeschlossenen Unternehmungen voraus; gegenüber einer internen Entwicklung muß deshalb jede Fusion oder Akquisition Zeit- und Kostenvorteile oder die Verfügbarkeit sonst nicht beschaffbarer Ressourcen bringen.

Nach der Ermittlung der für eine potentielle Fusion oder Akquisition in Frage kommenden Unternehmung, mit der eine Kombination der obigen Vorteile verwirklicht werden kann, muß die Frage der für *beide Unternehmungen attraktiven finanziellen Vereinbarungen* beantwortet werden.

Dazu muß der Wert bestimmt werden, den

(1) beide Unternehmungen den zusammenzulegenden „Systemen", und
(2) den entsprechenden finanziellen Gegenleistungen

zuschreiben[44].

Auf vier *Voraussetzungen für eine erfolgreiche Fusion* oder Akquisition wird hingewiesen:

(1) *Festlegung eines spezifischen Aktionsprogrammes* für die Verwirklichung der angestrebten Resultate;
(2) Einsetzung eines Projektteams und Ernennung eines für die Durchführung verantwortlichen Projektleiters;
(3) Einrichtung eines geeigneten Überwachungssystems;
(4) Einführung eines geeigneten Kommunikations- und Motivationssystems.

1.8 Die Bilanzpolitik

1.8.1 Die Bilanzierungswahlrechte in der internen Bilanz

Für die strategische Führung der Unternehmung sind unter dem Gesichtspunkt der Bilanzpolitik vor allem zwei Probleme von Bedeutung: (1) Nach welchen Kriterien sind die Jahresabschlüsse der Divisionen, Geschäftsbereiche, Tochtergesellschaften, strategischen Geschäftseinheiten usw. zu erstellen, die von der Unternehmungsleitung konsolidiert werden, und (2) nach welchen Grundsätzen soll der konsolidierte Jahresabschluß der Unternehmung aufgestellt werden?

Mit Bezug auf die Einzelabschlüsse interessiert hier praktisch nur folgendes Problem: Fällt die Bestimmung der Bilanzwerte in den Zuständigkeitsbereich der Leitung der Unternehmungseinheiten, für die die Jahresabschlüsse aufgestellt werden, oder müssen die Einzelabschlüsse nach Bewertungsvorschriften aufgestellt werden, die von der Unternehmungsleitung erlassen werden?

Die Beantwortung dieser Frage setzt ein klares Verständnis der Bedeutung der Bilanzwerte voraus; es gilt das Prinzip, daß alle Bewertungen nach den voraussichtlich effektiven *Realisierungspreisen* vorgenommen werden müssen.

Wird dieses Prinzip angewandt, ergeben sich folgende Bewertungen:

– für das Anlagevermögen: Bilanzwert = Gegenwartswert der voraussichtlichen zukünftigen Abschreibungen, unabhängig von den in der Vergangenheit durchgeführten Abschreibungen und auch unabhängig vom Verkaufswert

[44] Auf die Bewertung von Unternehmungen oder Unternehmungsteilen unter verschiedenen Gesichtspunkten und die darauf aufbauenden Verhandlungen soll hier nicht eingegangen werden.

(abzüglich noch anfallender Aufwendungen) am Tag der Liquidierung der Anlage
- für die Bestände an Fertigprodukten: Bilanzwert = zukünftiger Verkaufswert, unabhängig von den Herstellungskosten oder vom Marktpreis am Bilanzstichtag
- für die Halbfertigfabrikate und Rohstoffe: Bilanzwert = zukünftiger Verkaufswert der aus den Halbfertigfabrikaten, Roh-, Hilfs- und Betriebsstoffen gewinnbaren Produkte, abzüglich der für die Durchführung der vorgesehenen Produktionsprozesse notwendigen Kosten
- für die Kredite: Bilanzwert = voraussichtlicher Rückzahlungsbetrag
- usw.

Zu beachten ist, daß der Jahresabschluß, obwohl er sich auf eine vergangene Periode bezieht, das Ergebnis einer Reihe von *Prognosen* ist. Diese Prognosen können nicht nach Kriterien erarbeitet werden, die für verschiedene Unternehmungseinheiten und zu verschiedenen Zeiten gültig sind.
Wer führt nun die Prognosen durch und bestimmt die Bilanzgrundsätze? Es ist Aufgabe der Leitung der Divisionen, Geschäftsbereiche, Tochtergesellschaften, strategischen Geschäftseinheiten usw., auf die sich die Jahresabschlüsse beziehen, die Prognosen zu erarbeiten und die Bewertungsvorschriften zu erlassen. Die Gründe hierfür sind:

(1) Verantwortlich für die Korrektheit des Jahresabschlusses ist die Leitung der Unternehmungseinheit, für die der Jahresabschluß erstellt wird.

(2) Allein die Leitung der Unternehmungseinheit, die den Jahresabschluß der Unternehmungsleitung vorlegt, ist in der Lage, auf korrekte Art und Weise die Prognosen zu erstellen, auf denen die Bilanzwerte beruhen; die Leitung der Divisionen, Geschäftsbereiche usw. muß sich laufend Rechenschaft geben über die Zukunft der von ihr geleiteten Einheiten, und nur sie besitzt (oder müßte besitzen) das notwendige Wissen für die Beurteilung dieser Zukunft. Die Erstellung des Jahresabschlusses ist der geeignete Anlaß für die Leitung der Unternehmungseinheiten, über die Zukunft der Tätigkeiten nachzudenken, die aufgrund der in der Vergangenheit getroffenen Entscheidungen am Bilanzstichtag in Ausführung begriffen sind.

(3) Fähige und ehrliche Führungskräfte werden schließlich auch bei Vorhandensein von Bewertungsvorschriften, die von der Unternehmungsleitung vorgegeben sind, zu Bilanzwerten gelangen, die sie selbst für richtig halten. Welche Bewertungsvorschriften auch immer die Unternehmungsleitung vorgeben oder welchen Ermessensspielraum der Gesetzgeber einräumen mag, es werden immer die für die Unternehmungseinheiten verantwortlichen Führungskräfte nach ihrem Urteil innerhalb der gesetzlichen Grenzen die Bilanzwerte bestimmen.

Wenn dies die industrielle Realität ist, welche Aufgabe hat dann die Unternehmungsleitung? Aufgabe der Unternehmungsleitung muß es sein, eigene Bewertungen durchzuführen und die Bewertungen des Leiters der Unternehmungseinheit eventuell in Frage zu stellen; die Verantwortung, die entsprechenden

Schlußfolgerungen zu ziehen, muß jedoch dem Leiter der Unternehmungseinheit überlassen bleiben. Die Aufstellung des Jahresabschlusses zählt in der Tat zu den wichtigsten Funktionen, die Führungskräfte auszuüben gerufen sind: Die Führungskräfte der Divisionen, Geschäftsbereiche usw. müssen (1) in periodischen Abständen über die Zukunft der Tätigkeiten nachdenken, die aufgrund der in der Vergangenheit getroffenen Entscheidungen am Bilanzstichtag in Ausführung begriffen sind und (2) die eigene Position mit der der Unternehmungsleitung vergleichen. Im Falle einer Meinungsverschiedenheit hinsichtlich der Bilanzwerte zwischen der Unternehmungsleitung und der Leitung z. B. einer Tochtergesellschaft kann erstere ihren Standpunkt dadurch durchsetzen, daß sie eine Berichtigung im konsolidierten Jahresabschluß einführt. Es gilt, abschließend, das Prinzip, daß die Bestimmung der Bilanzkriterien in den Verantwortungsbereich der Unternehmungseinheiten fällt, die die Jahresabschlüsse aufstellen; wird dieses Prinzip nicht beachtet, werden die Führungskräfte der Unternehmungseinheiten durch Manipulation vor allem der Bewertung der Anlagegüter und Bestände ihrer Führungsverantwortung entbunden und immer zu beweisen in der Lage sein, die vorgegebenen Bewertungsverfahren angewandt zu haben.

Die *Aufstellung des konsolidierten Jahresabschlusses* beinhaltet keine nennenswerten Schwierigkeiten, wenn die in den Einzelabschlüssen angesetzten Werte auf korrekte Weise bestimmt und in den konsolidierten Jahresabschluß übernommen werden; die Führungskräfte der Unternehmungseinheiten werden nur dann ihrer Verantwortung gerecht, wenn die Bilanzwerte das Ergebnis korrekter subjektiver Urteile und nicht das Resultat von auf der Anwendung von Regeln und Vorschriften beruhenden Zahlenmanipulationen sind.

Wird die konsolidierte Bilanz auf der Grundlage von Bewertungen ökonomischer Art und nicht von höheren Direktiven aufgestellt, lassen sich aus ihr wichtige Informationen für die strategische Führung der Unternehmung ableiten; die konsolidierte Bilanz ergibt einen Einblick in (1) die Vermögenslage, (2) die Finanzsituation und (3) die Ertragslage der Gesamtunternehmung.

Hinsichtlich der *Vermögenslage* gibt die konsolidierte Bilanz den Anlagenwert an, der in den Sektoren abgeschrieben werden muß, in denen die Unternehmung operiert; der Bewertungsprozeß, aufgrund dessen diese Werte ermittelt werden, liefert die Unterlagen für den Erläuterungsbericht, der die Perspektiven der verschiedenen Sektoren aufzeigt und somit die Anlagenwerte rechtfertigt, die in der Bilanz aufscheinen. Die Bilanzwerte sind wenig aussagefähig, wenn ein Erläuterungsbericht nicht die Unsicherheiten aufzeigt, mit denen alle Bewertungen, vor allem aber die Anlagenbewertungen, behaftet sind.

Nicht weniger wichtig ist der Einblick in die *Finanzsituation*. Die Analyse der Passiva gibt einen Einblick in die Finanzierungsquellen, aus denen die Unternehmung zum Bilanzstichtag ihre Ressourcen bezog. Aufgabe des Erläuterungsberichtes ist es, die Finanzpolitik darzulegen, mit der die Unternehmung die geplanten Investitionen zu finanzieren beabsichtigt.

Aus dem Einblick in die *Ertragslage*, der durch die Eliminierung unternehmungsinterner Gewinne erreicht wird, lassen sich schließlich die Gewinnperspektiven der Unternehmung ableiten. Ist die Konsolidierung in den staatlichen Konzernen in Form einer Übersicht der Wirtschaftsergebnisse der strategischen Geschäftseinheiten dargestellt, können die eventuellen gemeinwirtschaftlichen Kosten bestimmt werden; es ist sicher nicht notwendig, auf die politische Relevanz dieser Rechnung hinzuweisen, deren Aussagefähigkeit wiederum durch einen ausführlichen Erläuterungsbericht ergänzt werden muß.

Sicher existieren rechnungstechnische Probleme, die gelöst werden müssen; sie sind jedoch von untergeordneter Bedeutung, wenn Klarheit herrscht über (1) die ökonomische Natur der Bilanzwerte, (2) die für ihre Bestimmung zuständigen Führungskräfte sowie (3) die drei oben dargestellten Analysen der Bilanzwerte, die von den zuständigen Führungskräften der Unternehmung vorgenommen werden müssen.

1.8.2 Die Bilanzierungswahlrechte in der Handelsbilanz

Unter Bilanzpolitik[45] wird die bewußte und zweckorientierte Beeinflussung des Jahresabschlusses verstanden, mit der Absicht, im Rahmen des rechtlich Zulässigen bestimmte, durch die Strategie festgelegte Ziele zu erreichen.

Für die strategische Führung der Unternehmung sind im Zusammenhang mit der Handelsbilanz vor allem drei Probleme von Bedeutung: (1) Welche rechtlich zulässigen Möglichkeiten zur Beeinflussung der Jahresabschlüsse der Divisionen, Geschäftsbereiche, strategische Geschäftseinheiten usw. gibt es, (2) wie sollen die Wahlrechte bei einem bestimmten Ist-Portfolio tendenziell ausgenutzt werden und (3) in wessen Zuständigkeitsbereich fällt die Bestimmung der Bilanzwerte und somit die Entscheidung über die Ausnutzung der einzelnen Bilanzierungswahlrechte?

Eine Darstellung sämtlicher Wahlrechte ist im Rahmen dieses Werkes nicht möglich, dennoch sollen die unterschiedlichen Möglichkeiten zur Beeinflussung des Jahresergebnisses kurz dargelegt werden.

Bilanzpolitik beginnt schon vor dem Bilanzstichtag durch eine nur auf das Jahresergebnis ausgerichtete Sachverhaltsgestaltung. Es kann z.B. der Erwerb von Anlage- oder geringwertigen Wirtschaftsgütern vorgezogen bzw. hinausgeschoben und somit der Periodenaufwand erhöht oder vermindert werden. Die meisten bilanzpolitischen Maßnahmen erfolgen dennoch erst nach Ablauf des Wirtschaftsjahres durch eine zweckorientierte Darstellung gegebener Sachverhalte. Die vom Gesetzgeber eingeräumten Wahlrechte werden überwiegend eingeteilt in Ausweis-, Ansatz- und Bewertungswahlrechte.

[45] Siehe dazu ausführlich u.a.: Jacob, H., Bilanzpolitik und Bilanztaktik, Schriften zur Unternehmensführung, Bd. 10, Wiesbaden 1969; Moxter, A., Bilanzlehre, Wiesbaden 1974; Kruse, H.W., Bilanzierungswahlrechte und Grundsätze ordnungsmäßiger Buchführung, in: J. Baetge u. A. Moxter (Hrsg.), Bilanzfragen, Festschrift zum 65. Geburtstag von U. Leffson, Düsseldorf 1976, S. 65–82; Gassner, W. u. E. Pointer-Exinger, Bilanz und Rechnungswesen, Festschrift zum 75. Geburtstag von M. Stadler, Wien 1981.

Unter den *Ausweiswahlrechten* werden die Wahlrechte zur Gliederung der Bilanz verstanden. Bei einigen Wirtschaftsgütern (Aktien, Beteiligungen und dgl.) besteht die Möglichkeit, diese sowohl im Sachanlage- als auch im Umlaufvermögen auszuweisen. Der Gesetzgeber stellt an die Wertansätze der Wirtschaftsgüter im Umlaufvermögen strengere Anforderungen. Sank zum Beispiel der Börsenkurs im Umlaufvermögen ausgewiesener Aktien in den letzten 12 Monaten, so müssen Abschreibungen auf die Wertansätze vorgenommen werden. Im Anlagevermögen dagegen dürfen die Aktien mit ihrem ursprünglichen Wert ausgewiesen werden. Somit kann der Periodenerfolg durch einen gezielten Ausweis beeinflußt werden[46].

Liegt die Bilanzierung eines bestimmten Sachverhalts im Ermessen der Unternehmung, so handelt es sich um ein *Ansatzwahlrecht*. Durch die Verpflichtung, sämtliche entgeltlich erworbenen Wirtschaftsgüter in die Bilanz aufzunehmen, wurde nur in ganz bestimmten, eng eingegrenzten Fällen ein Ansatzwahlrecht gesetzlich zugelassen. Hierzu zählen u.a. die Pensionsrückstellungen, Verbindlichkeitsdisagios und entgeltlich erworbene immaterielle Anlagewerte. Wurde z.B. im abgelaufenen Wirtschaftsjahr ein Patent käuflich erworben, so kann entweder das Patent in der Höhe des Kaufpreises in die Bilanz aufgenommen werden oder die Aktivierung ganz unterbleiben. (Ein Ansatz zu Zwischenwerten ist verboten.) Bei einer Aktivierung wird der Bilanzgewinn in der betreffenden Periode erhöht und wegen der späteren Abschreibungen der Gewinn künftiger Perioden gemindert.

Im allgemeinen bieten die *Bewertungswahlrechte* die umfangreichsten Möglichkeiten für eine an den Unternehmungszielen ausgerichtete Bilanzierung. Zu den Bewertungswahlrechten werden alle Wahlmöglichkeiten bei der Festlegung der Wertansätze in der Bilanz gezählt, es gehören z.B. hierzu die Wahl der Abschreibungsmethode und der betriebsgewöhnlichen Nutzungsdauer für abnutzbare Gegenstände des Anlagevermögens. Das Gesetz akzeptiert bei der Bewertung nur das Nominalwertprinzip. Juristisch findet somit die weltweit auftretende Inflation keine Berücksichtigung. Will der Unternehmer vermeiden, daß er sich reicher rechnet als er in Wirklichkeit ist, so sollte er die Abschreibungsmethode so wählen, daß er entsprechend der Inflationsrate höhere Abschreibungen vornehmen kann. Auf diese Weise wird der Periodenaufwand rein rechnerisch erhöht und der Gewinn inflationsneutral ausgewiesen.

Die Bilanzpolitik wird begrenzt durch die gesetzlich festgelegte Verpflichtung, die Gegenstände des Anlage- und Umlaufvermögens mit den Anschaffungs- oder Herstellungskosten vermindert um Abschreibungen anzusetzen.

Die hier beschriebenen Bilanzierungswahlrechte beschränken sich ausschließlich auf die Handelsbilanz. Da die Handelsbilanz zwingend maßgebend für die Steuerbilanz ist, sind bei der Ermittlung der Handelsbilanzwerte die Auswirkungen auf die Steuerbilanz zu beachten. Es dürfen Wahlrechte in der Steuerbilanz nur angewandt werden, wenn sie auch in der Handelsbilanz angewandt werden[47].

[46] Diese Bilanzierungswahlrechte werden besonders von Banken in Anspruch genommen.

Die Bilanzierungswahlrechte werden von den Unternehmungen recht konträr genutzt. Dies ist auf deren unterschiedliche Ausgangspositionen zurückzuführen. Zur Unterstützung der jeweils festgelegten Normstrategien werden die Wahlmöglichkeiten der Bilanzpolitik voll ausgeschöpft. Dies gilt nicht so sehr für die einzelnen strategischen Geschäftseinheiten als vielmehr für die Gesamtunternehmung. Die Ziele der strategischen Geschäftseinheiten und/oder einzelnen Unternehmungsbereiche sind denen des Unternehmungsverbundes unterzuordnen.

Verfolgt die Unternehmung langfristig Investitions- und Wachstumsstrategien, die einen hohen finanziellen Aufwand erfordern, so wird sie tendenziell versuchen, die Bilanzierungswahlrechte zu einer Aufwandsverschiebung in die Zukunft einzusetzen. Denn werden aufgrund der Strategien starke Gewinnerwartungen für die Zukunft gehegt, so besteht kein Interesse an einem momentanen schlechten Jahresergebnis.

Bei entgegengesetzter Situation – hohe Gewinne im abgelaufenen Wirtschaftsjahr und überwiegend Abschöpfungs- und Desinvestitionsstrategien – werden die Wahlrechte zur Reduzierung des erwirtschafteten Gewinnes verwandt. So wird gleichzeitig der Aufwand in den folgenden Perioden geschmälert, und es verbleiben finanzielle Ressourcen für gerade in der Zukunft notwendige Forschungs- und Entwicklungsvorhaben.

An dieser Stelle ist noch zu klären, wer festlegt, wie bilanziert werden soll. Die obigen Ausführungen lassen erkennen, daß eine unterschiedliche Bilanzierung in den einzelnen Unternehmungsbereichen nicht zweckmäßig sein kann. Dies ist auch deshalb verständlich, da sonst aus gleichen Ergebnissen andere Gewinne ermittelt werden könnten. Bei nicht einheitlicher Bilanzierung ist die Unternehmungsleitung nicht in der Lage, aus den Jahresabschlüssen der Geschäftsbereiche, Tochtergesellschaften etc. die finanziellen Stärken und Schwächen der eigenen Unternehmung zu erkennen. Deshalb schreibt die Unternehmungsleitung in der Regel vor, welche Wahlrechte und Bilanzierungsgrundsätze in der Handelsbilanz anzuwenden sind.

Den für die einzelnen strategischen Geschäftseinheiten, Unternehmungsbereiche etc. verantwortlichen Führungskräften obliegt die Aufgabe, die Jahresabschlüsse entsprechend den gesetzlichen und unternehmungsinternen Bilanzierungsvorschriften korrekt zu ermitteln.

Die Erstellung der Handelsbilanz ist Aufgabe der Unternehmungsleitung und nicht der einzelnen Unternehmungsglieder. Dies nicht zuletzt deshalb, weil eine einmal vorgenommene Bilanzierung nach der Veröffentlichung der Bilanz nicht geändert werden kann. Eine überlegte, langfristige Bilanzpolitik ist ein wichtiger Bestandteil strategischer Unternehmungsführung.

[47] Aus dieser Verbindung der beiden Bilanzen folgt, daß es nicht möglich ist, sowohl einen hohen Handelsbilanzgewinn auszuweisen, der aus Gründen der Kreditwürdigkeit wünschenswert ist, als auch gleichzeitig einen die Steuerlast minimierenden niedrigen Steuerbilanzgewinn zu ermitteln.

1.9 Die Überprüfung und Revision des strategischen Planes der Unternehmung

1.9.1 Die horizontale und vertikale Abstimmung der funktionalen Politiken

Ein Berater erklärt vor dem Vorstand und den Funktionsbereichsleitern einer mittleren Unternehmung: „Es ist für Sie eine große Herausforderung, die strategische Ausrichtung Ihrer Unternehmung zu beeinflussen. Wenn Sie jedoch über die Zukunft nachdenken, dabei aber nicht gründlich berücksichtigen, was zur Zeit in Ihrer Unternehmung läuft, dann laufen Sie Gefahr, Strategien zu formulieren, die entweder unrealistisch oder unausführbar sind. Ohne ein tiefes Verständnis der *wertvollen* und auch für die Zukunft *gültigen* Aspekte der laufenden Strategien und funktionalen Politiken kommen Sie leicht in die Lage, beim Versuch, Ihre Unternehmung umzustrukturieren, das Kind mit dem Bade auszuschütten. Wir müssen deshalb ein Verständnis für die Grundlagen und Ergebnisse der laufenden Strategien und funktionalen Politiken gewinnen. Wir müssen uns fragen, ob die gegenwärtigen Strategien wirklich dem entsprechen, was Sie sich vorstellen, das sie sind. Erst wenn wir unsere gegenwärtigen Strategien bestimmt haben, können wir herausfinden, welche Aspekte der funktionalen Politiken geändert werden müssen und welche hingegen beibehalten werden können".

Da jede Strategie auf einem System von funktionalen Politiken aufbaut, mit deren Hilfe Wettbewerbsvorteile in den Funktionsbereichen geschaffen werden, muß zunächst in einer Art *Management Audit* der *gegenwärtige Zustand der einzelnen funktionalen Politiken* erhoben werden.

Dabei kann wie in den Abb. 1.11, 1.22, 1.30, 1.31, 1.36 und 1.38 dargestellt vorgegangen werden. Eine zusammenfassende Darstellung der Abstimmung

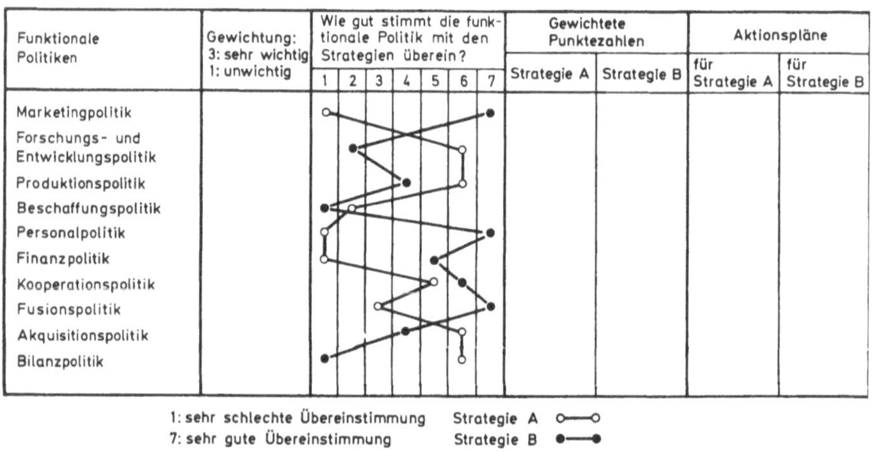

Abb. 1.41 Die Abstimmung zwischen den Strategien und funktionalen Politiken (Beispiel)

zwischen Strategien und funktionalen Politiken zeigt Abb. 1.41. Da die funktionalen Politiken von den Strategien abgeleitet sind und deshalb mit diesen übereinstimmen müssen, ist der Soll-Zustand in allen Abbildungen durch eine senkrechte Linie bei der Bewertung „7" ausgedrückt. Je größer der Abstand zwischen Soll und Ist, je größer also die gewichtete Punktezahl ist, desto notwendiger sind Eingriffe der Unternehmungsleitung, um die funktionalen Politiken mit den Strategien in Einklang zu bringen.

Darüber hinaus hat die Unternehmungsleitung die Aufgabe zu prüfen, ob die funktionalen Politiken untereinander und mit der Gesamtstrategie der Unternehmung konsistent sind. Diese sowohl horizontale als auch vertikale Abstimmung der funktionalen Politiken kann anhand des in Abb. 1.42 dargestellten Schemas erfolgen:

(1) in horizontaler Richtung werden die Auswirkungen der Strategien auf jede einzelne funktionale Politik sichtbar, und
(2) in vertikaler Richtung werden die Anforderungen deutlich, die jede Strategie an die sie tragenden funktionalen Politiken stellt.

Für diesen zweifachen Konsistenztest können folgende Fragen von Nutzen sein:

(1) Verstärken sich die funktionalen Politiken gegenseitig?
(2) Sind die Anforderungen der Strategien an die Funktionsbereiche überhaupt finanzierbar?
(3) Wie lassen sich am zweckmäßigsten Stärken in den Funktionsbereichen ausbauen und Schwächen unwesentlich machen? Beruht die Marketingpolitik auf Flexibilität und Termintreue, sind Überkapazitäten im Produktionsbereich kein Nachteil; eine Politik relativ hoher Preise ist konsistent mit der Finanzierungspolitik, wenn ein hoher *Cash-flow*-Überschuß erzielt werden soll.
(4) Erlaubt es die Gesamtheit der funktionalen Politiken, Alternativen im Auge zu haben? Kann die Unternehmung ihre *Flexibilität* bewahren und alternative Strategien verfolgen, wenn die Wettbewerbssituation dies erfordern sollte?

1.9.2 Die Verabschiedung der strategischen Pläne

Mit Hilfe der funktionalen Politiken müssen das Ziel-Portfolio und die entsprechenden Strategien im Detail überprüft werden (Tab. 1.10); gleichzeitig müssen zur Verabschiedung flexibler Strategien die Konkurrenzportfolios durchleuchtet und die Ziel-Portfolios für die stärksten Konkurrenten erstellt werden[48]. Die bei der Formulierung funktionaler Politiken und Erstellung von Konkurrenzanalysen aufgeworfenen Fragen sollten zu einer Verstärkung und Klärung des strategischen Planes der Unternehmung führen. Die Norm-Strategien geben strategische Stoßrichtungen und Ziele an; die Politiken und Aktionsprogramme für die funktionalen Bereiche dienen der Spezifizierung und situativen Konkretisierung

[48] Vgl. hierzu die Ausführungen im Abschnitt I.4.2.3.

Funktionale Politiken	Strategien				Auswirkungen der Strategien auf die Funktionsbereiche
	A	B	C	D	
Marketingpolitik	Schwerpunkt: Logistik Konsequenzen: Zusatzinvestition von 50000 GE	Schwerpunkt: Akquisition Konsequenzen: Zusatzinvestition von 100000; 2 zusätzl. Mitarb.			Zusätzlicher Kapitalbedarf: 150000 GE Zusätzlicher Mitarbeiterbedarf: 2
Forschungs- und Entwicklungspolitik	Schwerpunkt: Verfahrensinnovation Konsequenzen: 3 zusätzl. Mitarb., 1 Mio GE zusätzlicher Kapitalbedarf				zusätzlicher Kapitalbedarf: 1000000 GE zusätzlicher Mitarbeiterbedarf: 3
Produktions- und Beschaffungspolitik	Schwerpunkt: Flexible Automation Konsequenzen: Kosten der Kapazitätserweiterung 5 Mio GE				Zusätzlicher Kapitalbedarf: 5000000 GE

Personalpolitik	Schwerpunkt: Ausbildung Konsequenzen: 2 zusätzl. Mitarb.	Schwerpunkt: Ausbildung Konsequenzen: 1 zusätzl. Mitarb.		Schwerpunkt: Rationalisierung Konsequenzen: 2 freizusetzende Mitarbeiter	Zusätzlicher Mitarbeiterbedarf: 1
Finanzpolitik					
Kooperations-, Fusions- und Akquisitionspolitik					
Bilanzpolitik					
Anforderungen der Strategien an die Funktionsbereiche	5 zusätzl. Mitarb. 6,05 Mio zusätzl. Kapitalbedarf	3 zusätzl. Mitarb. 100000 GE zusätzlicher Kapitalbedarf		2 freizusetzende Mitarbeiter	Zusätzlicher Kapitalbedarf: 6150000 GE Zusätzlicher Mitarbeiterbedarf: 6

Abb. 1.42 Grundschema zur Ermittlung:
a) der Anforderungen der Strategien an die Funktionsbereiche
b) der Auswirkungen der Strategien auf die Funktionsbereiche der Unternehmung (Beispiel)

Tabelle 1.10 Überprüfung der gewählten Strategien in den funktionalen Bereichen (nach McKinsey)

Funktionale Aktionsbereiche	Zu prüfende Punkte (Beispiele)
Marketingpolitik	Wesentliche Unterschiede gegenüber den stärksten Konkurrenten: – Anzahl/Niveau/technische Qualifikationen der Verkäufer – Veränderungen in Angebots- und Absatzkanalpolitik – Entwicklung des Marktanteils und des relativen Marktanteils – Garantie-/Kundendienstleistungen – Preispolitik – u. a. m.
Forschungs- und Entwicklungspolitik	Wesentliche Unterschiede gegenüber den stärksten Konkurrenten: – Angemessener Anteil des Umsatzes oder *Cash-flow*? – Gezielte, innovationsorientierte Aufwendungen oder Gießkannenprinzip? – Zeitplanung für Innovationen – u. a. m.
Produktions- und Beschaffungspolitik	Wesentliche Unterschiede gegenüber den stärksten Konkurrenten: – Niedrige Stückkosten (Erfahrungseffekte) oder Flexibilität? – Marktpreisorientierte Projektierung – Preis/Wert/Lebensdauer usw. – Sortimentsbereiche – „Nachziehen“ – oder „Überholen” – u. a. m.
Personalpolitik	Wesentliche Unterschiede gegenüber den stärksten Konkurrenten: – Trend in der Personalstärke und -qualifikation – Kaderplanung und Kaderentwicklung – Innovationsorientiertes Organisationsklima – u. a. m.
Finanzpolitik	Wesentliche Unterschiede gegenüber den stärksten Konkurrenten: – Finanzstruktur – *Cash-flow*-Entwicklung – Risikoausgeglichenheit – u. a. m.
Fusions- und Akquisitionspolitik	Wesentliche Unterschiede gegenüber den stärksten Konkurrenten: – Rückwärts-/Vorwärtsintegration – Konglomeration – Synergie und Produktivitätssteigerung – u. a. m.

der Strategien sowie der Herausarbeitung kritischer Fragen. Abb. 1.43 zeigt eine eindeutige Investitions- und Wachstumsstrategie für eine strategische Geschäftseinheit; die Bewertung dieser Strategie im Marketingbereich ergibt zwei alternative Strategien: Die Auswahl hängt davon ab, wie die Unternehmungsleitung die Marktuntersuchungen und Empfehlungen der Bereichsleitung beurteilt, von der die strategische Geschäftseinheit abhängt.

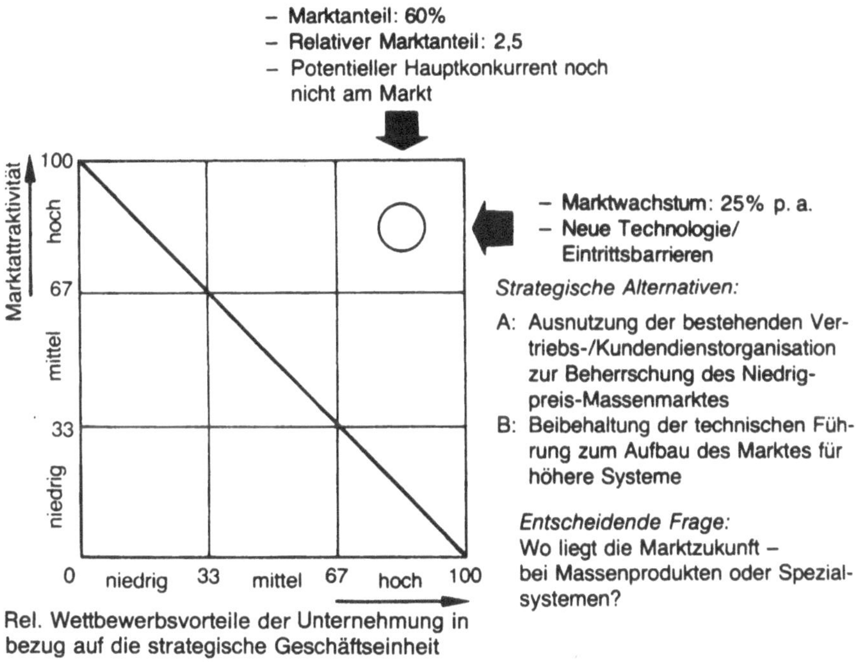

Abb. 1.43 Beispiel zur Strategiespezifizierung im Marketingbereich (nach McKinsey).

Bevor eine Strategie von der Unternehmungsleitung als verbindlich erklärt werden kann, müssen die Konsequenzen der Strategien und strategischen Alternativen in den funktionalen Bereichen geprüft (Abb. 1.44) und die Auswirkungen der erwogenen Strategien auf die wichtigsten Konkurrenten quantifiziert werden.

Die *Beurteilung der Strategie* bezweckt[49],

(1) die Wirksamkeit der laufenden Strategien zu prüfen,
(2) ihre Wirksamkeit in der Zukunft zu hinterfragen, und
(3) die Wirksamkeit strategischer Alternativen in der Zukunft abzuschätzen.

Die *Prüfung der Wirksamkeit der laufenden Strategien* erfolgt nach vier Richtungen, wobei die mit den laufenden Strategien erzielten Resultate verglichen werden mit den Ergebnissen

(a) der geplanten Portfolio-Position,
(b) der Konkurrenten,
(c) der Branche, und
(d) der vergangenen Entwicklung der Unternehmung.

[49] Vgl. hierzu Ch. W. Hofer, E. A. Murray, R. Charan u. R. A. Pitts, Strategic Management, a. a. O., S. 15ff.

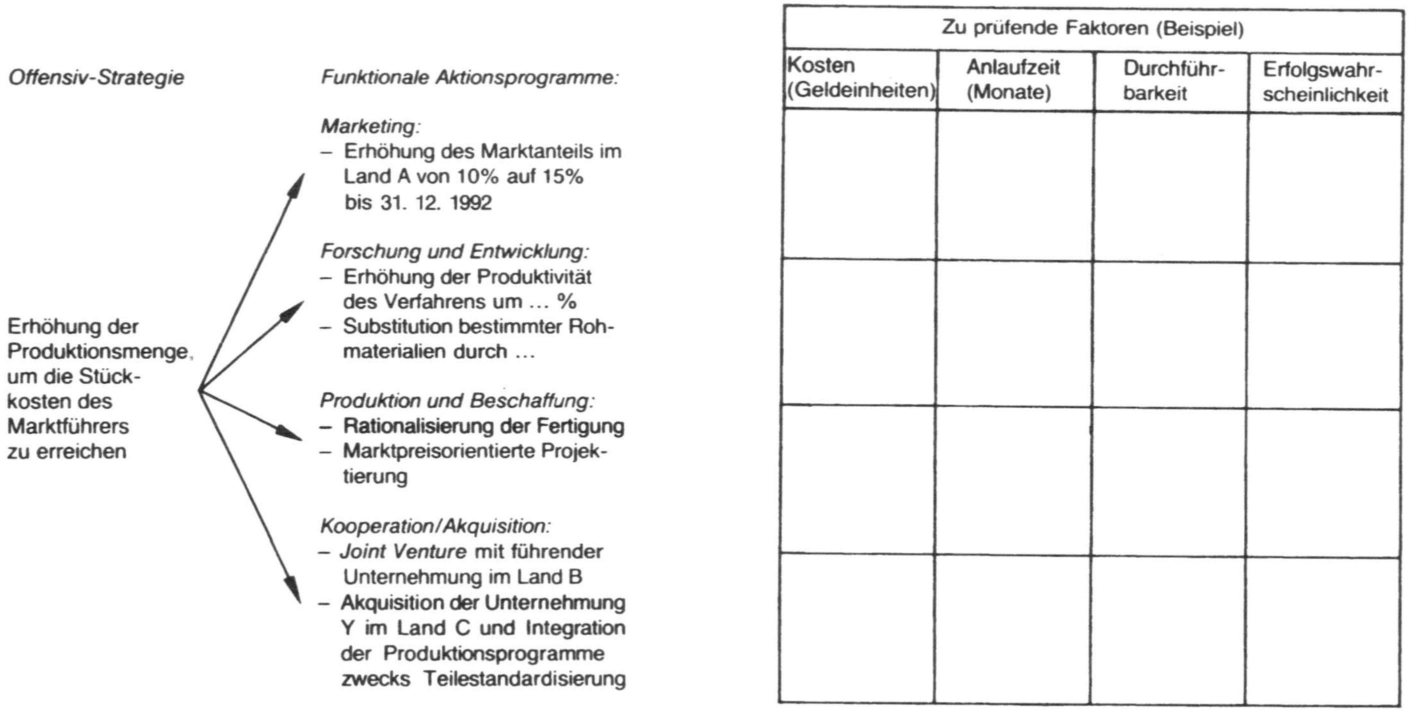

Abb. 1.44 Beispiel zur Prüfung der Strategie anhand der funktionalen Aktionsprogramme (nach McKinsey).

Die *Beurteilung der zukünftigen Wirksamkeit der laufenden und/oder geplanten Strategien* erfolgt ebenfalls nach vier Richtungen, und zwar in bezug auf

(a) die *Kohärenz* der Ziele und Randbedingungen, die die Strategien zu erreichen suchen bzw. einhalten müssen, sowie die Übereinstimmung der Strategien mit den Zielen und Randbedingungen,
(b) den *Umfang, die Vollständigkeit und Zuverlässigkeit* der Wettbewerbsanalyse, auf deren Prämissen die Strategien beruhen,
(c) den *Inhalt* der Strategien, d.h. die Stärken und Synergieeffekte, mit denen sich die Unternehmung von ihren Konkurrenten unterscheidet und dauerhafte Wettbewerbsvorteile schaffen kann,
(d) die *Durchführbarkeit* der laufenden und/oder geplanten Strategien, d.h. das Vorhandensein der unternehmungsinternen Voraussetzungen und Ressourcen, von denen die Umsetzung der Strategien abhängt.

Auf der Grundlage dieser Beurteilungen lassen sich im Hinblick auf die angestrebten Ziele *strategische Alternativen* entwickeln und bewerten. Die Komplexität der strategischen Prozesse verlangt, daß die „richtigen" Führungskräfte in die Formulierung, Beurteilung und Auswahl strategischer Alternativen involviert werden; die sich zwangsläufig ergebenden Kollegialentscheidungen können unter dem Zeichen der Kooperation oder der möglichen Konfliktualität stehen, wenn unterschiedliche Interessen wie im Falle von Desinvestitionsentscheidungen berührt werden und die zweckmäßigste Entscheidung aus der Konfrontation unterschiedlich motivierter Positionen resultieren muß. Kooperation und Konflikt sind aber nicht zwei verschiedene Merkmale zweier Arten von Gruppenbeziehungen: In Arbeitsteams, die im Zeichen der Kooperation gebildet werden, treten gerade bei strategischen Prozessen häufig Konfliktpositionen auf, die nicht mehr durch die Bereinigung gegenläufiger Interessen behoben werden können; es geht darum, die *geheime Konfliktualität* zu überwinden, und zwar dadurch, daß die persönlichen Positionen identifiziert und ausgeschaltet werden, die nicht mit den strategischen Zielen und Randbedingungen übereinstimmen, an denen sich die Gruppenentscheidungen orientieren müssen. Der strategische Entscheidungsprozeß vollzieht sich in dem Ausmaß nicht im Zeichen der Willkür, in dem er auf den Erwerb *objektiver* Elemente und Prämissen gerichtet ist, auf denen Beurteilungen aufbauen, die aber unvermeidlich *subjektiv* sind. In einer solchen Situation werden die Aufgabe und Verantwortung der Führungskräfte, die entscheiden müssen, nicht kleiner; sie müssen

(1) beurteilen, ob der Entscheidungsprozeß auf eine korrekte Art und Weise abläuft und der „leitende Gedanke entsprechend den stets sich ändernden Verhältnissen" von den Führungskräften fortgebildet wird,
(2) die Sicherheit gewinnen, daß alle strategischen Alternativen berücksichtigt und/oder deren Potential richtig eingeschätzt werden,
(3) die Gewißheit haben, daß die in der Regel kurzen Perioden, in denen eine günstige Umweltmöglichkeit mit spezifischen Stärken der Unternehmung zusammentrifft, auch genutzt werden, um die Marktposition der Unternehmung durch geeignete Strategien zu verbessern, und

(4) den Entscheidungsprozeß verstehen und so steuern, daß sie die subjektiven Beurteilungen der anderen teilen können.

Wenn man das berücksichtigt, wird die Aufgabe des Letztentscheidungsträgers in der Unternehmung zunehmend schwieriger. Hinzu kommt, daß Wenn/dann-Pläne und Reservestrategien entwickelt werden müssen, die rechtzeitig dann eingesetzt werden können, wenn

(1) unternehmungsexterne und/oder -interne Planungsprämissen, auf denen die Strategien aufbauen, sich als falsch erweisen, so daß die geplanten Ergebnisse nicht erreicht werden können, oder
(2) die effektive Entwicklung besser als erwartet ist.

Schließlich müssen für die erwogene Strategie die finanziellen Auswirkungen der wichtigsten alternativen funktionalen Aktionsprogramme gegenübergestellt werden (Tab. 1.11).

Tabelle 1.11 Gegenüberstellung der finanziellen Auswirkungen der wichtigsten alternativen Aktionsprogramme für die erwogene Strategie (nach McKinsey)

Kriterien	Rangordnung der alternativen Aktionsprogramme			
	1	2	3	4

- Kapitalbedarf
- Kapitalwert (Kalkulationszinssatz . . . % p. a.)
- Interner Zinssatz
- Höchster Mittelbedarf zur Finanzierung
- Sensitivitäten bei:
  - 10% Preiserhöhung
  - 10% Investitionserhöhung
- Risiken				

Nach der Ausarbeitung der kritischen funktionalen Aktionsprogramme können

(1) Strategie und angestrebte Positionsänderungen für alle strategischen Geschäftseinheiten im Ziel-Portfolio (Abb. I.1.36) verbindlich dargestellt,
(2) die langfristige Sicherung des Unternehmungsgewinnes durch die Art des Portfolios verifiziert oder falsifiziert (Abb. I.1.37 und I.1.39), und
(3) der Mittelfluß (Netto-*Cash-flow*) über den Planungszeitraum bestimmt werden (Abb. 1.45 und Tab. 1.12).

Das Endergebnis der anhand der Politiken und Aktionsprogramme für die funktionalen Bereiche revidierten und operationalisierten Portfolio-Analyse ist eine verbesserte Mittelzuteilung nach Unternehmungsbereichen und Strategien für

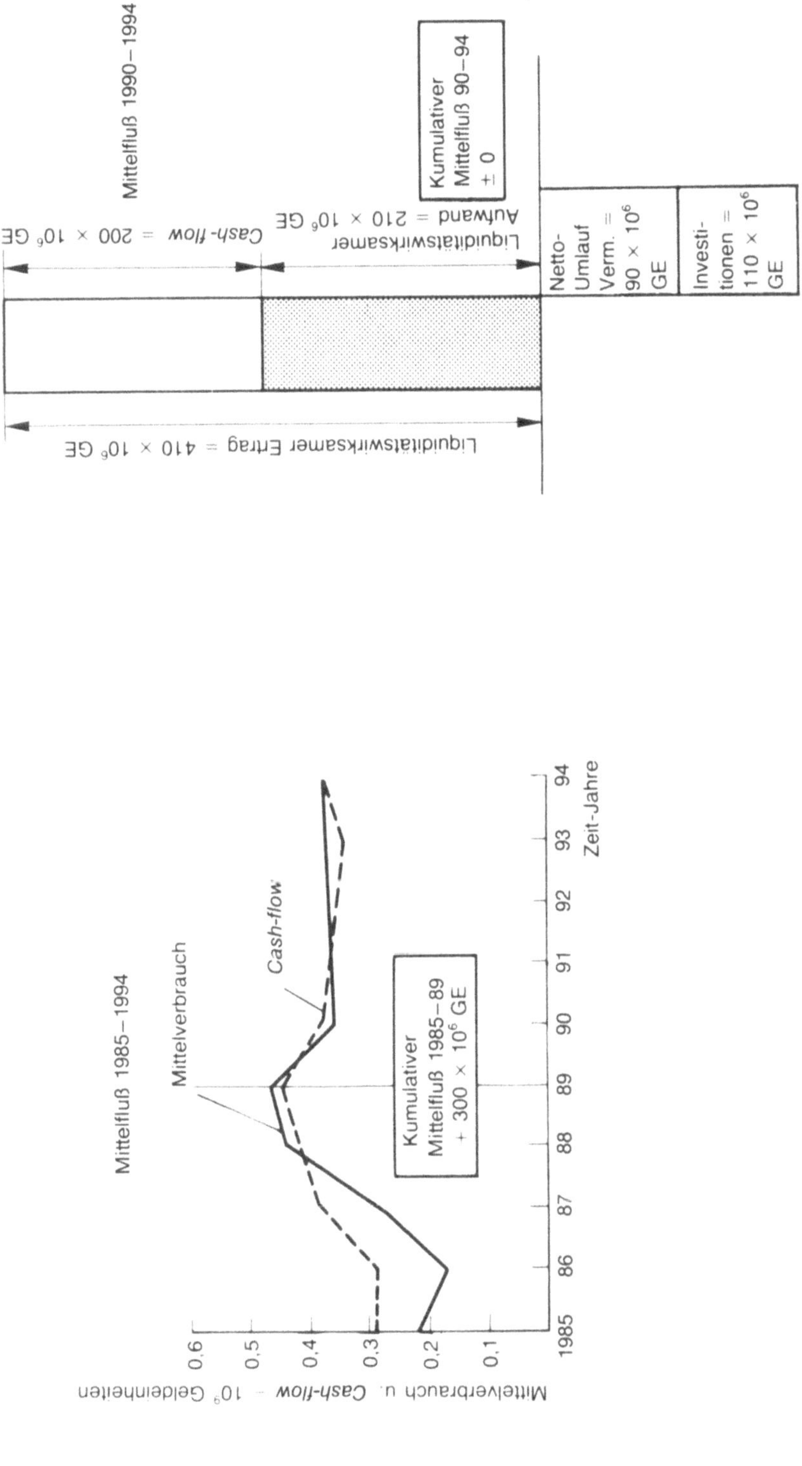

Abb. 1.45 Verlauf des strategiebedingten erwarteten Mittelflusses im Planungszeitraum (nach McKinsey).

Tabelle 1.12 Ermittlung des Mittelflusses (Netto-*Cash-flow*) für eine strategische Geschäftseinheit (nach McKinsey)

	1985	1986	1987	1988	1989	Summe	1990	1991	1992	1993	1994	Summe
Mittelherkunft – Liquiditätswirksame Erträge – Liquiditätswirksamer Aufwand												
Cash-flow[1]												
Mittelverwendung – Investitionen – Veränderung des Nettoumlaufvermögens												
Mittelfluß (Netto-*Cash-flow*)												

[1] Approximativ kann der *Cash-flow* auch wie folgt ermittelt werden: Reingewinn + Abschreibungen + Anteilige Zuführung zu Pensionsrückstellungen; die rigorose Definition des *Cash-flow* lautet:

Bilanzgewinn (netto einschließlich Vortrag)
– Verlust (netto einschließlich Vortrag)
+ Verlustvortrag aus dem Vorjahr
– Gewinnvortrag aus dem Vorjahr
+ Abschreibungen
+ Abgänge
+ Rücklagendotierung (netto)
+ Erhöhung der Rückstellungen (netto)
– Veränderungen der Rechnungsabgrenzungen

die strategischen Geschäftseinheiten (Abb. 1.46)[50]. Abb. 1.47 zeigt beispielhaft das *Cash-flow*-Profil der Unternehmung als Summe der *Cash-flow*-Profile ihrer strategischen Geschäftseinheiten.

Abschließend muß festgestellt werden, daß in der industriellen Realität die Festlegung der Politiken und Aktionsprogramme für die funktionalen Bereiche häufig nicht dem linearen Schema „Strategie → funktionale Politiken“ folgt. Zwei Gründe können dafür verantwortlich sein:

(1) Die Führungskräfte in den Unternehmungsbereichen und/oder funktionalen Bereichen reagieren unmittelbar auf Änderungen in den Umweltbedingungen, ohne entsprechende Richtlinien von der Unternehmungsleitung abzuwarten.
(2) In spezifischen Situationen übliche Handlungsweisen können die Rolle von Politiken übernehmen.

[50] Vgl. hierzu auch die Ausführungen im Abschnitt I.4.4.8.

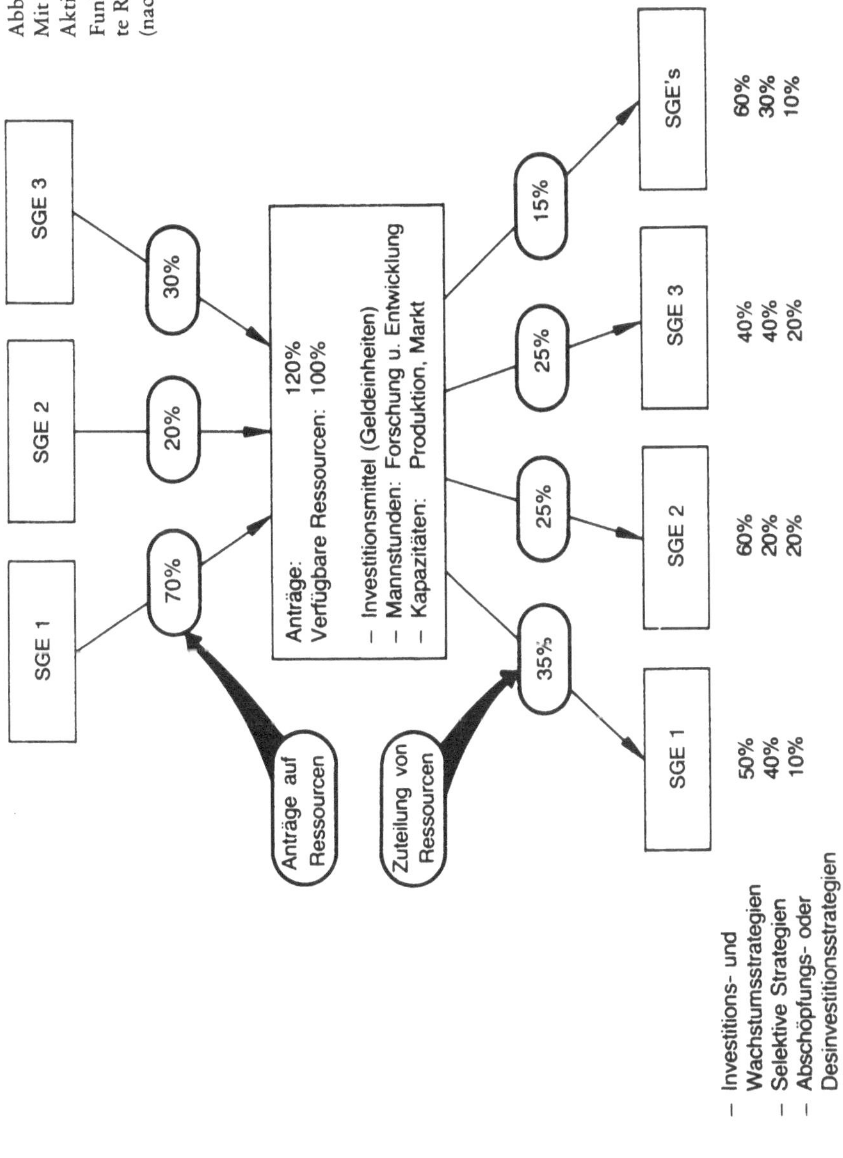

Abb. 1.46
Mit Hilfe der Politiken und Aktionsprogramme für die Funktionsbereiche revidierte Ressourcenallokation (nach McKinsey).

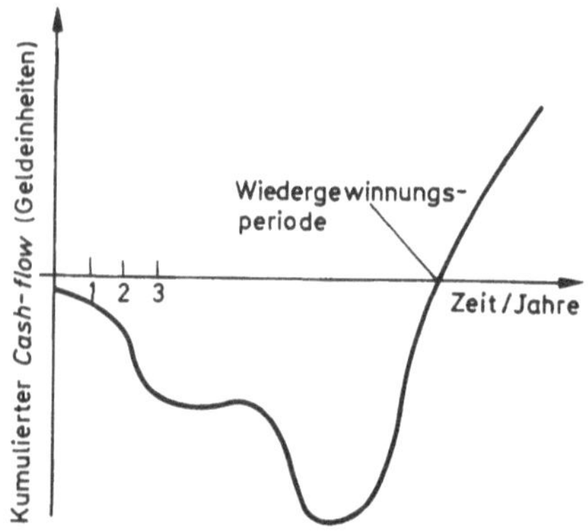

Abb. 1.47 Das *Cash-flow*-Profil der Unternehmung als Summe der *Cash-flow*-Profile der einzelnen strategischen Geschäftseinheiten (Beispiel)

In beiden Fällen ist zu prüfen, ob diese aus der Aktion abgeleiteten Politiken mit der strategischen Ausrichtung der Unternehmung vereinbar sind. Es kann nun kein Zweifel daran bestehen, daß funktionale Politiken, die im Rahmen der Unternehmungsanalyse Stärken darstellen, keine Fixpunkte bilden, sondern im Hinblick auf die Unterstützung der Strategien geändert werden müssen. Damit wird aber wiederum deutlich, daß Änderungen in der Umwelt der Unternehmung, im Verhalten der Wettbewerber, in der Größe und in den Ressourcen der Unternehmung eine Revision der Strategien, eine Modifizierung der Politiken und Aktionsprogramme der funktionalen Bereiche, eine Neugestaltung der Organisation, eine Verlagerung der Ressourcen oder neue Motivations- und Kontrollsysteme erfordern. Eine dynamische Unternehmung ist nie fertig und immer im Werden. Die Festlegung der Politiken und funktionalen Aktionsprogramme ist ein kontinuierlicher Prozeß, der die wesentlichen Impulse und Schwerpunkte von den Strategien erhält, aber auch Unternehmungs- und Umwelteinflüssen ausgesetzt ist[51].

[51] Die Unternehmungsleitung ist bekanntlich für die strategiegerechte Ausarbeitung der funktionalen Politiken verantwortlich. Einschneidende strategische Maßnahmen, wie die Aufgabe gewisser Produkt/Markt-Kombinationen, die Umstrukturierung bestimmter Bereiche und dgl. mehr können in der Regel nicht über einen organisatorischen Konsens verwirklicht werden. Die Durchsetzung strategischer Änderungen ist oft eine harte, unpopuläre und risikoreiche Tätigkeit, die ein volles Engagement der Unternehmungsleitung in den betroffenen divisionalen und/oder funktionalen Bereichen erfordert. Die Unternehmungsleitung muß deshalb bereit sein, die dafür notwendige Zeit, Kreativität und Disziplin aufzubringen. Der Konflikt zwischen dem, was leicht auszuführen ist, und dem, was richtig wäre, führt häufig von wichtigen strategischen Entscheidungen und Aktionsplänen zu bequemen Kompromissen, die sich nicht in ein strategisches Gesamtkonzept einfügen.

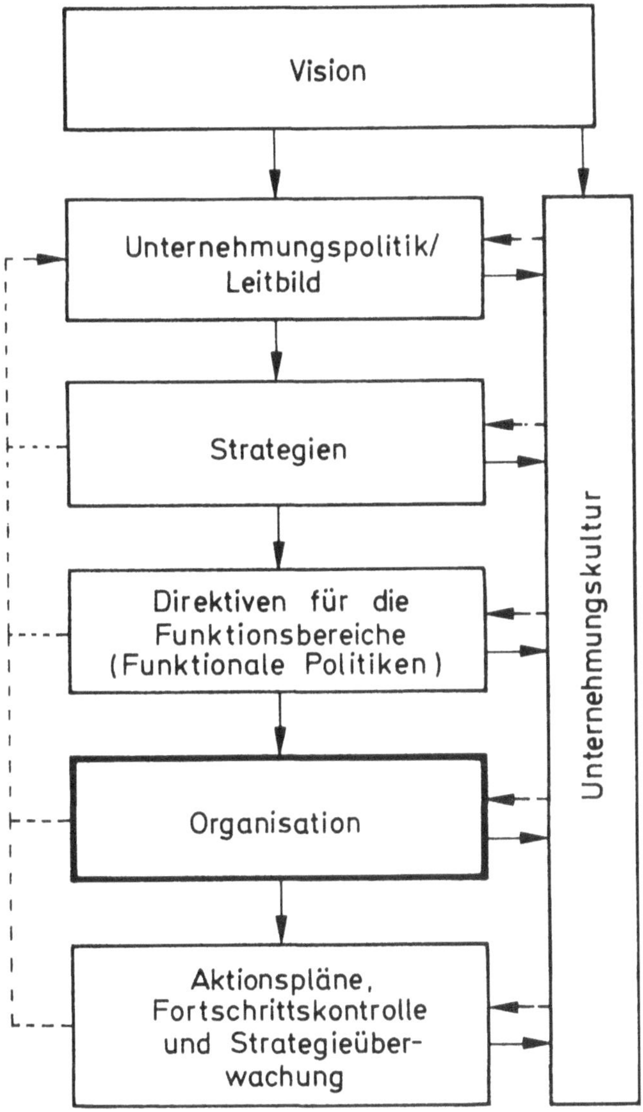

Strategie und Organisation
Die Einrichtung von strategischen Geschäftseinheiten.
Die Auswahl der Führungskräfte.
Führungsstile und Führungseffektivität.
Kaderplanung und Kaderentwicklung.
Strategie- und mitarbeiterorientierte Personal- und Organisationsentwicklung.

2. Die strategiegerechte Gestaltung der Organisation

Alles, was du anderen gibst,
bleibt dein; was du aber behältst, das ist verloren.
S. Rustaweli

2.1 Strategie und Organisation

Der bisher dargestellte Führungsprozeß hat einen vorwiegend intellektuellen Charakter. Die Durchführung der Strategien erfordert die Unterstützung und den koordinierten Einsatz einer Vielzahl von Personen auf allen hierarchischen Ebenen der Unternehmung. Aufgabe der Unternehmungsleitung ist es,

(1) die Interaktionen zwischen den Strategien, funktionalen Politiken, der Organisationsstruktur und dem Organisationsverhalten sowie der Unternehmungskultur zu bestimmen,
(2) die organisatorischen Änderungen und Kompromisse einzuführen, die für die Verwirklichung der Strategien notwendig sind, und
(3) die Unternehmungsstruktur in den Bereichen zu verstärken, in denen sich die Unternehmung von den stärksten Konkurrenten abheben und strategische Wettbewerbsvorteile erzielen kann.

Jede Änderung der Strategie führt zu einer Änderung in den Prioritäten der funktionalen Bereiche. Eine Investitions- und Wachstumsstrategie zum Beispiel erfordert verstärkte Anstrengungen in Forschung, Entwicklung und Produktion; die Finanzmittelbeschaffung wird zu einer kritischen Funktion.

Der Strategie muß somit die Organisationsstruktur angepaßt werden. Es gibt keine optimalen Organisationsmodelle, die für jede Unternehmung und jede Strategie Gültigkeit besitzen. Es gibt jedoch Anforderungen, die die Organisationsstruktur in jedem Falle erfüllen muß, Bedingungen, die bei der Konzeption und Anwendung dieser Strukturen berücksichtigt werden müssen, und auch Gesetze, wenn die personellen, finanziellen und materiellen Ressourcen der Unternehmung in ihrer Gesamtheit ein effizientes System bilden sollen[1]. Es ist hier nicht beabsichtigt, alle Faktoren, die bei der Gestaltung der Organisation im einzelnen von Bedeutung sein können, geschlossen und mit allen Einzelheiten zu erörtern. Aber auf einen Umstand muß näher eingegangen werden, weil er, wie die Erfahrung lehrt, die Strategieformulierung und -implementierung wesent-

[1] Die organisatorischen Fragen im Zusammenhang mit der strategischen Führung werden bei W. Schertler, Unternehmungsorganisation, 3. Aufl., München, Wien 1988 ausführlich behandelt.

lich mitbestimmt: Die organisatorische Zusammenfassung der Produkt/Markt-Kombinationen zu strategischen Geschäftseinheiten (Abb. 2.1); dabei wird vor allem auf die Struktur der divisionalen Unternehmung als dem Prototyp der modernen industriellen Unternehmung Bezug genommen[2].

Die strategische Unternehmungsführung besteht nicht in der Aggregierung der Entwicklungsperspektiven der verschiedenen Unternehmungsbereiche; die Konsolidierung der divisionalen Strategien ergibt aufgrund der unterschiedlichen Entwicklungsphasen und Strategien der Produkt/Markt-Kombinationen, aus denen sich ein Unternehmungsbereich zusammensetzt, weder einen klaren Handlungsrahmen noch zeigt sie die Entwicklungstendenzen und die sie treibenden Kräfte auf.

Ein neuer Ansatz, um die strategischen Perspektiven der verschiedenen Produkt/Markt-Kombinationen aufzuzeigen, besteht darin, den Beobachtungspunkt nach außen zu verlegen: Die von „innen nach außen" gerichtete Blickrichtung wird umgekehrt und durch eine von „außen nach innen" zielende Betrachtung abgelöst. Diese neue Perspektive wird durch die Aufteilung des

Marktkriterien / Produkte	Abnehmergruppen			Absatzkanäle			Geographische Gebiete		
A			×	×	×	×	×		
B		×			×			×	
C			×			×	×		
D	×			×	×	×	×	×	×
E	×	×	×		×	×	×	×	×
F			×		×		×		
G	×				×		×		
H		×		×			×		
I		×		×			×	×	×
J	×			×					×

Abb. 2.1 Die Zusammenfassung der Produkt/Markt-Kombinationen zu strategischen Geschäftseinheiten (Durch entsprechende Symbole können die wichtigsten Konkurrenten der einzelnen strategischen Geschäftseinheiten in der Abbildung dargestellt werden).

[2] Vgl. zur Organisation der divisionalen Unternehmung H. H. Hinterhuber, Innovationsdynamik und Unternehmungsführung, a. a. O., S. 148 ff.

Umfeldes in relativ autonome *strategische Geschäftseinheiten*[3] mit eigenen Chancen, Bedrohungen und Tendenzen verwirklicht.

Eine strategische Geschäftseinheit ist eine Gesamtheit von Produkt/Markt-Kombinationen, Produktlinien usw., die gemeinsam eine Funktion erfüllen, die sich klar von der anderer Produkt/Markt-Kombinationen abhebt; sie kann mit einem Unternehmungs- oder Geschäftsbereich, einem funktionsorientierten System von Produkt/Markt-Kombinationen usw. übereinstimmen, in dem die Unternehmung Wettbewerbsvorteile erzielen und ausnutzen kann; sie wird ohne Rücksicht auf bestehende Organisationseinheiten auf der Basis von Unterschieden zu den Konkurrenten definiert mit dem Ziel, die relative Gewinnspanne zu optimieren. Die Grenzen einer strategischen Geschäftseinheit sind durch die maximale Veränderungsrate der relativen Gewinnspanne (im Vergleich zum stärksten Konkurrenten) bestimmt.

Der Erfolg der Strategien hängt von der Zusammensetzung, Organisation und Integration strategischer Geschäftseinheiten sowie von den Fähigkeiten und der Erfahrung der dafür verantwortlichen Führungskräfte ab. Die Verpflichtung der Unternehmungsleitung zu differenzierten Zielsetzungen für die verschiedenen strategischen Geschäftseinheiten geht somit parallel zu der der zweckmäßigsten Entwicklung der Unternehmungsorganisation.

Das gleiche Produkt kann in vielen Variationen hervorgebracht werden und unterschiedliche Dienstleistungen liefern. Jede Änderung der Produkteigenschaften und Dienstleistungen (Funktionen) ist durch Kosten gekennzeichnet und führt zu unterschiedlichen Wertschöpfungen für jeden Abnehmerkreis. Jede strategische Geschäftseinheit ist auf einen bestimmten Abnehmerkreis und auf die Benützung eines bestimmten Absatzkanals abgestellt. Auf diese Weise vermag die Unternehmung die Produktkonzeption, die Produktionskapazitäten und die Absatzmethoden den Anforderungen der verschiedenen strategischen Geschäftseinheiten anzupassen.

Die strategische Geschäftseinheit strebt nach Überwindung der Nachteile, die aus der Fragmentierung der Unternehmungstätigkeiten in *Profit Centers* resultieren; die Optimierung der – relativ unabhängigen – Subsysteme (*Profit Centers*) führt aber nicht zum Optimum des Gesamtsystems (Unternehmung), oder, anders ausgedrückt, der Nachteil der Dezentralisation liegt in der Suboptimierung und im Verlust an interner finanzieller Mobilität. Die Entscheidung über den *Cash-flow* kann deshalb nicht den strategischen Geschäftseinheiten übertragen werden, wenn die Unternehmungsleitung die strategischen Optionen selbst bestimmen will.

Die strategischen Geschäftseinheiten bestimmen maßgebend den Erfolg der Strategie, da ihr Bezugsrahmen die genau identifizierte Konkurrenz ist. Der stärkste Konkurrent in einem Industriesektor vermag keinen Gewinn zu erzielen, wenn die individuellen strategischen Geschäftseinheiten von kleineren Konkurrenten beherrscht werden. Der Gewinn hängt von den relativen Wettbe-

[3] Der Ausdruck ist synonym mit Geschäftsfeld, *Strategic Business Unit, Strategic Business Area* und ähnlichen Bezeichnungen.

werbsvorteilen (Stärken) der Unternehmung in bezug auf die einzelnen strategischen Geschäftseinheiten und nicht von der Unternehmungsgröße ab[4]. Die Umfeldsegmentierung und deren Übersetzung in strategische Geschäftseinheiten, die Wettbewerbsvorteile mit Bezug auf die Konkurrenten erzielen, ist ein kritischer Aspekt der strategischen Unternehmungsführung. Die Vielzahl der Produkt/Markt-Kombinationen, die Ermittlung des und Abstellung auf den stärksten Konkurrenten, die Auswahl unternehmerischer Führungskräfte für die strategischen Geschäftseinheiten und das Abweichen von herkömmlichen Organisationsformen gebieten, diese neuen organisatorischen Möglichkeiten im Interesse der unerläßlichen Einhaltung der divisionalen Linienorganisation dort zu nutzen, wo die Komplexität und Diversifizierung der Unternehmungstätigkeiten dazu zwingen und große potentielle Effizienzsteigerungen erwarten lassen.

2.1.1 Das Problem einer jeden Unternehmung: Wie läßt sich die Organisation mit den Strategien in Einklang bringen?

Arbeit und Kapital ergeben in der Regel einen um so größeren Wirkungsgrad, je wirksamer die Strategien formuliert und je erfolgreicher Schwerpunkte in den Funktionsbereichen gesetzt werden, mit denen sich die Unternehmung von ihren Konkurrenten abheben und auf Dauer haltbare Wettbewerbsvorteile erzielen kann. Während Strategien relativ leicht, Schwerpunkte jedoch schwerer geändert werden können, wohnt jeder Organisation der Trend zur Starrheit inne. Die Nichtübereinstimmung von Strategien und Organisation wird in vielen Unternehmungen zu einer Überlebensfrage (Abb. 2.2)[5].

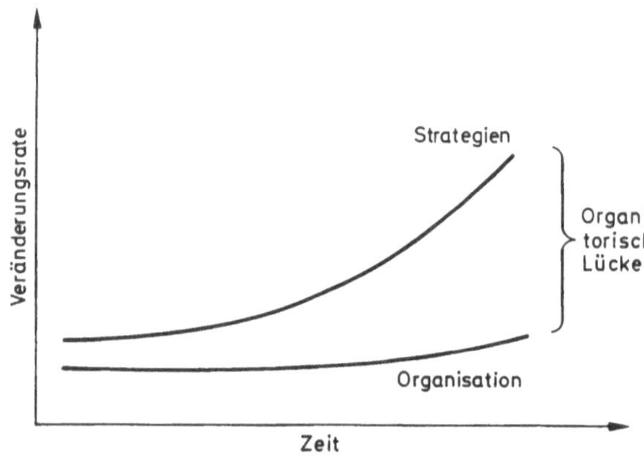

Abb. 2.2 Die Nicht-Übereinstimmung von Strategien und Organisation als Überlebensfrage der Unternehmung (nach L.R. Winter)

[4] Vgl. hierzu insbesondere B.D. Henderson, Strategic Sectors, Perspectives Nr. 166, The Boston Consulting Group, Boston 1975.

[5] Die Ausführungen folgen der vom Verfasser in Zusammenarbeit mit E. Krauthammer publizierten Arbeit Organisation, Genf 1989.

Es ist Aufgabe der Unternehmungsleitung, eine Organisation zu schaffen, die selbst die Probleme erkennt und angeht.

Jede Änderung in den Strategien der Unternehmung und in den Schwerpunkten, mit denen in den Funktionsbereichen Wettbewerbsvorteile aufgebaut und gehalten werden, erfordert in der Regel eine Anpassung der Organisation: Bestimmte Tätigkeiten, z.B. die Akquisition, müssen ausgebaut, andere, z.B. die Werbung, eingeschränkt werden; die neuen Prioritäten führen dazu, daß andere Führungskräfte an die Unternehmungsspitze berichten als bisher. Solange diese Anpassungen nicht vorgenommen werden, bleibt die „organisatorische Lücke" bestehen und stellt sich auch der erwartete Erfolg nicht ein.

Es ist deshalb eine ganz wesentliche Aufgabe der Unternehmungsleitung, die Beziehungen zwischen Unternehmungspolitik, Strategien, funktionalen Politiken, Organisation und Unternehmungskultur laufend zu überprüfen, und zwar vor allem dann, wenn die Unternehmung von einer Entwicklungsstufe zu einer anderen übergeht.

Die bestehende Organisation übt jedoch einen wesentlichen Einfluß auf die strategischen Optionen aus, die der Unternehmung offenstehen.

2.1.2 Die zwei Aspekte des Organisationsprozesses: Spezialisierung und Koordination

Durch die Einrichtung von strategischen Geschäftseinheiten als Zentren für integrierte Maßnahmen wird die ablauforientierte Organisation von einer aufgabenorientierten Organisation überlagert. Die Spezialisierung betrifft deshalb zum einen die Vielzahl der Tätigkeiten, die von den Mitarbeitern in jedem Funktionsbereich auszuführen sind, zum anderen die Marktsegmente, in denen jede Geschäftseinheit eine Position der Einzigartigkeit zu erreichen sucht. Die Spezialisierung kann jedoch nur dann Früchte tragen, wenn geeignete Organisationsformen zur Koordination der spezialisierten Tätigkeiten vorgesehen sind.

Die Bestimmung des Spezialisierungsgrades und die Wahl der Koordinationsformen sind somit die beiden Aspekte des Organisationsprozesses. Es müssen daher

(1) die auszuführenden *Funktionen* bestimmt,
(2) die Funktionen in individuelle *Rollen* aufgegliedert, und
(3) Aufgaben, Verantwortlichkeiten und Befugnisse für jede Rolle festgelegt und bestimmten Personen übertragen werden.

So wie für die Strategien und funktionalen Politiken keine allgemeingültigen Regeln und Schemata bestehen, muß auch die Gestaltung der Organisation dem einmaligen Charakter einer jeden Unternehmung Rechnung tragen.

Wovon hängt nun dieses System von Aufgaben, Verantwortlichkeiten, Befugnissen, Kontrollen und gegenseitigen Informationen ab, das die Organisation ausmacht und laufend den wechselnden Bedingungen angepaßt werden muß, unter denen die Geschäftseinheiten der Unternehmung operieren?

Die Bezugspunkte der organisatorischen Tätigkeit sind:
(1) die strategischen Geschäftseinheiten, in die die Unternehmung gegliedert ist,
(2) die Art der Produktions- und Verkaufsprozesse, die in der Unternehmung ablaufen,
(3) die Unternehmungsgröße,
(4) die Qualität der verfügbaren Mitarbeiter,
(5) das Erbe der Vergangenheit[6].

Die Organisationsstruktur reflektiert in erster Linie die Anzahl, Größe und Komplexität der *strategischen Geschäftseinheiten* der Unternehmung. Die Geschäftseinheit, die individuelle Problemlösungen in einem engen Marktsegment anbietet, braucht eine andere Organisation als die Geschäftseinheit, die als Zulieferer für wenige Großunternehmungen der kostengünstigste Hersteller von qualitativ hochwertigen Produkten sein will.

In der Agribusiness-Unternehmung z.B. laufen die *Produktionsprozesse* in einer bestimmten, von der Natur vorgegebenen Reihenfolge ab; ihre Organisationsstruktur wird deshalb entscheidend vom Spezialisierungsgrad geprägt, den die naturgegebenen Produktionsbedingungen zulassen.

Die dritte Determinante der Organisationsstruktur ist die *Unternehmungsgröße*. Große Unternehmungen können ihre Flexibilität und Stoßkraft dadurch erhöhen, daß sie in relativ autonome strategische Geschäftseinheiten mit eigener Führungsverantwortung gegliedert werden, die auf die Ressourcen einer großen Unternehmung zurückgreifen.

Es müssen jedoch auch die *Personen* verfügbar sein, die bereit und fähig sind, die vorgesehenen Rollen einzunehmen. Fehlen geeignete Mitarbeiter, müssen sie entweder durch geeignete Ausbildungsprogramme auf das vorgesehene Qualifikationsniveau angehoben oder von anderen Unternehmungen abgeworben werden; wenn beide Wege nicht gangbar sind, müssen die Strategien und Aktionspläne der Unternehmung geändert werden. Man versucht also, auf alle Aspekte des Organisationsprozesses einzuwirken.

Die vier Bestimmungsgrößen der Organisationsstruktur – strategische Geschäftseinheiten, Produktions- und Vertriebsprozesse, Unternehmungsgröße, verfügbare Mitarbeiter – ändern sich im Lauf der Zeit. Befugnisse und Verantwortlichkeiten können nicht kurzfristig widerrufen werden; abgesehen vom Widerstand der Personen, die betroffen sind oder sich betroffen fühlen, wirken sich die Entscheidungen der oberen und obersten Führungskräfte graduell und langfristig aus; man muß deshalb vermeiden, daß durch häufige Änderung der Aufgaben, Befugnisse und Verantwortlichkeiten diese Auswirkungen nicht die Zeit finden, konkrete Ergebnisse hervorzubringen. Jede organisatorische Änderung ist mit Kosten verbunden, die von den erwarteten Vorteilen der Reorganisation aufgewogen werden müssen. Da dies nicht immer der Fall ist, spiegelt die Organisationsstruktur einer Unternehmung auch ihre *Geschichte* wieder.

[6] Vgl. die Ausführungen im Abschnitt I.1.5.2.5.

Es kann, abschließend, keine allgemeingültigen Organisationsformen geben. Es gibt jedoch Anforderungen, die eine Organisationsstruktur in jedem Fall erfüllen muß, Bedingungen, die bei der Gestaltung und Führung der Organisationsstruktur zu beachten sind, und auch Gesetzmäßigkeiten, die eingehalten werden müssen, damit die Mitarbeiter in ihrer Gesamtheit ein wirkungsvolles System bilden und in die Lage versetzt werden, initiativ und kreativ im Sinne der Strategien zu handeln.

2.1.3 Welche Organisationsformen gibt es?

Die Organisation ist ein System von Aufgaben, Befugnissen, Verantwortlichkeiten, Anreizen, Kontrollen und gegenseitigen Informationen, mit dem in den Mitarbeitern die Verhaltensweisen und zwar ausschließlich diejenigen Verhaltensweisen bewirkt werden sollen, die mit den Strategien in Einklang stehen. Um ein solches System zu gestalten, gibt es fünf verschiedene *Organisationsformen*:

(1) die lineare Organisation,
(2) die funktionale Organisation,
(3) die divisionale Organisation,
(4) die Holding-Organisation, und
(5) die Matrix-Organisation.

Die *lineare Organisation* (Abb. 2.3) ist die einfachste Organisationsform. Der Unternehmer kennt alle Details und gibt Direktiven oder Anweisungen an seine Mitarbeiter; er kann seine Strategie rasch ändern, wenn die Änderung im Rahmen seiner Fähigkeiten und Interessen liegt. Der zentrale Unsicherheitsfaktor ist der Unternehmer selbst. Die lineare Organisation findet Anwendung in kleinen

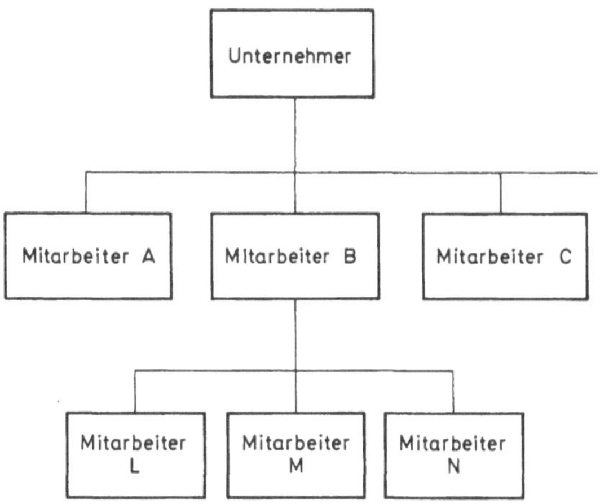

Abb. 2.3 Die lineare Organisation (Beispiel)

Unternehmungen bis zu etwa 30–40 Mitarbeitern; mit der Einrichtung von strategischen Geschäftseinheiten gewinnt sie jedoch auch in mittleren und großen Unternehmungen wieder zunehmend an Bedeutung.

Die *funktionale Organisation* (Abb. 2.4) wird dann notwendig, wenn mit zunehmender Größe der Unternehmung und Komplexität der Aufgaben der Unternehmer den Überblick verliert. In dieser Organisationsform unterscheidet sich das Verhalten des Unternehmers grundlegend von dem in der linearen Organisation: Er muß delegieren und damit Direktiven an Mitarbeiter geben, die

(1) ihre Entscheidungen auf der Grundlage von Informationen treffen, die der Unternehmer nicht nur nicht kennt, sondern häufig gar nicht beurteilen könnte;
(2) Fähigkeiten besitzen, die der Unternehmer nicht hat;
(3) ihre Aufgaben auf eine Weise interpretieren können, die von der des Unternehmers abweicht;
(4) Initiativen ergreifen, deren Auswirkungen und Übereinstimmung mit den Strategien nur ungenau und mit Verspätung gemessen werden können.

Das Delegieren verschafft dem Unternehmer Zeit für unternehmungspolitische und strategische Aufgaben sowie für die Koordination der einzelnen Funktionsbereiche.

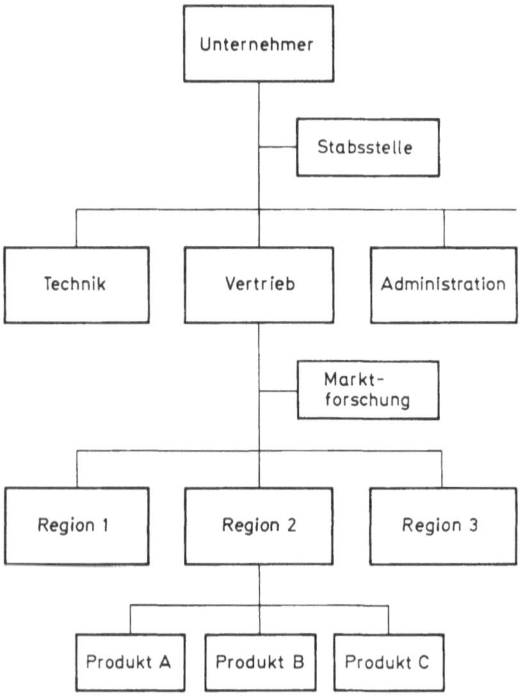

Abb. 2.4 Die funktionale Organisation (Beispiel)

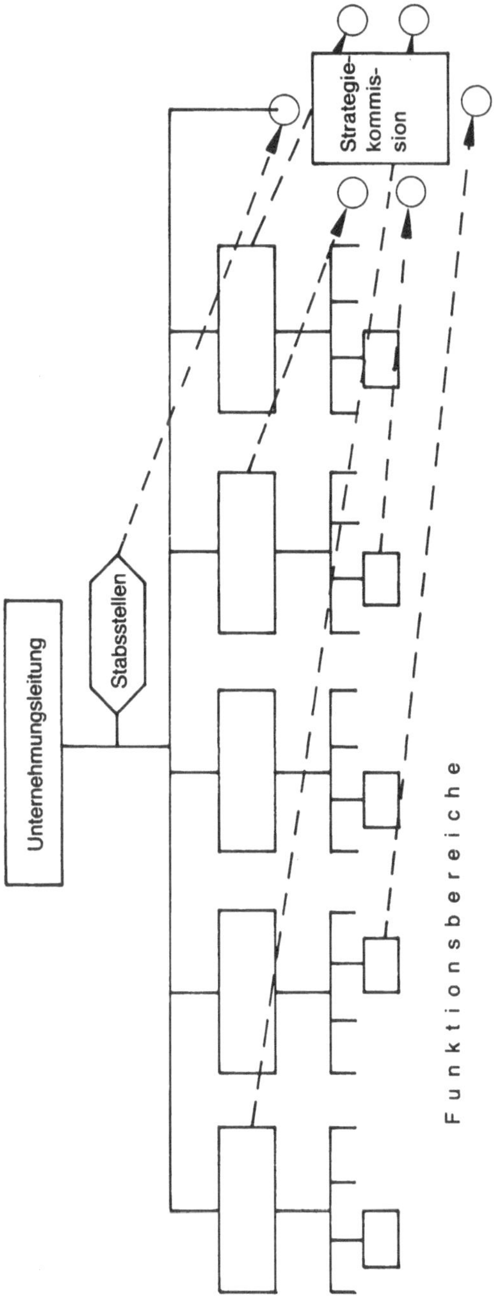

Abb. 2.5 Die Koordination strategischer Geschäftseinheiten in der funktional gegliederten Unternehmung (Sekundärorganisation).

Der ideale Anwendungsbereich der funktionalen Organisation ist in Unternehmungen mit einer einzigen strategischen Geschäftseinheit. Operiert die Unternehmung auf verschiedenen Märkten mit verschiedenen Geschäftseinheiten, wird die Planungs- und Koordinationsfunktion am wirksamsten von einer *Strategiekommission* (Abb. 2.5) erfüllt.

Erfolgreiche Unternehmungen wachsen über die lineare und funktionale Organisation hinaus. Diversifikation in verwandte oder neue Bereiche, Entwicklung neuer Materialien oder Halbfertigfabrikate, Kooperation mit anderen Unternehmungen und Bereitstellung neuer Dienstleistungen erhöhen die Größe und Komplexität der Unternehmung. Die *divisionale Organisation* (Abb. 2.6) besteht aus:

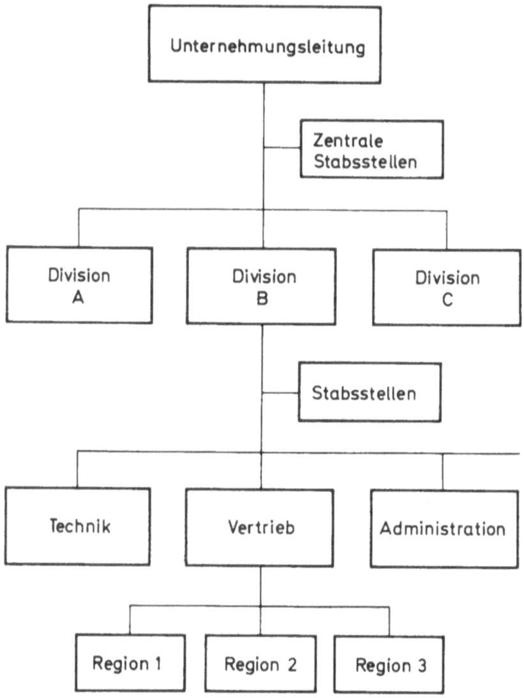

Abb. 2.6 Die divisonale Organisation (Beispiel)

(1) relativ autonomen und selbsttragenden Unternehmungsbereichen (auch Divisionen, Geschäftsbereiche oder Sparten genannt), die um bestimmte Produktlinien herum aufgebaut sind und eine funktionale Organisation aufweisen, und
(2) zentralen Stabsstellen (auch Zentralbereiche genannt), die die Unternehmungsbereiche koordinieren und dafür sorgen, daß die gesamte Unternehmung mehr ist als die Summe der Unternehmungsbereiche.

In mittleren und großen Unternehmungen umfaßt jeder Unternehmungsbereich eine Vielzahl von strategischen Geschäftseinheiten, deren strategische Ausrichtung, Koordination und Kontrolle mit Hilfe von Strategiekommissionen erfolgen.

Von *Holding-Organisation* (Abb. 2.7) spricht man, wenn eine Vielzahl von rechtlich selbständigen Unternehmungen unter einer einheitlichen Leitung ste-

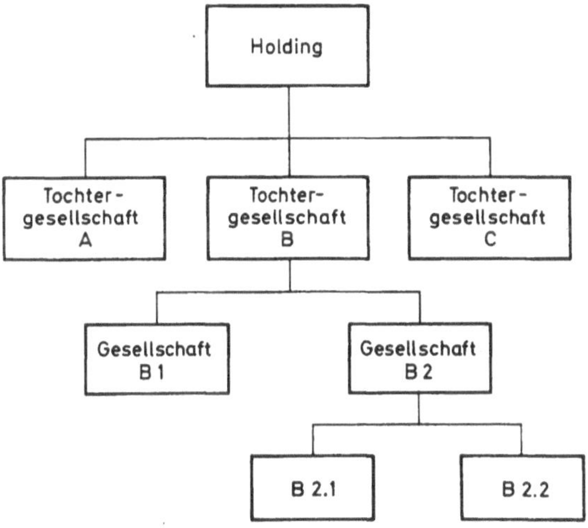

a) Organisationsschema (ohne Beteiligungsverhältnisse)

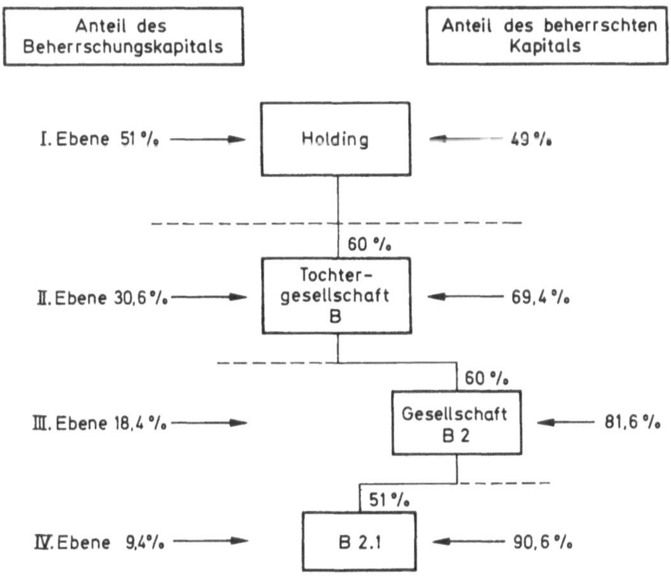

b) Organisationsschema (mit Beteiligungsverhältnissen) (Beispiel)

Abb. 2.7 Die Holding-Organisation (Beispiel)

hen. Die Person oder Gruppe von Personen, die die Holding beherrscht und somit die strategische Ausrichtung der rechtlich selbständigen Unternehmungen bestimmt, kann mit der Holding-Organisation vier Arten von Problemen lösen:

(1) günstige Finanzierung unterschiedlicher Tätigkeiten,
(2) klare Zuweisung von Aufgaben, Verantwortlichkeiten und Befugnissen an bestimmte Führungskräfte,
(3) Erhöhung der Expansionsfähigkeit der Unternehmung auf den nationalen und internationalen Märkten, und
(4) Verkauf oder Liquidierung der Bereiche, die nicht auf der strategischen Linie der Unternehmung liegen.

In der *Matrix-Organisation* (Abb. 2.8) werden unternehmerische Mitarbeiter mit der Führung einer Geschäftseinheit, der Leitung eines mehrere Funktionsbereiche umspannenden Projektes oder der Verantwortung für eine Produktlinie betraut. Den schwierigen Koordinationsproblemen steht der Vorteil gegenüber, daß Personen aus verschiedenen Funktionsbereichen und Verantwortungsebenen für den Erfolg einer Geschäftseinheit, eines Projekts oder einer Produktlinie gemeinsam an der Planung und Ausführung zusammenarbeiten.

Bei der Gestaltung der Organisation kann die Unternehmungsleitung zwischen zwei Alternativen wählen: a) einer horizontalen und b) einer vertikalen Entwicklung (Abb. 2.9). Beide Entwicklungen haben Vor- und Nachteile. Die

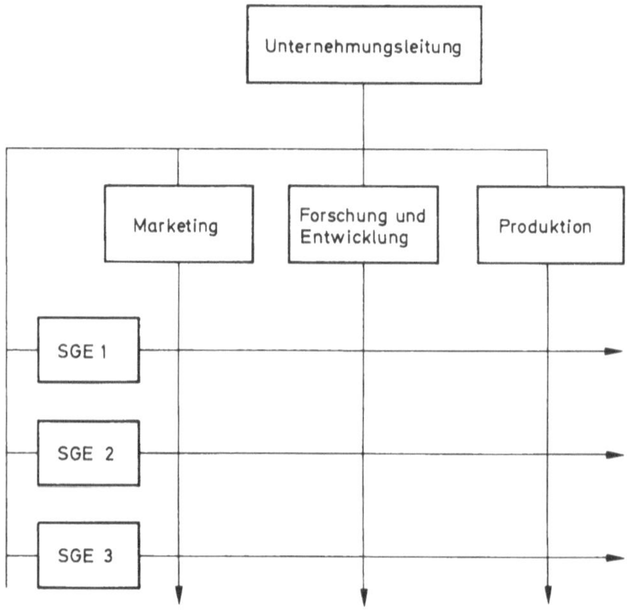

Abb. 2.8 Grundschema der Matrix-Organisation

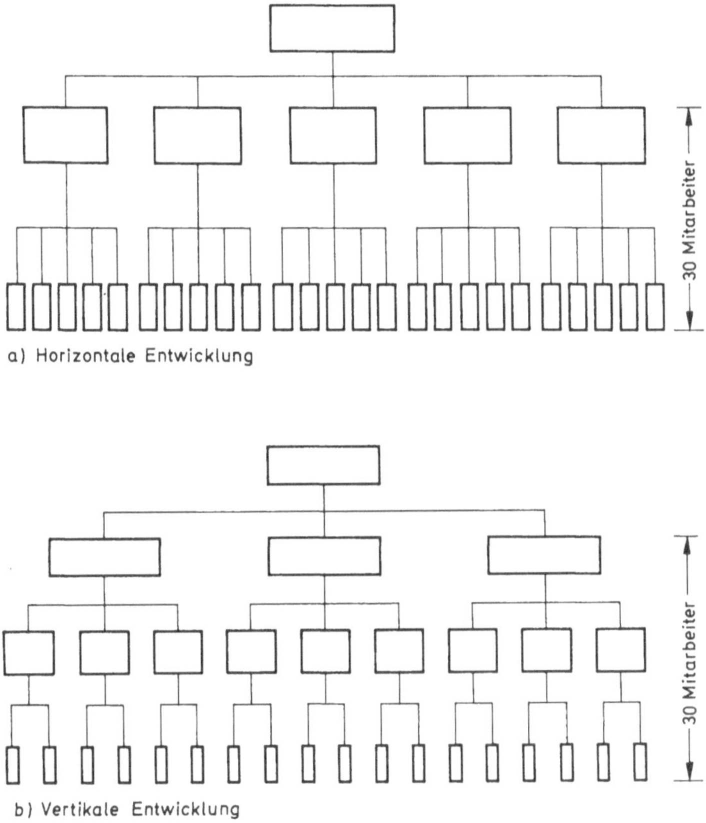

Abb. 2.9 Die horizontale und die vertikale Entwicklung der Organisation

natürliche Tendenz der Führungskräfte, direkten Kontakt mit einer Vielzahl von Mitarbeitern zu halten, und der Mitarbeiter, unmittelbar an die Vorgesetzten zu berichten, scheint letztlich der Grund zu sein, daß in der Praxis die horizontale Entwicklung den Vorzug genießt. Eine Atmosphäre größtmöglicher Kreativität kann in einer Unternehmung nur bei einem weitgehenden Abbau hierarchischer Elemente geschaffen werden.

Mit der Wahl der für die Verwirklichung der Strategien am besten geeigneten Organisationsformen ist das organisatorische Problem noch nicht gelöst. Die Unternehmungsleitung selbst braucht eine Organisation, wenn sie ihre Aufgaben wirksam erfüllen will, und Mitarbeiter müssen gefunden werden, um die verschiedenen Positionen in der formalen Organisation einzunehmen. Die nächsten beiden Abschnitte sind deshalb der Führungsorganisation und der Auswahl der Führungskräfte gewidmet.

2.1.4 Wie kann die Unternehmungsleitung um sich herum die Führungsorganisation aufbauen, die sie für die Umsetzung ihrer Strategien braucht?

Die strategische Ausrichtung einer jeden Unternehmung, ihre funktionalen Politiken, ihre Organisation und Unternehmungskultur werden in der kleinen Unternehmung vom Unternehmer selbst, in der großen Unternehmung von der kleinen Gruppe von Personen bestimmt, die sie beherrscht. Wie die Führungsspitze selbst organisiert ist, ist für den Erfolg einer jeden Unternehmung von großer Bedeutung. Es geht hierbei im wesentlichen um folgende Fragen:

(1) Wie sollen die Aufgaben, Verantwortlichkeiten und Befugnisse der obersten Führungskräfte verteilt sein, damit die zentralen Führungsaufgaben auch wirksam wahrgenommen werden?
(2) Welche Personen sollen im Vorstand oder Verwaltungsrat (in der Geschäftsführung) und welche im Aufsichtsrat vertreten sein?
(3) Wie kann sich die Unternehmung von den Führungskräften trennen, die ihren Aufgaben nicht gewachsen sind?

Die Führung einer jeden Unternehmung nimmt immer mehr einen *kollegialen Charakter* an. Die Spitze der Unternehmung wird gebildet vom Unternehmer oder vom Eigentümer (Anteilseigner) und von der kleinen Zahl von Führungskräften, denen Aufgaben, Befugnisse und Verantwortlichkeiten übertragen sind, die die gesamte Ökonomie der Unternehmung betreffen. Diese Führungskräfte haben in vielen Unternehmungen den Titel Generaldirektor oder Direktor; ihre Tätigkeit läßt sich nur in bezug auf den Beitrag beurteilen, den sie langfristig zur Verbesserung des Gewinnes der Unternehmung leisten; sie können nicht nach Ergebnissen (im Jahr verkaufte oder erzeugte Mengen, Finanzierungskosten und dgl. mehr) beurteilt werden.

Von der *Führungsspitze* werden verlangt[7]:

- Visionsfähigkeit;
- Verhandlungsgeschick und Vorbild bei der Festlegung der Unternehmungspolitik;
- strategisches Denken;
- Fähigkeit, Richtlinien für die Funktionsbereiche auszuarbeiten, die selbständiges und initiatives Handeln der Führungskräfte im Sinne der Strategien ermöglichen;
- organisatorisches Vermögen;
- Fähigkeit, ein strategieorientiertes Planungs- und Kontrollsystem einzurichten;
- Fähigkeit, unternehmerische Mitarbeiter anzuziehen und auszuwählen;
- Vorleben von Werten, die Motivation und Engagement nicht nur der unmittelbar an sie berichtenden Mitarbeiter, sondern auch der Mitarbeiter auf den unteren Verantwortungsebenen bewirken.

[7] Vgl. die Ausführungen im Abschnitt 5.

Darüber hinaus wird von der Führungsspitze heute erwartet, daß sie die Unternehmung wirksam nach außen vertritt, mit Einrichtungen der öffentlichen Hand zusammenarbeitet, die berechtigten Belange der repräsentativen Öffentlichkeit berücksichtigt und strategische Allianzen mit anderen Unternehmungen in den Bereichen eingeht, die für die Verbesserung der langfristigen Gewinnaussichten der Unternehmung notwendig sind. Sie hat schließlich in den Bereichen aktiv einzugreifen, in denen die zuständigen Führungskräfte allein überfordert wären. Jede Unternehmung wird durch die Persönlichkeit der obersten Führungskräfte geprägt, die das Ganze, in dessen Dienst sich ihre Mitarbeiter begeben haben, in höherem Maße verkörpern als diese.

Da diese Vielzahl von Aufgaben nicht von einer einzigen Person wahrgenommen werden kann, muß die Führungsspitze selbst organisiert werden. Folgende Möglichkeiten der Organisation der Unternehmungsspitze bieten sich an:

(1) *Aufgabenteilung zwischen den Mitgliedern des Verwaltungsrates, Vorstandes oder der Geschäftsführung*; ein Mitglied koordiniert z.B. die „Außenpolitik“ der Unternehmung, ein anderes ist für strategische Allianzen verantwortlich, ein drittes für den Bereich Technologie usw. Es geht hier um die richtige Kombination außerordentlicher Führungspersönlichkeiten. In den divisional gegliederten Unternehmungen koordiniert häufig der Leiter einer Division die strategischen Geschäftseinheiten, in die sie gegliedert ist.

(2) *Führungskomitee.* Auch wenn Angst, Eitelkeit, Egoismus, Faulheit und andere negative Emotionen häufig der Grund dafür sind, daß die Mitglieder eines Komitees (Strategiekommission, Planungs- und Kontrollausschuß, Führungskomitee) nicht ihren vollen Beitrag zur Lösung der anstehenden Probleme leisten, zeigt die Erfahrung, daß gerade die erfolgreichen Unternehmungen die Koordinations- und Motivationsfunktion des Komitees nutzen. Die organisatorische Verankerung einer Strategiekommission ist beispielhaft in Abb. 2.5 dargestellt. So hat z.B. ein sehr erfolgreicher Unternehmer die Effizienz eines zentralen Führungskomitees dadurch erhöht, daß er jedem Mitglied einen Stellvertreter zur Seite gestellt und verlangt hat, daß jeder 25 bis 50% seiner Zeit zentralen Führungsaufgaben widmet[8].

(3) *Stabsstellen.* Typische Stabsstellen der Unternehmungsspitze sind: Strategische Planung, Controlling, Führungskräfteentwicklung und ähnliche. Jeder, der in einer Stabsstelle einen wirksamen Beitrag leisten will, muß über Professionalität und Autorität verfügen und ein geachteter Berater der Unternehmungsspitze sein. Persönlichkeiten mit diesen Eigenschaften sind schwer zu finden, und nicht alle Unternehmer oder Spitzenführungskräfte wissen, wie man Stabsstellen wirksam für schwierige, schwer strukturierbare Probleme einsetzt.

Für diese eigentümliche Kombination von Aufgabenverteilung der Unternehmungsspitze, Führungskomitees und Stabsstellen gibt es keine allgemeingülti-

[8] Vgl. hierzu W.H. Newman, J.P. Logan u. W.H. Hegarty, Strategy, Policy, and Central Management, a.a.O., S.458ff.

gen Lösungen; sie muß auf die spezifischen Bedürfnisse der Unternehmung abgestimmt sein und den Führungspersönlichkeiten an der Spitze Rechnung tragen.

Die Unternehmung, die in Form einer Kapitalgesellschaft organisiert ist, wird wie jede in anderer Form organisierte Unternehmung vom Unternehmer gemeinsam mit den obersten Führungskräften oder durch letztere geführt. Diese Gruppe von Personen wird die *Gesellschaftsorgane* – Verwaltungsrat oder Vorstand (Geschäftsführung) und Aufsichtsrat – mit den Personen besetzen, die sie im Hinblick auf die Unternehmungstätigkeiten und die gewählte Organisationsform für geeignet erachtet. Aufgabe des Verwaltungsrates, Vorstandes oder der Geschäftsführung kann es nicht sein, Entscheidungen zu treffen, von denen man annimmt, daß sie von einer fähigen Unternehmungsleitung getroffen werden; ebensowenig kann es Aufgabe des Aufsichtsrates sein, gelegentlich Kontrollen zu wiederholen, die von den dafür zuständigen Abteilungen bereits systematisch durchgeführt wurden.

Von den Mitgliedern der Gesellschaftsorgane wird deshalb erwartet, daß sie eine *Verbindungstätigkeit zur Umwelt* ausführen: Im Vorstand einer sehr erfolgreichen Unternehmung sind vertreten: der Unternehmer selbst, der die Unternehmung gegründet hat, der Generaldirektor sowie die Personen, mit denen der Unternehmer eine dauerhafte Verbindung wünscht – hier z. B. ein Universitätsprofessor, ein Bankier, ein ehemaliger Direktor, ein Unternehmungsberater, ein Steuerfachmann sowie ein Vertreter der Minderheitsaktionäre –; von diesen Personen erwartet er sich Ratschläge und Hinweise, er gibt ihnen Informationen, die sie interessierten Stellen zuleiten, und er läßt sie häufig bei den Stellen intervenieren, von denen die Entwicklung der Unternehmung abhängt.

Die Grenze zwischen der Rolle des Verwaltungsrates, Vorstandes oder der Geschäftsführung und der des Aufsichtsrates ist in der modernen Wirtschaft fließend; beide Organe nehmen ähnliche Funktionen wahr, und zwar: der Beratung, der Vertretung bestimmter Interessen und der Repräsentanz nach außen. Diese Funktionen sind nicht zu verwechseln mit denen der wirklichen Führung der Unternehmung, die der Person oder der – immer kleinen – Gruppe von Personen vorbehalten ist, die die Macht haben, die strategische Ausrichtung der Unternehmung zu bestimmen. Zu den Aufgaben dieser Person oder kleinen Gruppe von Personen, die gemeinsam mit den von ihnen ausgewählten Direktoren die Unternehmung führen, gehört auch die Auswahl der Personen, die den Vorstand und den Aufsichtsrat bilden sollen und am besten den Interessen der Unternehmung entsprechen.

2.2 Die Einrichtung von strategischen Geschäftseinheiten

2.2.1 Die strategischen Geschäftseinheiten in der Unternehmungsorganisation

Unter einer *strategischen Geschäftseinheit* versteht man die Unternehmungseinheit, an die der Prozeß der Formulierung und Ausführung spezifischer Strategien von der Unternehmungsleitung delegiert wird; in der strategischen Geschäftseinheit werden die Entscheidungen über die Ressourcenzuteilungen in Abhängigkeit von ihrer Positionierung im strategischen Ziel-Portfolio der Unternehmung *und* den Ergebnissen der strategischen Wettbewerbsanalyse getroffen. Die Wahl der Kriterien, nach denen die Unternehmung zum Zweck der strategischen Führung in strategische Geschäftseinheiten aufgeteilt wird, und die Bestimmung der Anzahl, Art und organisatorischen Eingliederung der strategischen Geschäftseinheiten zählen zu den schwierigsten Aufgaben der Unternehmungsleitung, von deren effizienter Lösung weitgehend abhängt, *was* die Unternehmung in der Zukunft sein kann.

Bei der Einrichtung von strategischen Geschäftseinheiten muß die Unternehmung nicht nur die Abnehmerfunktionen, Abnehmergruppen und Technologien berücksichtigen, die der Wahl ihrer Arbeitsgebiete zugrundegelegt werden; sie muß auch und vor allem die Anzahl der zu schaffenden strategischen Geschäftseinheiten, ihre absolute und relative Größe, das Ausmaß ihrer Überlappung, die Grenzen, innerhalb derer es zweckmäßig ist, Märkte, Vertriebssysteme, Produktionsstrukturen und Forschungs- und Entwicklungseinrichtungen zu trennen oder zusammenzulegen, sowie die Präferenzen der Unternehmungsleitung und Abgrenzung der strategischen Geschäftseinheiten berücksichtigen, die die Konkurrenten vorgenommen haben[9].

Allgemein gilt, daß eine *strategische Geschäftseinheit*

(1) eine eigenständige Marktaufgabe und identifizierbare, unternehmungsexterne Wettbewerber haben sollte,
(2) möglichst wenige Kombinationen aus Abnehmergruppen, Abnehmerfunktionen und Technologien umfassen und möglichst wenige Überschneidungen mit anderen strategischen Geschäftseinheiten aufweisen sollte, damit klare Strategien entwickelt werden können;
(3) von Führungskräften geführt werden sollte, die a) für die Entwicklung und Durchführung ihrer Strategien verantwortlich sind, b) die Kontrolle über die für die Ausführung der Strategie erforderlichen Ressourcen in den Funktionsbereichen besitzen und c) an Hand von geeigneten und vereinbarten Kriterien beurteilt werden.

[9] Vgl. hierzu Ch.W. Hofer u. D.E. Schendel, Strategy Formulation: Analytical Concepts, 3. Auflage, St. Paul, Minnesota 1980, S. 59ff.

Da die Anzahl der strategischen Geschäftseinheiten aus Führungsgründen gering gehalten werden muß, umfaßt eine strategische Geschäftseinheit in der Regel mehrere Untereinheiten, die häufig als Geschäftsgebiete oder SGE-Familien bezeichnet werden, sowie Funktionsbereiche, die als Ressourcenträger den verschiedenen Untereinheiten dienen[10].

Unter einem *Geschäftsgebiet* wird eine organisatorische Einheit verstanden, die für die Entwicklung und Ausführung eines strategischen Planes verantwortlich ist. Die Geschäftsgebiete können nach Produktlinien, geographischen Marktsegmenten, Endverbrauchern, Ähnlichkeiten in den Abnehmerfunktionen oder Vertriebssystemen, gemeinsamen Technologien sowie nach den Kriterien abgegrenzt und segmentiert werden, die für die Einrichtung der strategischen Geschäftseinheiten angewendet werden.

Die Grenzen zwischen den verschiedenen strategischen Geschäftseinheiten und Geschäftsgebieten werden häufig neu gezogen, und zwar in Abhängigkeit von Änderungen in der Bestimmung der Arbeitsgebiete und der Strategien der Unternehmung. Da der strategische Prozeß ein kontinuierlicher, nie fertiger Prozeß ist, die Organisation dagegen wohl flexibel, aber auf Stabilität ausgerichtet sein muß und nur gelegentlich im Zeitverlauf geändert werden kann, um das mit allen Organisationsänderungen verbundene Risiko und Unsicherheitselement möglichst klein zu halten, folgen in der Regel die organisatorischen Anpassungen mit Verspätung den strategischen Neuorientierungen. Es finden sich deshalb in der Praxis häufig Beispiele für Unternehmungsbereiche, die zum Zweck der Führung eine Reihe relativ autonomer strategischer Geschäftseinheiten umfassen, denen aber keine organisatorische Eigenständigkeit zukommt, oder für Unternehmungsbereiche, die trotz verwandter Arbeitsgebiete relativ unabhängig operieren und durch eine „Sekundärorganisation" zu einer strategischen Geschäftseinheit verbunden sind.

Zusammenfassend ist zu beachten, daß die Einrichtung von strategischen Geschäftseinheiten einer dreidimensionalen *Matrix-Organisation* (Abb. 2.10) gleichkommt. Die eine Dimension der Matrix stellt die verschiedenen Aktivitätsprogramme (SGE's) dar, die zweite die Ressourcen oder Funktionsbereiche, die zu ihrer Ausführung benötigt werden, die dritte die regionale Gliederung der Unternehmung[11].

Im Hinblick auf die Aufteilung der Unternehmung in strategische Geschäftseinheiten kommt der strategischen Analyse der Art und Weise, wie die wichtigsten Konkurrenten ihre Arbeitsgebiete zum Zweck der strategischen Führung zusammengefaßt haben, große Bedeutung zu: Die Unterschiede in der Gliederung der strategischen Geschäftseinheiten reflektieren unterschiedliche Marktmöglichkeiten, Unternehmungsstärken, Beweggründe und Wertvorstellungen der obersten Führungskräfte sowie gesellschaftliche Verpflichtungen der Unternehmungen; die Analyse dieser Unterschiede vermag einer Unternehmung Wett-

[10] Vgl. D. F. Abell, Defining the Business: The Starting Point of Strategic Planning, Englewood Cliffs, N. J. 1980, S. 232ff.

[11] Vgl. hierzu W. Halal, The New Capitalism, a. a. O., S. 132ff.

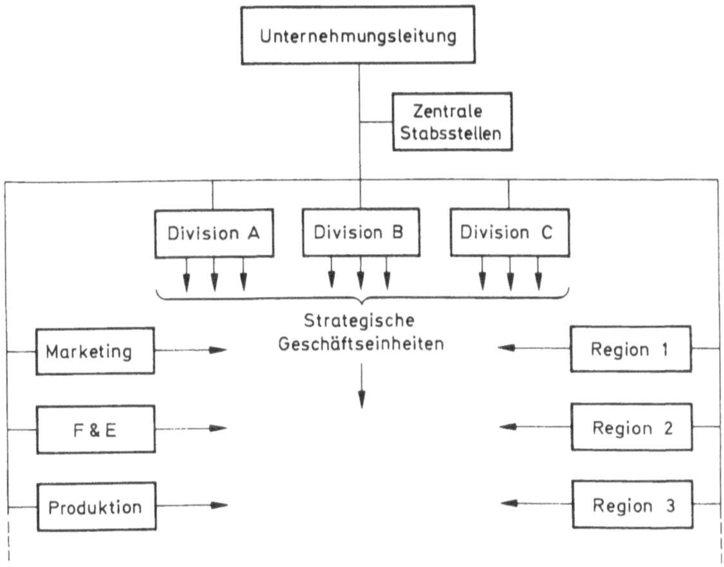

Abb. 2.10 Die strategischen Geschäftseinheiten in einer dreidimensionalen Matrix-Organisation (nach W. Halal)

bewerbsvorteile dadurch zu verschaffen, daß Marktsegmente ermittelt werden, die die Konkurrenten übersehen oder in denen sie strategische Fehler begangen haben; solche Situationen, in denen die Unternehmung Möglichkeiten nutzen oder Bedrohungen durch gezielten Ressourceneinsatz abwehren kann, führen häufig zu einer Neudefinition der strategischen Geschäftseinheiten einer Unternehmung.

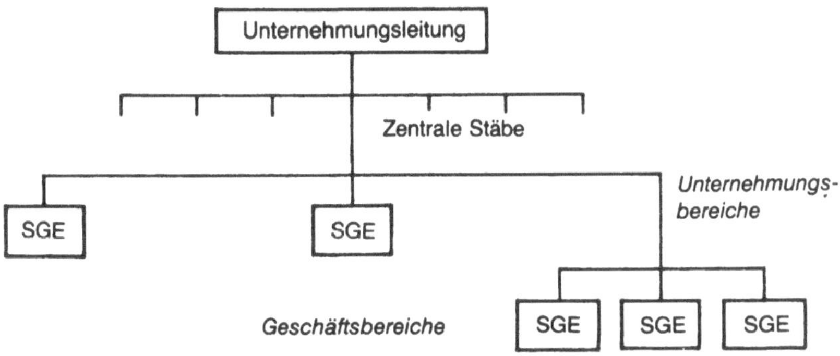

Abb. 2.11 Die strategischen Geschäftseinheiten (SGE) in der Organisationsstruktur der divisionalen Unternehmung.

2.2.2 Die Sekundärorganisation der Unternehmung: Die strategischen Geschäftseinheiten

Aufgabe der Unternehmungsleitung ist nicht die direkte Führung der Operationen, sondern die Aufteilung des „Schlachtfeldes" in eine Reihe von strategischen Geschäftseinheiten und deren Koordination im Rahmen klarer Strategien (Abb. 2.11). Die Einführung von strategischen Geschäftseinheiten schafft häufig eine „Sekundärorganisation" in der Unternehmungsstruktur (Abb. 2.12). Diese „Sekundärorganisation" ist keine zusätzliche Organisation. Die Leiter der Unternehmungsbereiche, Geschäftsbereiche oder bestimmter Abteilungen sind in der Regel auch die verantwortlichen Linienleiter in ihren strategischen Geschäftseinheiten. Sie können somit, im Rahmen der ihnen dort zustehenden Befugnisse und unter Berücksichtigung der internen Informationspflicht, ihre Unternehmungsbereiche, Geschäftsbereiche oder Abteilungen verpflichten.

Die zentralen Stäbe sind ihrerseits beauftragt, die Leiter der strategischen Geschäftseinheiten auf ihren jeweiligen Fachgebieten zu unterstützen und deren Arbeiten durch funktionsspezifische Richtlinien zu koordinieren.

Strategische Geschäftseinheiten sind als Sekundärorganisation Arbeitskreise, deren Mitglieder die Führungskräfte aus den Funktionsbereichen Marketing, Forschung und Entwicklung, Produktion, Beschaffung und Verwaltung sind (Abb. 2.5). Die Vorschläge der Arbeitskreise gehen an die Unternehmungsleitung, der die Entscheidung vorbehalten bleibt; sie gibt die entsprechenden Direktiven an die betroffenen Funktionsbereiche weiter.

Der Teilbereich einer Unternehmung ist nur dann eine strategische Geschäftseinheit, wenn *zwei Kriterien* erfüllt sind:

(1) er operiert in einem weitgehend unternehmungsexternen Marktsegment (Kriterium des externen Marktes), und
(2) er ist geschäftlich unabhängig von anderen Teilen der Unternehmung (Kriterium der Unabhängigkeit).

Das Kriterium des externen Marktes ist zum Beispiel nicht erfüllt, wenn ein Werk oder Unternehmungsbereich vorwiegend Halbfabrikate an andere Bereiche der Unternehmung liefert; das Kriterium der Unabhängigkeit ist ebenfalls verletzt, wenn das Werk oder der Unternehmungsbereich von den Tätigkeiten anderer Bereiche der Unternehmung abhängig ist.

Das Kriterium der Unabhängigkeit ist ebenfalls nicht erfüllt, wenn ein Unternehmungsbereich weder in der Preis- noch in der Produktionspolitik autonom vorgehen kann oder Preisänderungen in anderen Unternehmungsbereichen direkte Auswirkungen auf die Preispolitik des Unternehmungsbereiches haben.

Operiert ein Unternehmungsbereich in verschiedenen geographischen Märkten, in denen die Produkt- und Preispolitik, der Wettbewerb, die Abnehmer usw. sehr unterschiedlich sind, dann umfaßt der Unternehmungsbereich, wenn die zwei Kriterien erfüllt sind, weltweit eine Reihe von strategischen Geschäftseinheiten.

Die Beispiele zeigen, daß in vielen Fällen die Anwendung des Konzeptes der strategischen Geschäftseinheit eine Änderung der Gliederung einer Unterneh-

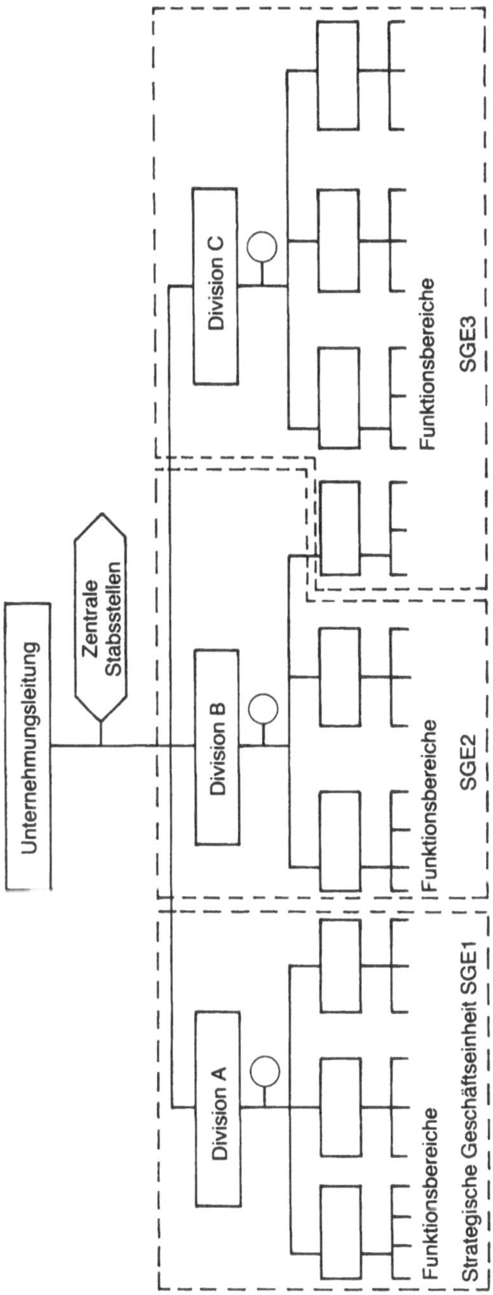

Abb. 2.12 Strategische Geschäftseinheiten als Sekundärorganisation in der divisional gegliederten Unternehmung (nach Meffert/Althans).

mung verlangt. Grundsätzlich gibt es drei mögliche Beziehungen zwischen der vorhandenen Organisationsstruktur und der Gliederung nach strategischen Geschäftseinheiten:

(1) eine organisatorische Einheit (Unternehmungsbereich, Geschäftsbereich, Abteilung usw.) ist mit einer strategischen Geschäftseinheit identisch;
(2) eine organisatorische Einheit muß mit einer oder mehreren anderen Organisationseinheiten zu einer strategischen Geschäftseinheit zusammengeschlossen werden;
(3) eine Organisationseinheit besteht aus mehreren strategischen Geschäftseinheiten.

Wenn die Organisationsstruktur einer Unternehmung sich nicht mit der Gliederung nach strategischen Geschäftseinheiten deckt, müssen im Hinblick auf die Strategieformulierung und -implementierung die Führungskräfte der organisatorischen Einheiten zusammenarbeiten, die als eine strategische Geschäftseinheit definiert werden. Eine Umstrukturierung zu einer klaren Organisation nach strategischen Geschäftseinheiten ist in vielen Fällen nicht erforderlich und auch nicht zweckmäßig (Abb. 2.5).

Zusammenfassend wird festgehalten, daß strategische Geschäftseinheiten durch folgende Merkmale gekennzeichnet sind:

(1) *Eigenständigkeit der Marktaufgabe*: Die Geschäftseinheit muß eine eigenständige Marktaufgabe haben, die unabhängig von der Marktaufgabe anderer Geschäftseinheiten ist.
(2) *Gesellschaftsrelevanz der Marktaufgabe*: Die Geschäftseinheit muß auf einen Beitrag zur Lösung gesellschaftlich relevanter Probleme ausgerichtet sein.
(3) *Abhebung von der Konkurrenz*: Die Geschäftseinheit muß eine eindeutig identifizierbare Konstellation von Konkurrenzunternehmungen haben.
(4) *Erreichbarkeit relativer Wettbewerbsvorteile*: Die Geschäftseinheit muß ein effizienter Wettbewerber im betreffenden Marktsegment sein oder werden können; das Potential der Unternehmung muß es möglich und notwendig machen, für die Erreichung relativer Wettbewerbsvorteile der strategischen Geschäftseinheit eigenständige Ziele, Strategien und Aktionsprogramme zu erarbeiten.
(5) *Relative Unabhängigkeit der Entscheidungen*: Die strategischen Entscheidungen für die Realisierung der strategischen Pläne (in bezug auf Investitionen, *Cash-flow*, Marketingmaßnahmen, Produktentwicklung usw.) müssen relativ unabhängig von anderen Geschäftseinheiten getroffen werden können. Wird eine Organisationseinheit zu einer strategischen Geschäftseinheit, ist sie für die strategische Planung verantwortlich; wird eine Organisationseinheit dagegen Teil einer strategischen Geschäftseinheit, ist erstere für die operative oder Durchführungsplanung zuständig. Die Überprüfung des strategischen Planes schließlich obliegt der Organisationseinheit, die der strategischen Geschäftseinheit übergeordnet ist.

(6) *Führungseffizienz*: Die strategische Geschäftseinheit muß von einer Führungskraft geleitet sein, die in der Lage ist, alle für den Erfolg ihrer Produkt/Markt-Kombinationen erforderlichen Entscheidungen zu treffen und Kontrollmaßnahmen durchzuführen; sie muß, mit anderen Worten, die Entscheidungsbefugnis über Technologie, Produktion, Marketing, *Cash Management* usw. im Rahmen genehmigter Pläne haben und kurz- und langfristige Ziele im strategischen Plan auszubalancieren in der Lage sein.

Die Kriterien für die Bestimmung von strategischen Geschäftseinheiten sind *marktorientiert* aufzufassen; unternehmungsorientierte Kriterien wie z.B. gemeinsame Herstellungs- und Distributionskosten, Fertigungsbetriebe usw. sind für die Einrichtung von strategischen Geschäftseinheiten ohne Bedeutung. Einige Hinweise sollen diesen Sachverhalt verdeutlichen.

Hat die Organisationseinheit einen *einheitlichen Kreis von Wettbewerbern*, so ist ein Kriterium für eine strategische Geschäftseinheit erfüllt. Falls mehrere verschiedene Kreise von Wettbewerbern mit verschiedenen Produktlinien der Organisationseinheit konkurrieren, ist dies ein Hinweis, daß die Organisationseinheit mehrere strategische Geschäftseinheiten umfaßt. Hat die Organisationseinheit dagegen einen Kreis von Wettbewerbern mit anderen Bereichen oder Abteilungen der Unternehmung gemeinsam, so muß sie wahrscheinlich mit anderen Bereichen oder Abteilungen zu einer strategischen Geschäftseinheit zusammengefaßt werden, für die eine flexible Strategie formuliert werden muß.

Wenn die *Preisänderungen* bei einer Produktlinie der Organisationseinheit die Preispolitik

(1) für alle anderen Produktlinien dieser Organisationseinheit beeinflussen, dann ist dies ein Kriterium für eine einzige strategische Geschäftseinheit;
(2) nur für einige Produktlinien dieser Organisationseinheit beeinflussen, dann muß die Organisationseinheit wahrscheinlich in mehrere strategische Geschäftseinheiten aufgeteilt werden;
(3) für andere Organisationseinheiten der Unternehmung beeinflussen, muß die Organisationseinheit mit anderen Organisationseinheiten zu einer strategischen Geschäftseinheit zusammengeschlossen werden.

Falls *Änderungen in der Ausführung* (Qualität, Produkteigenschaften, Design usw.) einer Produktlinie die gleichzeitige Überprüfung und Modifizierung anderer Produktlinien erforderlich machen, müssen die betroffenen Produktlinien zu einer strategischen Geschäftseinheit zusammengefaßt werden. Wenn dagegen solche Änderungen andere Produktlinien derselben Organisationseinheit nicht berühren, dann besteht die Organisationseinheit wahrscheinlich aus mehreren strategischen Geschäftseinheiten.

Die *Substituierbarkeit der Produktlinien* einer Organisationseinheit durch andere Produktlinien ist ein Hinweis dafür, daß es sich um eine einzige strategische Geschäftseinheit handelt. Andere, außerhalb der Organisationseinheit stehende Produktlinien, die ebenfalls solche Substitutionsmöglichkeiten bieten, sind dann wahrscheinlich ein zusätzlicher Bestandteil derselben Geschäftseinheit. Schließlich kann die Überlegung, eine *Produktlinie auszugliedern oder fal-*

A. Situationsanalyse

1. Grobdaten
2. Beschreibung des Industriesektors (Branchenbeschreibung)
3. Beschreibung der SGE und ihrer Marktposition
4. Markt-Lebenszyklus-Phase
   - Vergangenheit
   - Gegenwart
   - Zukunft
5. Wettbewerbsposition im Markt-Lebenszyklus

Markt-Lebenszyklus-Phase

Rel. Wettbewerbsposition der SGE	Entstehung	Wachstum	Reife	Sättigung
Dominierend				
Mittel				
Schwach				

6. Portfolio-Position
7. Derzeitige Strategien

B. Planungsanalyse

1. Annahmen
   - Wirtschaftslage usw.
   - Industriesektor (Branche)
   - Markt
2. Lebenszyklus-Phase
   - Zukunft
3. Norm-Strategien
4. Politiken und Aktionsprogramme für die funktionalen Bereiche
5. Zu lösende Kernfragen
   - Durch die SGE
   - Durch die Unternehmung
6. Plan-Abhängigkeit von anderen Unternehmungsteilen
7. Kooperations-, Fusions- oder Akquisitionspläne
8. Spezielle Maßnahmen (mit Zeitplan und Kosten-Nutzen-Analyse)

Abb. 2.13 Die Profilierung einer strategischen Geschäftseinheit (nach Arthur D. Little).

lenzulassen, ein aufschlußreicher Hinweis für die Bestimmung von strategischen Geschäftseinheiten sein. Falls eine solche (hypothetische) Stillegung die Marktposition anderer Produktlinien der Organisationseinheit beeinträchtigt, dann gehören diese Produktlinien in eine strategische Geschäftseinheit; besteht kein Zusammenhang zwischen den Produktlinien, ist anzunehmen, daß die Organisationseinheit aus mehreren Geschäftseinheiten besteht.

Die Kritierien des externen Marktes und der Unabhängigkeit für die Gruppierung von Produkt/Markt-Kombinationen zu strategischen Geschäftseinheiten können durch folgende unternehmungsinterne Kriterien ergänzt werden:

- Deckungsgleichheit mit bestehenden Organisationseinheiten,
- Entsprechung mit der Kapazitäts- und Produktionsplanung,
- Gewährleistung von Synergieeffekten mit der Durchführungsplanung,
- Erleichterung von Kontrollmaßnahmen und Wettbewerbsvergleichen,
- Aussagekraft für Mittelzuteilung und -kontrolle
- u. a. m.

Zu beachten ist, daß es keine allgemeingültigen Kriterien für die Gruppierung von strategischen Geschäftseinheiten gibt. Das implizit vorhandene Urteil der obersten Führungskräfte über Wettbewerber und kritische Erfolgsfaktoren sowie die strategische Ausrichtung der Unternehmung machen die Gruppierung der strategischen Geschäftseinheiten zu einem iterativen Prozeß. Letztlich werden in der Unternehmung die strategischen Geschäftseinheiten so definiert, wie es der „philosophischen" und pragmatischen Einstellung der obersten Führungskräfte entspricht[12].

2.2.3 Richtlinien zur Einrichtung einer strategischen Geschäftseinheit (SGE)

Die Profilierung einer strategischen Geschäftseinheit kann in Anlehnung an die von der Beratungsgesellschaft Arthur D. Little eingeführte Methodik nach der in Abb. 2.13 angegebenen Vorgehensweise durchgeführt werden[13].

A. *Situationsanalyse*

1. *Grobdaten*

- Bezeichnung des Unternehmungsteiles (z. B. Unternehmungsbereich A, Produktlinien X und Y, Inlandmarkt)
- Größenverhältnis

[12] Vgl. hierzu H. Henzler, Strategische Geschäftseinheiten (SGE): Das Umsetzen von Strategischer Planung in Organisation, In: „ZfB" 48 (1978); S. 912–919; G. Drexel, Organisatorische Verankerung strategischer Geschäftsfelder, in: Die Unternehmung, 41 (1987), S. 148–162.

[13] Vgl. hierzu R. V. L. Wright, Strategy Centers: A Contemporary Managing System. Cambridge, Mass. 1975.

	Umsatz	Investiertes Kapital	*Cash-flow*
Geldeinheiten			
als % der Unternehmung			

- Produkte und deren Verwendungszwecke
- Marktsegmente, in denen die SGE auftritt. Die Marktsegmente sind so zu definieren, daß die Eigenschaften des Arbeitsgebietes präzise beschrieben werden. Neue Marktsegmente, in die die SGE eindringen will, müssen erwähnt werden.

2. *Beschreibung des Industriesektors* (Branchenbeschreibung)

- Wettbewerber
  - Anzahl (steigend oder fallend)
  - Name und Marktanteil des stärksten Konkurrenten
  - Name und Marktanteil weiterer wesentlicher Wettbewerber
  - Änderungen im Marktanteil des stärksten Konkurrenten (im Verhältnis zur SGE)
  - Eventuelle Einschränkungen, denen der Marktführer unterworfen ist
  - Marktstabilität; Eindringen/Ausscheiden von Wettbewerbern
  - Ausländischer Wettbewerb, Größenordnung und Zuwachsraten
- Wesentliche Voraussetzungen für den Wettbewerb, d.h. kritische Erfolgsbedingungen (z.B. Preis/Service, Technik)
- Stärken und Schwächen der Wettbewerber
- Bedeutung der Branche bzw. des Marktsegmentes für die stärksten Konkurrenten (z.B. relative Ertragslage, emotionelle Bindung)
- Organisatorische Struktur der Wettbewerber (unabhängige Unternehmungen, Divisionen größerer Unternehmungen usw.)
- Grad der Vorwärts- und Rückwärtsintegration (z.B. „Die führenden Konkurrenten sind voll integriert vom Rohstoff bis zum Enderzeugnis")
- Hauptsächliche Bestimmungsfaktoren für das Wachstum dieses Marktsegmentes
- Eintrittsbarrieren für neue Wettbewerber (Inland und Ausland)
- Sind bestehende Produkte relativ leicht durch neue Produkte verdrängbar?
- Fertigungsstätten
  - Kapazitätsauslastung für die gesamte Branche (in Prozent)
  - Wie hoch wäre die optimale Auslastung?
  - Wirtschaftliche Mindestgröße für (1) den Kapazitätsausbau eines bestehenden Werkes und (2) ein völlig neues Werk
  - Benötigte Bau- und Anlaufzeit für (1) den Kapazitätsausbau eines bestehenden Werkes und (2) ein völlig neues Werk
  - Welche Konkurrenten planen neue Kapazitäten und zu welchem Zeitpunkt?

- Branchenübliche Absatzwege
- Rolle der Technologie in dieser Branche
- Bestehende Einschränkungen durch Behörden, öffentliche Meinung usw.
- Betriebswirtschaftliche Kennzahlen und deren Trends, falls bekannt. (z.B. durchschnittlicher Ertrag der Branche, Kapitalintensität, Verhältnis Fixkosten zu variablen Kosten usw.)
- Gesamtmarktvolumen
- Bisheriges Wachstum (falls notwendig, in Marktsegmente geteilt und im Verhältnis zum BSP)
- Beschreibung wesentlicher Erzeugnisse und Marktgebiete
- Produktspektrumspolitik und besondere Vorteile aus dem Blickwinkel der Kunden (kundenspezifische oder austauschbare Erzeugnisse)
- Abnehmergruppen
  - Arten, z.B. Endverbraucher, Einzelhandel, Großhandel, Erstausrüster, Verarbeiter
  - Auflistung der Kunden nach Typ und Branche
  - Aufgeschlossenheit gegenüber ausländischen Erzeugnissen
  - Grad der Konzentration (geographisch, nach Größe, nach anderen Eigenschaften)
- Preisstruktur, z.B. ziemlich unterschiedliche Preise zwischen den verschiedenen Anbietern; es besteht ein Preisführer)
- Verkaufskonditionen und branchenüblicher Umfang der Außenstände
- Ist der Markt zyklisch? Von welchen wirtschaftlichen Faktoren (z.B. Bauwirtschaft, Zinsniveau) wird der Zyklus bestimmt?

3. Beschreibung der strategischen Geschäftseinheit

- Marktanteil der letzten Jahre
- Breite des Produktspektrums im Verhältnis zu den Wettbewerbern
- Konzentrationsgrad der Abnehmer
- Stärken und Schwächen, die aber nicht unbedingt wettbewerbswirksam zu sein brauchen
- Wie und aus welchen Gründen stieg die Unternehmung in diese Branche ein?
- Technologische Stärken im Vergleich zu den Wettbewerbern
- In welchem Ausmaß wird der Name der Unternehmung bzw. eine bestimmte Produkt-Marke vom Markt geschätzt?
- Absatzwege
- Ist der Absatz der SGE in einer Größenordnung, die den optimalen Absatzweg für die Branche zuläßt?
- Exportquote (Export als Prozent des Umsatzes); weiteres Exportpotential
- Grad von Vorwärts- und Rückwärtsintegration
- Fertigungsstätten
  - Prozent der Kapazitätsauslastung
  - Was wäre optimal für die SGE?
  - Alternative wirtschaftliche Anwendung bestehender Kapazitäten?
- Logistische Kette

- Stückkostenposition im Vergleich zu den Wettbewerbern (Positionierung auf der Erfahrungskurve)
  - Bedeutende neue Geschäftsmöglichkeiten, die nicht im bestehenden Plan einbezogen sind (*Blue sky*)
- Charakterisierung der Markt-Lebenszyklus-Phase
  - Bestimmung des Lebenszyklus des Marktes, in dem die SGE operiert (Abb. 2.14)
  - Einordnung der SGE in die entsprechende Phase des Lebenszyklus des Marktes (Tab. 2.1)[14]
  - Aus der Position der SGE im Markt-Lebenszyklus ergeben sich Hinweise auf[15]:
    (a) Entwicklungsperspektiven der SGE,
    (b) Rentabilität,
    (c) Kapazitätsbedarf,
    (d) Verwundbarkeit der SGE durch strategische Überraschungen (Produkt- und/oder Verfahrensinnovationen, Kursschwankungen usw.)

4. Wettbewerbsposition im Markt-Lebenszyklus
- Auflistung der Wettbewerbsvorteile der SGE aufgrund der Stärken- und Schwächenanalyse im Vergleich zum stärksten Konkurrenten
- Quantifizierung der relativen Wettbewerbsvorteile der SGE

5. Portfolio-Position
- Spezifizierung der Marktattraktivität (Summe aller Anbieter)
- Positionierung der strategischen Geschäftseinheit in der Portfolio-Matrix[16]

6. Beschreibung derzeitiger Strategien
  - Beschreibung der Strategie der SGE
  - Ableitung der Norm-Strategie aus der Portfolio-Matrix
  - Bestimmung der Direktiven für die Funktionsbereiche und regionalen Tochtergesellschaften

B. Plananalyse

1. Grundsätzliche Annahmen
- Allgemeine Wirtschaftslage
  - Wachstum der Gesamtwirtschaft
  - Konjunkturlage
  - Einflußgrad von staatlichen Maßnahmen
  - Wettbewerbssituation

[14] Zu den Kriterien für die Einordnung der SGE in den Markt-Lebens-Zyklus vgl. R.V.L. Wright, A System for Managing Diversity, Cambridge, Mass. 1974.

[15] Vgl. im einzelnen H.I. Ansoff, R.P. Declerck u. R.L. Hayes (Hrsg.), From Strategic Planning to Strategic Management, London, New York, Sidney, Toronto 1976, S. 51 ff.; siehe auch H.I. Ansoff u. J.C. Leontiades, La gestione del portafoglio strategico: un compito nuovo della direzione aziendale, in: „L'industria", Nr. 1 (1976), S. 3–20; J.C. Leontiades, Multinational Corporate Strategy, Lexington 1985, S. 56 ff.; H.I. Ansoff, The New Corporate Strategy, New York 1987, S. 30 ff.

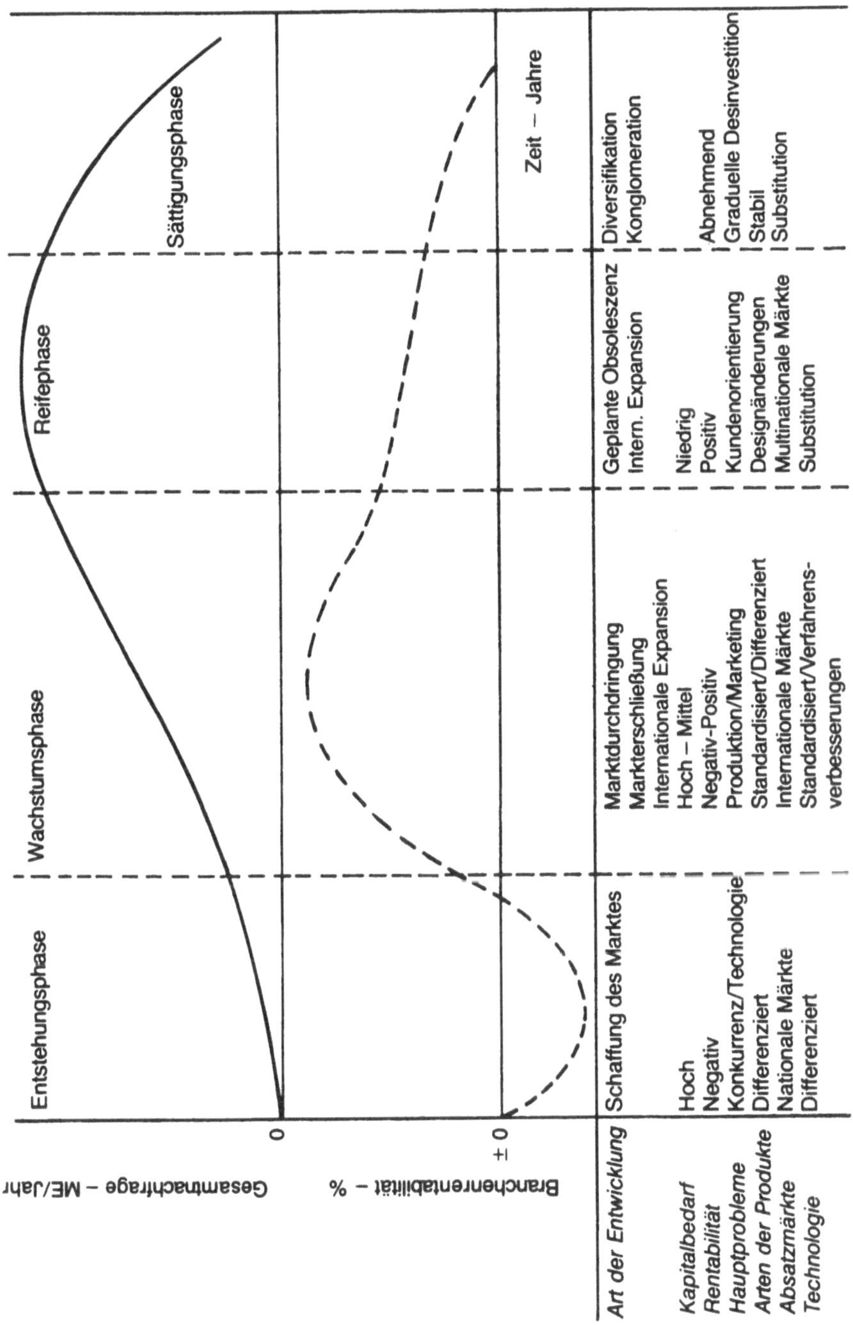

Abb. 2.14 Kennzeichen des Markt-Lebenszyklus (nach Arthur D. Little).

[16] Vgl. hierzu im einzelnen die Ausführungen im Abschnitt I.4.2.3.

Tabelle 2.1 Kriterien zur Einordnung der strategischen Geschäftseinheit in eine bestimmte Phase des Markt-Lebenszyklus (nach Arthur D. Little)

Kriterien	Entstehungsphase	Wachstumsphase	Reifephase	Sättigungsphase
Wachstumsrate	Steigende Wachstumsrate	Hohe steigende Wachstumsrate	Höchstwert der Wachstumsrate = Wendepunkt der Umsatzentwicklung	Stagnation oder negative Wachstumsrate
Marktpotential	Nicht überschaubar; Erfüllung eines kleinen Teiles der potentiellen Nachfrage	Unsicherheit in der Bestimmung des Marktpotentials aufgrund von Preissenkungen (Nutzung von Erfahrungseffekten)	Überschaubarkeit des Marktpotentials	Begrenztes Marktpotential, häufig nur Ersatzbedarf
Marktanteile	Entwicklung der Marktanteile nicht abschätzbar	Konzentration der Marktanteile auf wenige Anbieter		Verstärkung der Konzentration durch das Ausscheiden schwacher Konkurrenten (Erfahrungseffekte)
Sortiment	Spezialisiertes, flexibles Produktspektrum und große Dienstleistungsvielfalt, beruhend auf großem technischen Know-how	Intensivierung des Wettbewerbes – Erweiterung des Produktspektrums und Dienstleistungsangebotes	Sortimentsbereinigung	Weiterer Abbau des Produktspektrums, Segmentierung des Marktes
Anzahl der Wettbewerber	Klein	Höchstwert der Anzahl der Wettbewerber	Kristallisierung des Wettbewerbs, Ausscheiden der Konkurrenten ohne Produkt- und Kostenvorteile	Weitere Verringerung der Anzahl der Wettbewerber
Stabilität der Marktanteile	Starke Schwankungen der Marktanteile – hohe Instabilität	Konsolidierung der Marktanteile aufgrund von Erfahrungseffekten	Änderungen in den Marktanteilen nur aufgrund außergewöhnlicher Ereignisse	

Stabilität der Abnehmerkreise	Keine Bindung an die Anbieter	Gewisse Kundentreue, häufig unter Beibehaltung alternativer Bezugsquellen	Festgelegte Einkaufspolitik der Abnehmer	Stabilität des Abnehmerkreises – sinkende Zahl der Anbieter, wenige alternative Bezugsquellen
Eintrittsbarrieren	Im allgemeinen keine Eintrittsbarrieren, wenn kein dominierender Wettbewerber den Markt beherrscht. Eintritt hängt von Kapitalkraft, technischem Know-how und Risikobereitschaft ab	Schwieriger Marktzugang, wenn von den führenden Unternehmungen das Kostensenkungspotential der Erfahrungskurven ausgeschöpft wird. In der Regel Eintritt nur durch die Schaffung von Marktnischen	Mit wachsenden „Erfahrungen“ der stärksten Konkurrenten zunehmende Schwierigkeit des Markteintritts. Wegen des geringen Wachstums müssen außerdem Marktanteile den bestehenden Konkurrenten abgeworben werden	Im allgemeinen keine Veranlassung, in einen stagnierenden Markt einzudringen
Technologie	Technische Innovationen als Voraussetzung für die Erschließung neuer Märkte	Produkt- und Verfahrensverbesserungen	Verfeinerung von Verfahren, da die Marktanforderungen bekannt sind. Rationalisierung der Produktions- und Distributionsprozesse	Bekannte, verbreitete und stagnierende Technologie

- Industriesektor (Branche)
  - Wachstum/Stabilität
  - Maßnahmen wesentlicher Wettbewerber
  - Wachstum von Abnehmerkreisen, die die Nachfrage bestimmen
  - Bedrohung (z.B. technologische Veralterung)
  - Preisentwicklung/Kostenentwicklung
  - Seitens der Gesamtunternehmung (z.B. Auswirkungen von früheren oder gegenwärtigen Unternehmungsstrategien)
  - Lage auf dem Arbeitsmarkt
  - Gesellschaftliche Einflüsse (z.B. Verbraucherschutz)
  - Staatliche Einflüsse
  - Abschirmungsfähigkeit der SGE gegenüber dem Wirken der Wettbewerbskräfte

2. *Beschreibung der zukünftigen Markt-Lebenszyklus-Phase*

3. *Zukünftige Norm-Strategien*

4. *Politiken und Aktionsprogramme für die funktionalen Bereiche und deren terminliche Einordnung*

- Auflistung wesentlicher Maßnahmen, die erforderlich sind, um die unter 3. erwähnten Strategien durchzuführen
- Aufstellung einer Rangordnung der erforderlichen Kernfunktionen nach ihrer Bedeutung für die Strategiedurchführung:
  - Marketing
  - Forschung und Entwicklung
  - Produktion und Beschaffung
  - u.a.m.

5. *Kernfragen, die durch die SGE oder die Unternehmung zu lösen sind*

- Zusammenfassung kritischer Entscheidungen zwecks Festlegung von Prioritäten

6. *Abhängigkeit des Plans von anderen Unternehmungsteilen*

- Art und Grad der Abhängigkeit von anderen organisatorischen Einheiten (Sparten, Werken, Zentralbereichen) der Unternehmung
- Vorteile, die die SGE anderen Bereichen oder Einheiten bietet

7. *Kooperations-, Fusions- und Akquisitionspläne*

- Falls solche Beteiligungen schon gemacht wurden: Angewendete Kriterien
- Gewünschte Kriterien für zukünftige Beteiligungen, falls diese zur Durchführung der Strategie erforderlich werden

C. *Leistungsanalyse*

1. *Bisherige Leistungsdaten verglichen mit bisherigen Strategien*

- Grad der Übereinstimmung von bisherigen Leistungsdaten mit Strategien; zu beschreiben und zu beurteilen in Hinsicht auf Übereinstimmung oder Nichtübereinstimmung

- Wesentliche Abweichungen innerhalb der bisherigen Leistungsdaten mit entsprechender Begründung

2. *Zielgrößen, verglichen mit gegenwärtiger und zukünftiger Strategie*
- Gründe für wesentliche Abweichungen 17

3. *Zusammenfassung*
- Stichwortartige Zusammenfassung von gegenwärtiger Strategie und Leistung, der Zielposition für die Zukunft sowie der gewählten Strategie (Begründung)

D. *Risikoanalyse* (Abb. 2.15)

1. *Risiken bezüglich der kurzfristigen Zielerreichung*
- Beschreibung des Risikos
- Wahrscheinlichkeit des Risikoanfalls
- Tragweite der Auswirkungen

2. *Risiken der langfristigen Zielerreichung* (in Markt, Strategie und Leistung)
- Gleiches Vorgehen wie oben angegeben

Risikofaktoren	Risiko		
	niedrig 0–30%	mittel 30–70%	hoch 70–100%
Industriesektor Markt-Lebenszyklusphase Wettbewerbsposition Strategie Funktionale Aktionsprogramme Planungsprämissen Bisherige Leistungen der SGE Erwartete zukünftige Leistungen u. a. m.			
Gesamtrisiko			

Abb. 2.15 Schema der Risikoanalyse (nach Arthur D. Little).

[17] Für die Leistungsanalyse benötigte Daten sind: Absatzmengen, Marktanteile, Deckungsbeiträge, *Cash-flow*, Investitionen, Mittelfluß usw. der SGE im Zeitablauf.

- Risikoeinschätzung
  - hoch
  - mittel
  - niedrig

3. Sicherheitsgrad

- Abschätzung der Sicherheit, daß die gewählten Strategien durchgeführt und die Leistungen erreicht werden können

2.3 Die Auswahl der Führungskräfte als wichtigste unternehmerische Aufgabe

2.3.1. Die Entwicklung von *managerial excellence*

Ohne fähige Führungskräfte lassen sich die besten Strategien, die entsprechenden Schwerpunkte in den Funktionsbereichen und klarsten Organisationsformen nicht verwirklichen. John F. Welch, Chairman von General Electric, sieht seine wichtigste Verantwortung in der Auswahl der obersten Führungskräfte und in der Entwicklung von „*managerial excellence*" in der Unternehmung. Aber auch jeder Vorgesetzte ist dafür verantwortlich, daß die Schlüsselpositionen in seinem Aufgabenbereich mit fähigen Mitarbeitern besetzt sind.

Die Entwicklung von „*managerial excellence*" in einer Unternehmung kann nach folgendem Schema erfolgen[18]:

(1) Bestandsaufnahme der vorhandenen Führungskräfte;
(2) Prognose des für die Umsetzung der Unternehmungsstrategien benötigten Führungskräftebedarfs;
(3) Ausarbeitung eines Einstellungs- und/oder Beförderungsprogrammes für Führungskräfte zwecks Schließung der Lücke zwischen Ist (1) und Soll (2); dieses – tentative – Programm muß auch Stellvertreter für die Spitzenführungskräfte, individuelle Entwicklungspläne für die für eine Beförderung in Frage kommenden Führungskräfte und entsprechende Entgelt- und Anreizsysteme vorsehen.

Die Bestandsaufnahme der vorhandenen Führungskräfte erfolgt in einer mittelständischen Unternehmung auf eine einfache, aber systematische Weise:

(1) jeder Vorgesetzte beurteilt einmal im Jahr die Hauptergebnisse und Hauptschwächen der Schlüsselpersonen, die an ihn berichten;
(2) er beschreibt kurz die Aus- und Weiterbildungsmaßnahmen, die für jede Schlüsselperson vorgesehen bzw. vorzusehen sind;
(3) er versucht, das Leistungspotential für jede Schlüsselperson zu ermitteln.

[18] Vgl. hierzu die Ausführungen über Kaderplanung und Kaderentwicklung im Abschnitt 2.5.

Auf der Grundlage dieser einfachen Beschreibung lassen sich bereits die wesentlichen Stärken und Schwächen der Organisation ermitteln.

Die Prognose des Führungskräftebedarfs geht von den Strategien und entsprechenden Schwerpunkten in den Funktionsbereichen aus. In vielen Unternehmungen erstreckt sich diese Prognose auf einen Zeitraum von fünf bis zehn Jahren; besonderer Wert wird darauf gelegt, die Organisationsstruktur zu bestimmen, mit der die Unternehmung in fünf oder zehn Jahren operieren muß, wenn sie in ihren Märkten zu den führenden Wettbewerbern zählen will.

Der dritte Schritt besteht in der *Bestimmung der Maßnahmen*, die notwendig sind, um die Lücke zwischen a) der gegenwärtigen und b) der idealen Organisation zu schließen. Folgende Fragen können hierbei von Nutzen sein:

- Wie bringt man die richtigen Personen zur richtigen Zeit in die richtige Position? Sollen die Spitzenpositionen durch interne Beförderung oder externe Einstellung abgedeckt werden? Beide Wege haben Vor- und Nachteile, die es im Lichte der Unternehmungspolitik und -kultur abzuwägen gilt.
- Welche Aus- und Weiterbildungsprogramme sollen für die für eine Beförderung oder Versetzung vorgesehenen Führungskräfte eingerichtet werden?
- Welches Entgelt- und Anreizsystem braucht man, damit die Auswahl, Beförderung und Entwicklung der Führungskräfte im Einklang mit den Strategien steht und den berechtigten Erwartungen der Führungskräfte entspricht?

Die *Auswahl, Beförderung* und *Entwicklung der Führungskräfte* ist immer eine individuelle und persönliche Angelegenheit. Kurzfristig muß jede Unternehmung mit den verfügbaren Führungskräften auskommen; da die ideale, den Strategien entsprechende Organisation nur in den seltensten Fällen mit den verfügbaren Führungskräften verwirklicht werden kann, besteht der einzig praktikable Weg darin, die Organisation so graduell zu verändern, daß optimale Ergebnisse erzielt werden. Die Auswahl, Beförderung und Entwicklung der Führungskräfte ist aber deshalb in einer langfristigen Perspektive als nie endender Versuch zu sehen, die beste, mit den Strategien übereinstimmende und den Bedürfnissen der Führungskräfte und Mitarbeiter Rechnung tragende Organisation aufzubauen.

In jeder Führungsposition sind Spitzenleistungen erforderlich. Je höher die Führungsposition, desto größer ist der Schaden, der durch eine Fehlbesetzung entsteht.

Die *Entfernung unfähiger Führungskräfte* ist immer eine unangenehme und schmerzliche Angelegenheit. Der einzige Weg, der diese Trennung von unfähigen Führungskräften erleichtern kann, besteht darin, formale, umfassende – und teure – *Leistungsbeurteilungssysteme* einzurichten.

Fehlt es der Unternehmungsspitze an Mut, unangenehme personelle Entscheidungen zu treffen und rechtzeitig wirksame Leistungsbeurteilungssysteme aufzubauen, wird die Unternehmung in ihren Märkten nie ein führender Wettbewerber sein.

2.3.2 Die Auswahl der Führungskräfte für die strategischen Geschäftseinheiten

Die strategische Unternehmungsführung baut auf den Beziehungen der Unternehmung zu ihrer Umwelt auf; die strategischen Führungskräfte sind vorwiegend nach außen orientiert, um über die Beziehungen zu den Umweltgruppen (Abnehmer, Kapitalgeber, Lieferanten, verbündete Unternehmungen, Gesellschaft und Mitarbeiter) das *Potential* für die Formulierung und Durchsetzung der Strategien zu entwickeln. Die (strategische) Unternehmungsleitung bestimmt die Unternehmungsaufgabe, die Produkt/Markt-Kombinationen und die Ziele sowie die Strategien, mit denen unter Ausnutzung von Wettbewerbsvorteilen kurzfristige Gewinnpotentiale abgeschöpft und langfristige Gewinnpotentiale gesichert werden; neben der Beschaffung und Zuteilung der Ressourcen legt die Unternehmungsleitung die Politiken fest, die in den funktionalen Bereichen ein Verhalten der Führungskräfte fördern, das ethischen Grundsätzen entspricht und mit den Strategien konsistent ist. Die divisionalen und/oder funktionalen (operativen) Führungskräfte dagegen benutzen das von der strategischen Unternehmungsleitung entwickelte Potential, um es auf effiziente Weise in Tag-für-Tag-Entscheidungen umzusetzen.

Die operativen Führungskräfte teilen bestimmte Ressourcen den verschiedenen Einheiten und Tätigkeiten der Unternehmung zu; sie sind in der Regel Fachleute in den funktionalen Bereichen wie Marketing, Forschung und Entwicklung, Produktion usw.

Die Führung der strategischen Geschäftseinheiten erfordert Elemente sowohl der strategischen als auch der operativen Führung. Die erfolgreiche Verwirklichung der Strategien einer strategischen Geschäftseinheit setzt ganz bestimmte Eigenschaften des Leiters voraus, wenn sich Entscheidungsmacht in ihm konzentriert. Tabelle 2.2 gibt einen Überblick über die typischen Führungseigenschaften, die für die Formulierung und Durchsetzung der Strategien[19] erforderlich sind.

Die charakteristischen Attribute erfolgreicher Führungskräfte können in unterschiedlicher Zusammensetzung das Qualifikationsprofil der Leiter der strategischen Geschäftseinheiten bestimmen; die Liste dient als Ausgangspunkt für die Auswahl geeigneter Führungskräfte der strategischen Geschäftseinheiten der Unternehmung.

Nach der Einordung einer strategischen Geschäftseinheit in das Portfolio des Unternehmungsbereiches kann deshalb ein tieferer Einblick in die notwendigen Führungsqualitäten gewonnen werden (Abb. 2.16). Die Auswahl der richtigen Führungspersönlichkeit für eine strategische Geschäftseinheit ist eine wichtige unternehmerische Entscheidung. Bei der Beurteilung der Führungskräfte kann die Kombination aus erzielten Resultaten und Programmen für zukünftige Gewinnpotentiale als Kriterium angewandt werden. In einer durch Investitions- und Wachstumsstrategien gekennzeichneten strategischen Geschäftseinheit

[19] Vgl. hierzu die Abschnitte I.4 und 5.

Tabelle 2.2 Typische Qualifikationsprofile für die Formulierung und Durchführung der Strategien

Norm-Strategien	Typische Führungseigenschaften
1. *Investitions- und Wachstumsstrategien*	– *Innovationsfähigkeit:* Formulierung und Entwicklung neuer Lösungen, die zu konkreten Resultaten führen – *Unternehmerische Fähigkeiten:* Erhaltung von Konsens und Kooperation seitens der Mitarbeiter, wobei deren Professionalität gefördert wird – *Problemlösungsfähigkeiten:* Rigorose Vertiefung der Prüfung neuer und komplexer Situationen, wobei die Auswirkungen der durchzuführenden Aktionen klar ermittelt werden – *Risikofähigkeit:* Fähigkeit, auf der Grundlage eines persönlichen, abgewogenen Urteils ein kalkulierbares Risiko einzugehen – *Vitalität und Aggressivität:* Fähigkeit, ein hohes Aktivitätsniveau zu entfalten – *Motivation:* Bedeutung von Arbeit und Leistung (*Need for achievement*) im Wertesystem des Individuums; Grad der Selbstverwirklichung des Individuums durch die Arbeit – *Kreativität:* Fähigkeit, mit Phantasie und Imagination für Investitions- und Wachstumsprobleme geeignete Lösungen zu finden sowie die kreativen und innovativen Lösungen von Dritten anzuerkennen und zu akzeptieren – *Ehrgeiz:* Motivation, höhere Positionen zu erreichen; Streben nach kulturellem und professionellem Wachstum; Selbstsicherheit und Unabhängigkeit; Ausdauer – *Professioneller Einsatz:* Streben (Motivation), die zugeteilten Aufgaben genau und im Hinblick auf eine ethisch-professionelle Verpflichtung auszuführen – *Leadership:* Fähigkeit, den Konsens zu organisieren und ein *Team* im Hinblick auf die Erreichung eines Zieles zu führen; organisatorische Fähigkeiten – *Entscheidungsfähigkeit und Aktionsorientierung:* Schnelligkeit in der Bildung von Urteilen und im Fällen von Entscheidungen
2. *Abschöpfungs- oder Desinvestitionsstrategien*	– *Administrative Fähigkeiten:* Fähigkeit, den Einsatz der verfügbaren, personellen, finanziellen und materiellen Ressourcen zu planen, koordinieren und kontrollieren, um die relativen Wettbewerbsvorteile zu erhalten – *Rationalisierungsfähigkeiten:* Möglichst rationelle Ausnutzung der verfügbaren Ressourcen, um die Produktions- und Distributionskosten zu senken – *Überzeugungskraft:* Fähigkeit, die Mitarbeiter von der Notwendigkeit des Aufgebens bestimmter Tätigkeiten zu überzeugen – *Sensibilität:* Fähigkeit, die Bedürfnisse der anderen zu erkennen und rasch darauf zu reagieren; Fähigkeit, die Beziehungen zu den anderen korrekt zu gestalten; Flexibilität – *Interpersonelle* und *Gruppenbeziehungen:* Fähigkeit, konstruktive Beiträge in den interpersonellen Beziehungen auch in den heikelsten Angelegenheiten zu leisten und zu erhalten – *Dezidiertheit:* Fähigkeit, die Probleme zu vertiefen, sich in den Beziehungen mit den Mitarbeitern anderer funktionaler Bereiche

Fortsetzung: Seite 142

Fortsetzung: Tabelle 2.2

Norm-Strategien	Typische Führungseigenschaften
	durchzusetzen und in den Organisationseinheiten, in denen Desinvestitionsprobleme bestehen, die Spannungen zu beseitigen oder auf das Maß zu reduzieren, das im Interesse des Ganzen vertretbar ist – *Unabhängigkeit:* Fähigkeit, Maßnahmen auf der Grundlage persönlicher Überzeugung durchzusetzen und nicht im Bestreben, anderen zu gefallen – *Selbstkontrolle:* Fähigkeit, die wesentlichen Aspekte zu erkennen und anzuerkennen, um aufzugebende Produkt/Markt-Kombinationen oder SGEen ohne Reibungsverluste abzubauen und die zu erzielenden Resultate unter Kontrolle zu halten – *Toleranzvermögen gegenüber Ambiguitäten und Frustration:* Fähigkeit, Spannungen zwischen den Mitarbeitern in aufzugebenden Arbeitsgebieten zu lösen – *Lernverhalten:* Fähigkeit, Erfahrungen zu sammeln und Lernprozesse positiv zu verwerten
3. *Selektive Strategien*	3.1 *Offensivstrategien:* Unternehmerische Fähigkeiten und charismatische Führungseigenschaften, Offenheit gegenüber dem Wandel, hohes Durchsetzungsvermögen und Energieniveau, zielbewußte Führung und Initiative (vgl. auch die für die Durchführung der Investitions- und Wachstumsstrategien erforderlichen Fähigkeiten) 3.2 *Defensivstrategien:* Fähigkeit zur Durchsetzung einer straffen Organisation und durchgreifenden Planung für die Erhaltung der Wettbewerbsvorteile der strategischen Geschäftseinheit, breiter Erfahrungshorizont mit vielseitigen anfänglichen Spezialisierungen (vgl. auch die zur Durchführung einer Abschöpfungsstrategie erforderlichen Fähigkeiten) 3.3 *Übergangsstrategien* – *Koordinationsfähigkeiten:* Rationelle Koordination und Gestion der verfügbaren Ressourcen – *Planungsfähigkeiten:* Vollständige und analytische Gesamtschau der strategischen und operativen Interaktionen zwischen den verschiedenen Produkt/Markt-Kombinationen und strategischen Geschäftseinheiten – *Flexibilität:* Fähigkeit, das eigene Verhalten und den gewählten Lösungsansatz im Hinblick auf das zu erreichende Ziel zu ändern; Extrovertiertheit – *Initiative:* Fähigkeit, mit präzisen persönlichen Aktionen den Lauf der Dinge zu beeinflussen statt diesen passiv zu akzeptieren oder abzuwarten, bis sich die Dinge von allein ändern – *Urteilsfähigkeit:* Fähigkeit, logische Konsequenzen auf der Grundlage elementarer Indikationen zu entwickeln – *Delegationsfähigkeit:* Fähigkeit, mit Erfolg die eigenen Mitarbeiter einzusetzen; Verständnis dafür, auf welcher Ebene der Struktur der strategischen Geschäftseinheit die besten Entscheidungen getroffen werden können – *Streßtoleranz:* Kontinuität und Stabilität des Leistungsniveaus in Konflikt- und Drucksituationen

zählt die Schaffung zukünftiger Gewinnpotentiale mehr als die Erzielung kurzfristiger Gewinne; in einer strategischen Geschäftseinheit, in der vorwiegend Abschöpfungs- oder Desinvestitionsstrategien zum Tragen kommen, wird dagegen den kurzfristigen Ergebnissen Vorrang gegeben, da die Zukunftsperspektiven häufig schlecht und unsicher sind.

Strategien	Wichtigste Führungsqualitäten	Beurteilung der Führungskräfte aufgrund	
		laufender Ergebnisse	zukünftiger Gewinne
Offensiv-Strategien	Unternehmerische Fähigkeiten Innovatives Verhalten	nicht sinnvoll	sinnvoll
Investitions- und Wachstums-Strategien	Unternehmerische Fähigkeiten	nicht sinnvoll	sinnvoll
Defensiv-Strategien	Urteilsfähigkeit	sinnvoll	teils
Abschöpfungs-/ Desinvestitions-Strategien	Administrative Fähigkeiten	sinnvoll	nicht sinnvoll

Abb. 2.16 Führungsqualitäten und Beurteilungskriterien für Führungskräfte in Abhängigkeit von den Strategien.

Strategien	Laufende Ergebnisse	Für die zukünftigen Gewinne maßgebende Faktoren	Andere Kriterien
	Kapitalrentabilität Vergang. Jahr Budget	Verfügbare Kader Kritische Ressourcen Pläne Strategien	Einmaligkeit Schwierigkeiten Reaktionen
Offensiv-Strategien	20%	70%	10%
Investitions- und Wachstums-Strategien	40%	50%	10%
Defensiv-Strategien	60%	30%	10%
Abschöpfungs-/ Desinvestitions-Strategien	70%	20%	10%

Abb. 2.17 Anwendungsbeispiel zur Beurteilung von Führungskräften.

Abbildung 2.17 zeigt ein Anwendungsbeispiel für die Beurteilung der Führungskräfte der strategischen Geschäftseinheiten; das Gewicht, das den laufenden Ergebnissen zugeordnet wird, nimmt mit zunehmender Einengung des Planungshorizontes zu.

Abschließend kann festgehalten werden, daß die Portfolio-Methodik den für die Führung einer aus verschiedenen strategischen Geschäftseinheiten zusammengesetzten Unternehmung notwendigen Blick fürs Ganze bietet. Aus der Abb. 2.18 ergeben sich folgende Schlußfolgerungen:

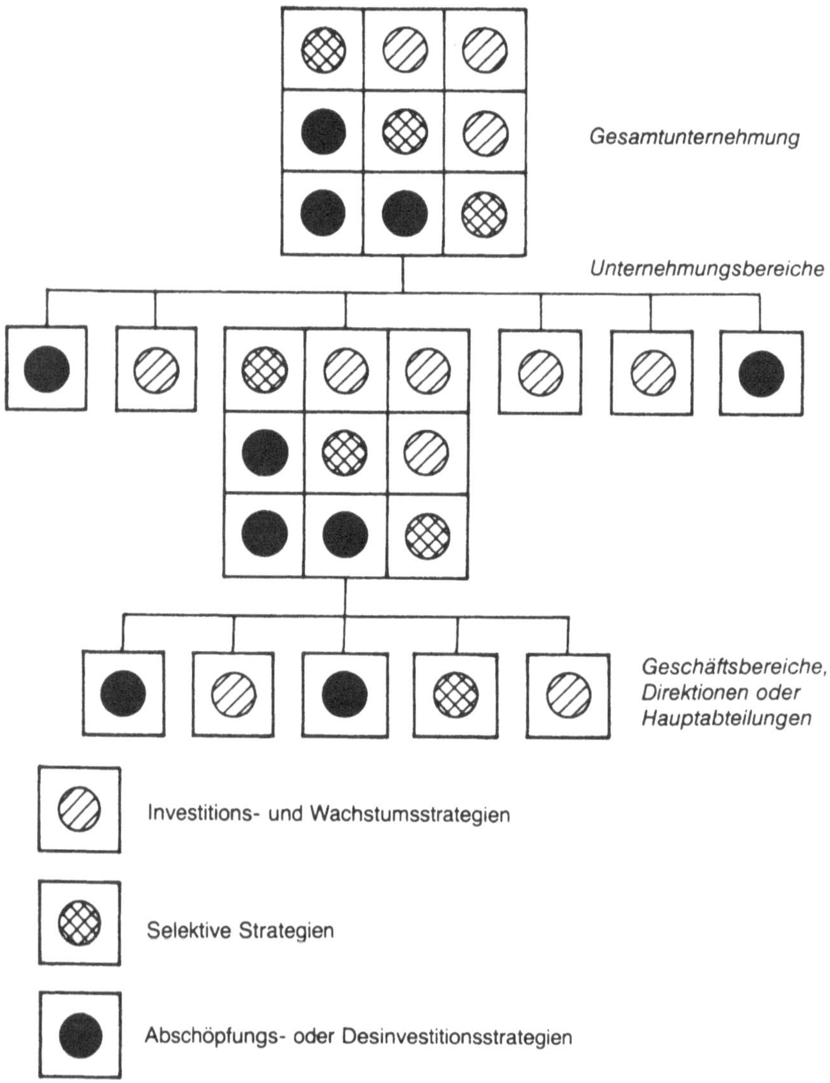

Abb. 2.18 Geforderte Führungsqualitäten entsprechend der Portfolio-Positionierung der strategischen Geschäftseinheiten.

	an Stelle der
– Festlegung differenzierter Ziele, die mit den relevanten Wettbewerbsvorteilen der Unternehmung in bezug auf die SGE und der Marktattraktivität konsistent sind	Motivation der Unternehmungsbereiche anhand von einheitlichen Kriterien und Zielen
– Beurteilung der strategischen Ergebnisse, d.h. Beurteilung der Finanzergebnisse im Hinblick auf deren strategische Konsistenz	Revision der Finanzleistung
– Berücksichtigung der Besonderheiten der verschiedenen strategischen Geschäftseinheiten aufgrund von strategischen Perspektiven (strategische Wettbewerbsanalyse)	Führung nach der Ausnahmeregel (*Management by exception*)

Die strategische Sicht sowie Auswahl und Entwicklung von Führungskräften mit strategischer Führungskompetenz vermögen einer Unternehmung neue Ziele und Leistungsstandards zu geben. Diese Suche nach sich von der Konkurrenz abhebenden Leistungen verleiht der Unternehmung innere Kohärenz in einer strategischen Perspektive und scheint häufig den größten Wert der strategischen Planung darzustellen.

2.4 Führungsstile und Führungseffektivität

2.4.1 Macht und Autorität

Der technische Fortschritt erschwert es zunehmend dem Vorgesetzten, mit Autorität die Machtbefugnisse auszuüben, über die er verfügt; in den komplexen Organismen unserer Zeit muß der Vorgesetzte Direktiven und Anordnungen Personen erteilen, die

(1) ihre Entscheidungen auf der Grundlage von Elementen treffen werden, die der Vorgesetzte nicht nur nicht kennt, sondern häufig nicht einmal beurteilen könnte;
(2) in der Regel über Eigenschaften verfügen, die der Vorgesetzte nicht hat, und die ihre Aufgaben auf eine Art interpretieren, die von der verschieden sein kann, die der Vorgesetzte annimmt;
(3) Initiativen ergreifen werden, deren Auswirkungen auf und Übereinstimmung mit den Unternehmungsstrategien nur mit Approximation und Verspätung gemessen werden können.

Auf die Autorität, die der Mitarbeiter seinem Vorgesetzten zuweist, kann dadurch Einfluß genommen werden, daß dem Mitarbeiter gezielte *Informationen* gegeben werden; auf diese Weise kann nicht nur der Akzeptierungsgrad der

Autorität erhöht, sondern auch Übereinstimmung zwischen den Zielen und Strategien der Unternehmung auf der einen Seite und den Erwartungen, Bedürfnissen und Wünschen der Mitarbeiter auf der anderen Seite erzielt werden; die Konformität zwischen dem Verhalten der Mitarbeiter und den Zielen und Strategien der Unternehmung wird, mit anderen Worten, durch *Beeinflussung* und nicht aufgrund von Autorität herbeigeführt; es ist dieses Spannungsfeld der in der Regel divergierenden Ziele „Unternehmung" und „Individuum", das Führung durch Beeinflussung notwendig macht.

Die Informationstätigkeit, die auf die Hervorrufung bestimmter Verhaltensweisen in den Mitarbeitern abgestellt ist, kann unterschiedliche Formen und Inhalte annehmen: Sie kann im Mitarbeiter eine aktive und selbständige Teilnahme an den Tätigkeiten bewirken, die er auszuführen hat; sie kann aber auch das Gegenteil erreichen und den Mitarbeiter dazu verleiten, unkritisch all das zu tun, was die Autorität von ihm erwartet.

Der Besitz von Machtbefugnissen ist ein wichtiges, aber kein hinreichendes, ja nicht einmal ein notwendiges Element, um die einer gegebenen Rolle innewohnende Autorität auszuüben. Hinzuzufügen ist, daß selten, vor allem auf den höheren Verantwortungsebenen, die Autorität gänzlich und stabil auf formalen Machtbefugnissen beruht. Die Machtbefugnisse decken in der Regel einen Bereich ab, der größer oder kleiner ist als der, über den sich eine gegebene Rolle erstreckt; es gibt zahlreiche Fälle, in denen eine große Autorität auch ohne Machtbefugnisse ausgeübt wird oder Inhaber von Machtpositionen über keine Autorität verfügen.

Das effektive Autoritätssystem einer Unternehmung resultiert somit nicht aus dem Organigramm; denn dieses kann nur die Machtbefugnisse darstellen, die formell den einzelnen Führungskräften zugeordnet sind. Der Unterschied zwischen dem effektiv ausgeübten Autoritätssystem und dem System von formell eingerichteten Machtbefugnissen kann auf Persönlichkeiten hinweisen, die der Unternehmung ihre besten Kräfte in Übereinstimmung mit deren Zielen und Strategien geben; dieser Unterschied kann aber auch das Ergebnis der Verhaltensweise einzelner Personen sein, die nicht ausreichend motiviert sind, im Unternehmungsinteresse zu handeln.

Eine Divergenz zwischen der realen und formalen Ordnung ist auf jeden Fall unvermeidbar; innerhalb gewisser Grenzen ist das Auftreten einer solchen Divergenz sogar wünschenswert, denn dadurch kann die Mechanizität der formalen Ordnung gemildert werden. Es ist deshalb verständlich, daß im Organigramm bewußt die Unbestimmtheits- und Elastizitätselemente eingebaut werden, die geeignet sind, in Übereinstimmung mit dem Unternehmungsinteresse, aber auf eine im Organigramm nicht vorgesehene Weise, das Herausragen der fähigsten Führungskräfte zu ermöglichen.

Die Organisation kann als System von Beziehungen zwischen Personen definiert werden; in diesem System erfolgt eine Differenzierung der Personen hinsichtlich a) *der Rollen*, die sie in der Unternehmung einnehmen und b) *der Autorität*, die diese Personen effektiv besitzen. *Ceteris paribus* ist die Unternehmungsorganisation dann am effizientesten, wenn den verschiedenen Rollen die notwendige Autorität entspricht. Bei wirksamer Motivation wird in diesem Fall das Verhalten aller Mitarbeiter von den Strategien und den Politiken, die von der Unternehmungsleitung für die verschiedenen Funktionsbereiche ausgearbeitet sind, bestimmt. Dadurch werden Verhaltensweisen vermieden, die nicht durch die Logik der Strategien und funktionalen Politiken motiviert sind; vor allem aber werden die ambivalenten Verhaltensweisen ausgeschaltet, die sich in Situationen der Unsicherheit über die Inhaber von Autoritätspositionen zeigen.

Die Organisation wird zu einem System von Rollen und Befugnissen in dem Maße, wie jeder Mitarbeiter weiß,

(1) von wem er Direktiven oder Weisungen erhalten kann,
(2) wie groß der Bereich ist, in dem er Entscheidungen treffen kann,
(3) wem gegenüber er verantwortlich für die Ausführung der getroffenen Entscheidungen ist,
(4) wem gegenüber er die Machtbefugnisse ausüben kann, über die er verfügt.

Dieses System hat aber immer Unbestimmtheitsbereiche; einige dieser Bereiche sind Bereiche der Ineffizienz, die sich aufgrund mangelnder Autorität der Vorgesetzten oder Fehler der Organisationsstruktur ergeben; andere Unbestimmtheitsbereiche können dagegen zu einer Erhöhung der Effizienz führen, da sie Initiativen im Interesse der Unternehmung erlauben, die der Formalismus der Organisationsstruktur nicht vorsieht.

In einer Zeit des Übergangs und der Unsicherheit hängen die Vorgesetzten viel stärker als in der Vergangenheit von ihren Mitarbeitern ab; die Vorgesetzten sind in zunehmendem Umfang immer weniger in der Lage, allein genügend Informationen zu verarbeiten und zu fundierten Entscheidungen zu gelangen; sie befinden sich deshalb in der Situation, den *Entscheidungsprozeß selbst* steuern zu müssen, dadurch daß[20]

- die richtigen Personen im Hinblick auf die Behandlung der richtigen Probleme an einen Tisch gebracht,
- offene Diskussionen angeregt,
- rechtzeitig die relevanten Informationen beschafft und kritisch beurteilt,
- die Bedürfnisse, Wünsche, Ziele und Beweggründe der Mitarbeiter berücksichtigt werden und somit
- sichergestellt wird, daß durch das Zusammenspiel von menschlichen Belangen und sachlichen Gegebenheiten rechtzeitig gute Entscheidungen resultieren.

Die Führungskräfte der Zukunft benötigen deshalb eine vertiefte Ausbildung hinsichtlich:

- Führung ihrer Mitarbeiter,
- Auswahl und Entwicklung ihrer Mitarbeiter,

[20] Vgl. E. H. Schoen, Increasing Organizational Effectiveness through Better Human Resource Planning and Development, in: „Sloan Management Review“, Vol. 19 (1977), Nr. 1, S. 1–20; vgl. hierzu auch die Ausführungen im Abschnitt 5.

- Gestaltung und Leitung von Sitzungen und Projektteams,
- Lösung von Konflikten zwischen Mitarbeitern,
- Beeinflussungs- und Verhandlungsgeschick auf einem niedrigeren Machtniveau und
- Integration der Leistungen von Fach- und Führungskräften.

Sie müssen, mit anderen Worten:
- Führungskräfte auswählen und motivieren können,
- nach dem Studium der Fakten mit Intuition und Professionalität das Richtige tun,
- ein Gefühl für Timing besitzen.

Die Verbesserung der Führungseigenschaften der Vorgesetzten wird deshalb zu einem zentralen Anliegen der Organisationsentwicklung.

Ziel dieses Abschnittes ist es, ein Denk- und Verhaltensschema zu präsentieren, mit dem (1) der Vorgesetzte seine Führungseffektivität steigern und (2) der Mitarbeiter sein Verhalten und sein Potential so gestalten kann, daß nicht allein der Vorgesetzte, sondern innerhalb bestimmter Grenzen sein eigener aufgabenrelevanter Reifegrad den Führungsstil des Vorgesetzten bestimmt.

2.4.2 Die Determinanten der Führungstätigkeit

Effektive Führungskräfte passen ihr Führungsverhalten den Anforderungen der Situation an, in der geführt werden muß (Strategie und Umwelt) und berücksichtigen dabei die Bedürfnisse ihrer Mitarbeiter. Es gibt keinen optimalen Führungsstil, sondern immer nur einen Führungsstil, der in einer gegebenen Situation und bei einem gegebenen Reifegrad der Mitarbeiter am wirksamsten ist. Ein Führungsstil ist somit effektiv, wenn er einer bestimmten Situation und einem bestimmten Reifegrad angemessen ist; er ist ineffektiv, wenn er einer bestimmten Situation und einem bestimmten Reifegrad nicht angemessen ist[21].

Die drei Determinanten der Führungstätigkeit sind (Abb. 2.19):

(1) Mitarbeiterbezogenes Verhalten
(2) Aufgabenbezogenes Verhalten oder Führungsintensität
(3) Führungseffektivität.

Das Führungsverhalten ist immer, bei jedem Menschen und in jeder Situation, eine Kombination dieser drei Determinanten, die jeweils in unterschiedlichen Intensitätsgraden auftreten. Zur Bestimmung des Führungsverhaltens müssen daher die drei Determinanten definiert werden.

[21] Die folgende Argumentation folgt im wesentlichen P. Hersey u. K.H. Blanchard, Management of Organizational Behavior, 5. Aufl., Englewood Cliffs 1988, S. 95ff. Es handelt sich hierbei um ein äußerst anschauliches Führungsmodell mit hohem Anwendbarkeitsanspruch, das, wie alle Modelle, mit einem „gesunden Relativismus" zu handhaben ist; siehe zur Kritik des Modelles O. Neuberger, Führung, 2. Aufl., Stuttgart 1985, S. 165ff.

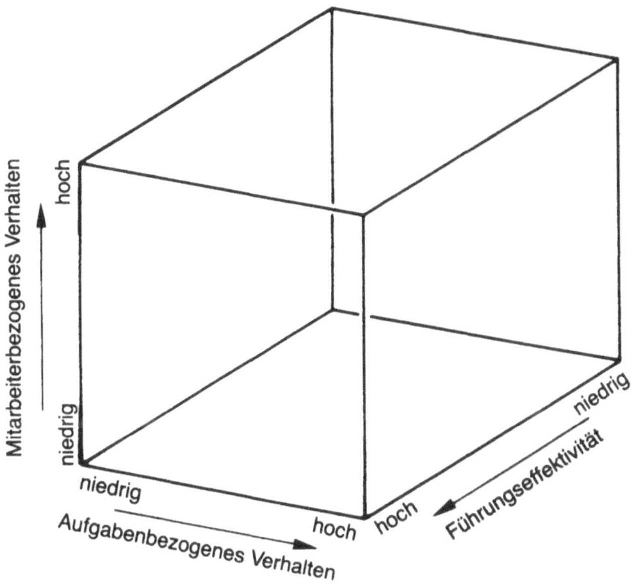

Abb. 2.19 Die drei Determinanten der Führungstätigkeit.

Unter dem *mitarbeiterbezogenen Verhalten* wird das Ausmaß verstanden, in dem der Vorgesetzte persönliche Beziehungen zu den Mitarbeitern aufrechterhält durch:

- offene Kommunikationswege
- sozio-emotionale Unterstützung
- geeignete Motivationssysteme
- beratende Führung, fachliche Unterstützung
- und dgl. mehr.

Unter dem *aufgabenbezogenen Verhalten oder der Führungsintensität* wird das Ausmaß verstanden, in dem der Vorgesetzte

- die Rollen der Mitarbeiter organisiert und definiert,
- Ziele mit den Mitarbeitern vereinbart,
- bestimmt, wer, wann, wo und wie welche Tätigkeiten auszuführen hat,
- versucht, klar definierte Organisationsstrukturen, Kommunikationswege und Abläufe einzurichten
- und dgl. mehr.

Die *Effektivitätsdeterminante* wird von den Eigenschaften und Erwartungen der Mitarbeiter bestimmt und durch die Umwelt dargestellt, in der der Vorgesetzte operiert. Um Effektivität zu erreichen, muß der Vorgesetzte in der Lage sein zu analysieren, welche Anforderungen eine konkrete Situation an ihn stellt. Die Fähigkeit eines Vorgesetzten, seinen Führungsstil und seine Handlungen bestmöglich auf die wirklichen Fähigkeiten, Bedürfnisse und Erwartungen der Mitarbeiter und auf die Situation abzustellen und dadurch optimale Leistungen zu erbringen, führt zu Effektivität. Die Effektivität eines Führungsstils hängt somit von der Situation ab, in der er angewandt wird; mit anderen Worten: je nachdem, wie ein Führungsstil den Umweltanforderungen entspricht und von den Mitarbeitern gesehen wird, kann er wirksam oder unwirksam sein (Tab.2.3).

Die Skalierung „hoch" und „niedrig" in Abb. 2.19 und in den folgenden Abbildungen drückt die Neigung des Vorgesetzten aus, die betreffende Führungsdeterminante in seinem sichtbaren Verhalten mehr oder weniger, stärker oder schwächer zu betonen. Trägt man in ein dreidimensionales Koordinatensystem auf der vertikalen Achse das mitarbeiterbezogene Verhalten, auf der anderen Achse das aufgabenbezogene Verhalten oder die Führungsintensität und auf der dritten Achse die Führungseffektivität (Umweltsituation) auf, erhält man

Tabelle 2.3 Die Hauptführungsstile in den Augen der Mitarbeiter (nach Hersey/Blanchard)

Führungsstil	Der Führungsstil ist *effektiv*, wenn der Vorgesetzte, in den Augen der *Mitarbeiter*,	Der Führungsstil ist *ineffektiv*, wenn der Vorgesetzte, in den Augen der *Mitarbeiter*,
1. Hohes aufgabenbezogenes Verhalten (Führungsintensität) Niedriges mitarbeiterbezogenes Verhalten	... wirksame Methoden einsetzt, um Ziele zu erreichen, die auch im Interesse der Mitarbeiter liegen	... seine Methoden den Mitarbeitern aufdrängen will; er scheint nur an kurzfristig erreichbaren Ergebnissen interessiert zu sein
2. Hohes aufgabenbezogenes Verhalten (Führungsintensität) Hohes mitarbeiterbezogenes Verhalten	... die Bedürfnisse der Mitarbeiter hinsichtlich Zielsetzungen und Arbeitsorganisation erfüllt und gleichzeitig ein hohes Niveau sozioemotioneller Unterstützung bietet	... die Aufgaben über das Maß hinaus strukturiert, das von den Mitarbeitern als angemessen angesehen wird und dabei nicht aufrichtig in seinen mitmenschlichen Beziehungen ist
3. Hohes mitarbeiterbezogenes Verhalten Niedriges aufgabenbezogenes Verhalten (Führungsintensität)	... Vertrauen in seine Mitarbeiter hat und überwiegend damit beschäftigt ist, ihnen die Erreichung der vereinbarten Ziele zu erleichtern	... hauptsächlich an einer harmonischen Zusammenarbeit interessiert ist und dabei häufig die Leistung zugunsten guter mitmenschlicher Beziehungen zurückstellt
4. Niedriges mitarbeiterbezogenes Verhalten Niedriges aufgabenbezogenes Verhalten (Führungsintensität)	... in ausreichendem Maße die Entscheidungen hinsichtlich der Art und Weise, wie die Aufgaben auszuführen sind, an seine Mitarbeiter delegiert und wenig sozio-emotionelle Unterstützung gewährt, wenn sie von den Mitarbeitern nicht benötigt wird	... wenig Strukturierung und wenig sozio-emotionelle Unterstützung bietet, obwohl die Mitarbeiter diese benötigen

einen Würfel, wie er in Abb. 2.19 dargestellt ist. Legt man einen Schnitt durch diesen Würfel senkrecht zur Führungseffektivität, dann erhält man die Führungsmatrix; die vier Führungsstile, die den vier Feldern dieser Matrix zugeordnet werden können, sind je nach Situation wirksam oder unwirksam. Die Effektivität eines Führungsstils hängt, wie erwähnt, von der Situation ab, in der er angewandt wird, d.h. vom Stil und von den Erwartungen des Vorgesetzten, seiner Mitarbeiter, seines Vorgesetzten, von den Aufgabenfaktoren sowie von internen und externen Phänomenen, die das Verhalten der Unternehmung und die strategische Ausrichtung ihrer Geschäftseinheiten bestimmen.

2.4.3 Führungsstile, Stilflexibilität und Stilanpassungsfähigkeit

Es gibt, wie wir gesehen haben, nicht den idealen Führungsstil; der effektive Vorgesetzte muß seinen Führungsstil unter Wahrung der Unternehmungsinteressen den Bedürfnissen, Erwartungen und Zielen seiner Mitarbeiter anpassen; er muß, will er effektiv sein, über die persönliche Flexibilität und die Führungseigenschaften verfügen, die notwendig sind, um sein Verhalten zu ändern und auf den aufgaben-relevanten Reifegrad seiner Mitarbeiter sowie auf die Situation abzustellen.

Tabelle 2.4 Bestimmungsfaktoren des aufgaben-relevanten, professionellen und psychologischen Reifegrades der Mitarbeiter

Aufgaben-relevanter Reifegrad der Mitarbeiter	
hoch	*niedrig*
Ganzheitliche Betrachtungsweise	Sektorale und inkrementale Betrachtungsweise
Große Analysefähigkeit	Geringe Analysefähigkeit
Ausgeprägter Realitätssinn	Wenig ausgeprägter Realitätssinn
Kreativität	Imitation
Aktives Verhalten	Passives Verhalten
Unabhängigkeit	Abhängigkeit
Verhaltensflexibilität	Verhaltensrigidität
Tiefgehende berufliche und kulturelle Interessen	Oberflächliche berufliche und kulturelle Interessen
Langfristige Perspektiven	Kurzfristige Perspektiven
Hohe Bewußtseinsbildung und Selbstkontrolle	Niedrige Bewußtseinsbildung und geringe Selbstkontrolle
Ebenbürtige oder überlegene Haltung	Untergeordnete Haltung
Hohe Vitalität und Initiative	Geringe Vitalität und Initiative
Hohe Urteilsfähigkeit	Geringe Urteilsfähigkeit
Hohes Problemlösungsvermögen	Geringes Problemlösungsvermögen
Hohe Arbeits- und Leistungsmotivation	Geringe Arbeits- und Leistungsmotivation
Hohe Streßtoleranz	Geringe Streßtoleranz
u. a. m.	u. a. m.

Der *aufgaben-relevante Reifegrad* der Mitarbeiter ist die Resultierende aus folgenden Größen (Tab. 2.4)[22]:

(1) Fähigkeit, hohe *und* erreichbare Ziele zu setzen (Motivation),
(2) Fähigkeit *und* Bereitschaft, Verantwortung zu übernehmen (Kompetenz),
(3) Ausbildung und/oder Erfahrung (Professionalität).

Der aufgaben-relevante Reifegrad der Mitarbeiter besteht, mit anderen Worten, aus zwei Elementen:

(1) aus der *psychologischen Reife*, d. h. dem Willen oder der Motivation, etwas zu tun, und
(2) aus der *professionellen Reife*, d. h. der Kompetenz oder der Fähigkeit, etwas zu tun.

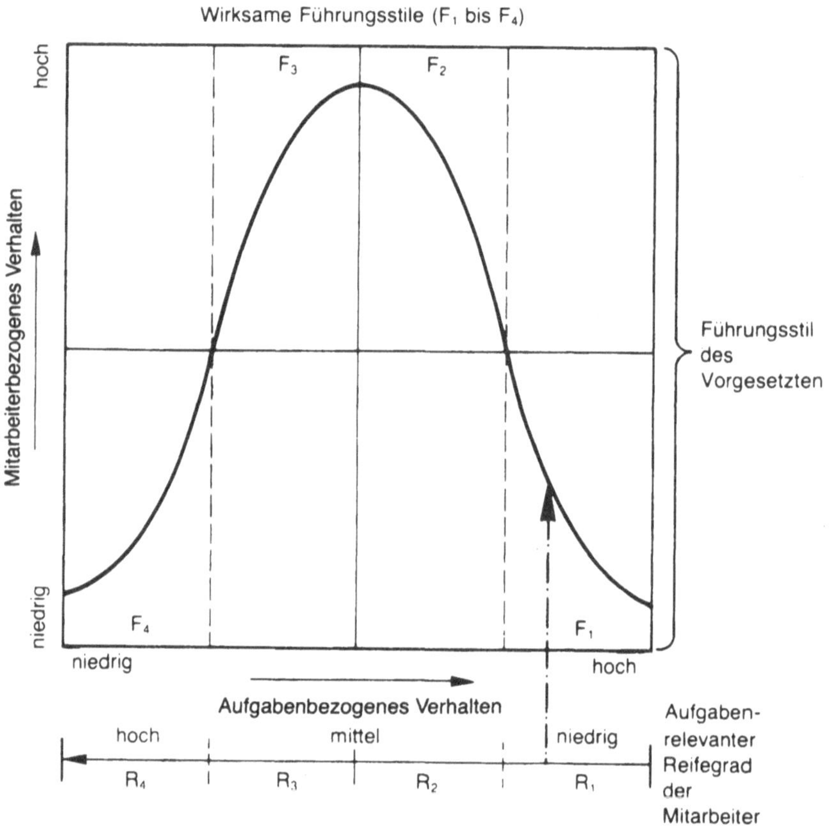

Abb. 2.20 Führungsstile des Vorgesetzten und aufgaben-relevante Reifegrade der Mitarbeiter (nach Hersey/Blanchard).

[22] Vgl. hierzu P. Hersey u. K. H. Blanchard, Management of Organizational Behavior, a. a. O., S. 157ff.

Mit zunehmendem aufgaben-relevanten Reifegrad seiner Mitarbeiter kann, wie in Abb. 2.20 dargestellt, der Vorgesetzte (1) das aufgabenbezogene Verhalten oder die Führungsintensität reduzieren – die Mitarbeiter teilen ihre Arbeit in steigendem Maße selbst ein und bestimmen selbst die Modalitäten der Zielerreichung – und (2) das mitarbeiterbezogene Verhalten zunächst verstärken, und bei Erreichen eines überdurchschnittlichen Reifegrades seiner Mitarbeiter graduell wieder abbauen; bei einem hohen professionellen und psychologischen Reifegrad der Mitarbeiter ist ein hohes Niveau an Mitarbeiterbeziehungen seitens des Vorgesetzten nicht mehr notwendig, da die Mitarbeiter durch die Arbeit selbst Befriedigung, Selbstentfaltung und geistiges Wachstum finden.

In Abb. 2.21 ist der den verschiedenen Reifegraden der Mitarbeiter (R_1 bis R_4) angemessene Führungsstil durch die zunächst steigende, dann fallende Kurve dargestellt. Kurzbezeichnungen für die vier Führungsstile sind:

Führungsstil 1 (F_1): Autoritärer Führungsstil

Der Vorgesetzte definiert die Rollen seiner Mitarbeiter und gibt an, wer, was,

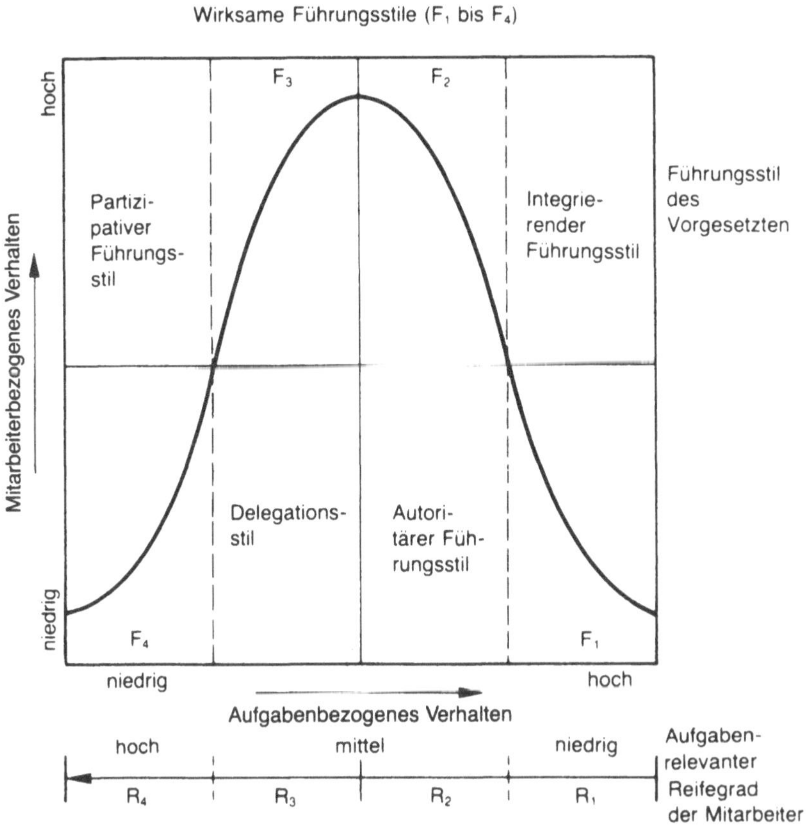

Abb. 2.21 Die Hauptführungsstile nach Hersey/Blanchard.

wie, wann und wo zu tun hat (Ein-Weg-Kommunikation); die Erwartungen der Mitarbeiter werden dabei nicht oder nur wenig berücksichtigt. Der Vorgesetzte gibt Ziele vor und bestimmt selbst die Mittel und Wege zu ihrer Erreichung.

Führungsstil 2 (F_2): Integrierender Führungsstil
Der Vorgesetzte erteilt Direktiven oder Weisungen und versucht, über Zwei-Weg-Kommunikation und sozio-emotionale Unterstützung, beratende Führung, fachliche Unterstützung und dgl. mehr, die Mitarbeiter zur Akzeptierung der zu treffenden Entscheidungen zu bringen; der Vorgesetzte versucht, mit anderen Worten, seine Entscheidungen zu „verkaufen". Die Ziele sowie Mittel und Wege zu ihrer Erreichung werden vom Vorgesetzten und den Mitarbeitern gemeinsam festgelegt.

Führungsstil 3 (F_3): Partizipativer Führungsstil
Vorgesetzter und Mitarbeiter nehmen gemeinsam am Entscheidungsprozeß teil; sie bestimmen gemeinsam die Ziele; die Mittel und Wege zu ihrer Erreichung werden vom Mitarbeiter festgelegt.

Führungsstil 4 (F_4): Delegationsstil
Aufgrund des hohen professionellen und psychologischen Reifegrades der Mitarbeiter kann der Vorgesetzte von der Delegation reichlich Gebrauch machen und sich auf eine allgemeine Überwachung beschränken. Die Ziele werden im Rahmen der vereinbarten Strategien und Direktiven vom Mitarbeiter festgelegt, der auch die Mittel und Wege zu ihrer Erreichung bestimmt.

Nach der Bestimmung des aufgaben-relevanten Reifegrades seiner Mitarbeiter kann der Vorgesetzte, wie in Abb. 2.21 dargestellt, den zweckmäßigsten Führungsstil bestimmen.

Den verschiedenen aufgaben-relevanten Reifegraden der Mitarbeiter entsprechen somit die folgenden Führungsstile des Vorgesetzten, die die größte Erfolgswahrscheinlichkeit aufweisen:

R_1: niedriger aufgaben-relevanter Reifegrad
= geringe psychologische + geringe professionelle Reife
→ F_1: Autoritärer Führungsstil

R_2: unterdurchschnittlicher aufgaben-relevanter Reifegrad
= hohe psychologische + niedrige professionelle Reife
→ F_2: Integrierender Führungsstil

R_3: überdurchschnittlicher aufgaben-relevanter Reifegrad
= niedrige psychologische + hohe professionelle Reife
→ F_3: Partizipativer Führungsstil

R_4: hoher aufgaben-relevanter Reifegrad
= hohe psychologische + hohe professionelle Reife
→ F_4: Delegationsstil

Je weiter sich der Vorgesetzte vom Führungsstil mit der höchsten Erfolgswahrscheinlichkeit entfernt, desto geringer wird die Wahrscheinlichkeit, daß der gewählte Führungsstil zum Erfolg führt.

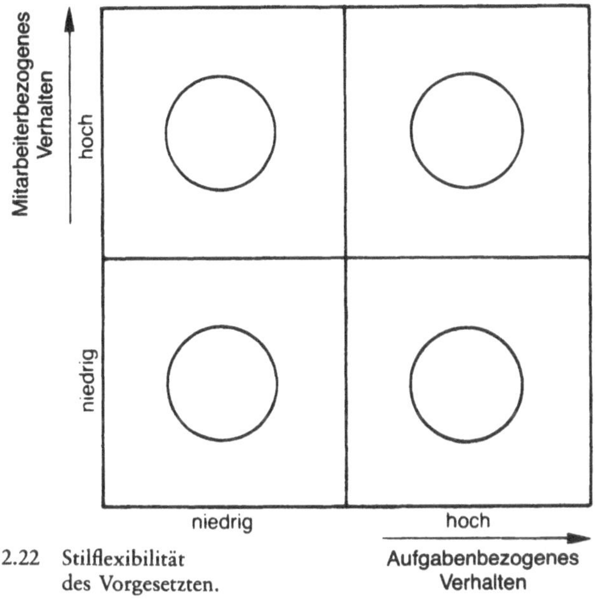

Abb. 2.22 Stilflexibilität des Vorgesetzten.

Die *Stilflexibilität* (Abb. 2.22), d.h. das Ausmaß der Änderung des Führungsstils, ist von Vorgesetzten zu Vorgesetzten verschieden. Vorgesetzte, die auf einem Führungsstil beharren, sind nur dann effektiv, wenn dieser dem aufgaben-relevanten Reifegrad der Mitarbeiter angemessen ist und auch der Umweltsituation entspricht (Abb. 2.23). Flexible Vorgesetzte, die ihr Verhalten jedem

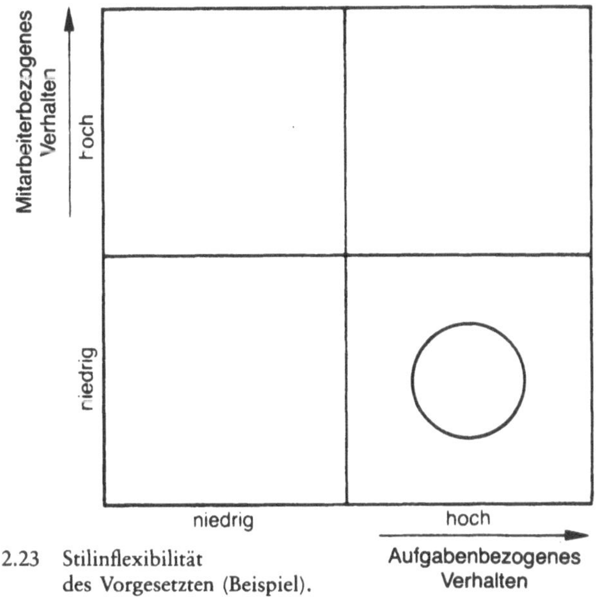

Abb. 2.23 Stilinflexibilität des Vorgesetzten (Beispiel).

der vier Führungsstile anzupassen in der Lage sind, sind *potentiell* in einer Vielzahl von Situationen effektiv. Eine hohe Stilflexiblität ist jedoch nicht gleichbedeutend mit Führungseffektivität. Entscheidend für die Führungseffektivität ist die *Stilanpassungsfähigkeit*; darunter versteht man das Ausmaß, in dem ein Vorgesetzter seinen Führungsstil den konkreten Anforderungen einer gegebenen Situation anpassen kann. Der Vorgesetzte mit einer geringen Stilflexibilität ist langfristig nur dann effektiv, wenn er in Situationen zu führen hat, in denen sein dominierender Führungsstil eine hohe Erfolgswahrscheinlichkeit hat; umgekehrt kann ein Vorgesetzter mit einer hohen Stilflexibilität ineffektiv sein, wenn sein Verhalten nicht den Anforderungen einer gegebenen Situation entspricht (Abb. 2.24).

Der Zusammenhang zwischen den Führungsstilen und den Normstrategien läßt sich abschließend in großen Linien wie folgt skizzieren:

Geht es um die Zukunft der Unternehmung (Offensivstrategie), muß in der Regel der Delegationsstil angewendet werden, während der autoritäre Führungsstil tendenziell angebracht ist, wenn es um die „Vergangenheit" der Unternehmung geht (Desinvestitionsstrategie).

Handelt es sich hingegen um die „Gegenwart" bzw. nahe Zukunft der Unternehmung (Defensivstrategie bzw. Investitions- und Wachstumsstrategie), wären der partizipative bzw. integrierende Führungsstil anzuwenden.

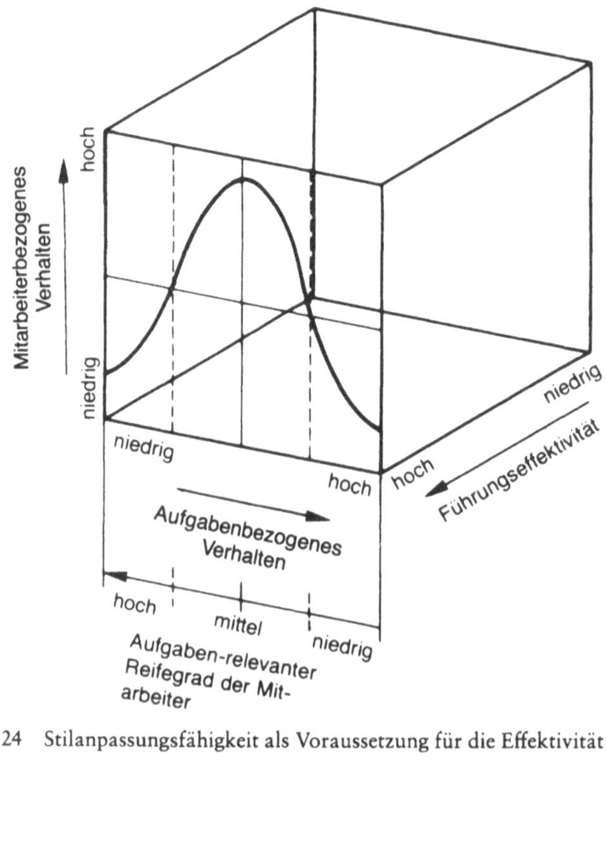

Abb. 2.24 Stilanpassungsfähigkeit als Voraussetzung für die Effektivität eines Führungsstils.

2.4.4 Neue Ansätze der Personalentwicklung

Modernes Führungsverhalten äußert sich in der Forderung nach Produktivität (ökonomischer Aspekt) unter Beachtung des Selbstwertes der Mitarbeiter (humaner Aspekt). Beide Einflüsse auf ihre Handlungsweise sind den Führungskräften aus der Praxis logisch verständlich und geläufig. Welche Konsequenzen ergeben sich daraus für die Personalentwicklung[23]?

Eine der Hauptaufgaben der Führungskräfte besteht darin, den aufgabenrelevanten, professionellen und psychologischen Reifegrad ihrer Mitarbeiter zu erhöhen. Der Vorgesetzte kann den *aufgaben-relevanten* Reifegrad seiner Mitarbeiter in einem Zwei-Stufen-Verfahren erhöhen:

Stufe 1: Abbau des aufgabenbezogenen Verhaltens oder Verminderung der Führungsintensität durch Übertragung eines zusätzlichen Verantwortungsbereiches an den Mitarbeiter

Stufe 2: Erhöhung bzw. Reduktion des mitarbeiterbezogenen Verhaltens durch Belohnung, Anerkennung, Beratung, Unterstützung usw. des Mitarbeiters, wenn seine Verhaltensänderung den gewünschten Verlauf nimmt.

Wie in Abb. 2.25 dargestellt, besteht Stufe 1 in einem Abbau an Struktur, Stufe 2 dagegen in der Verstärkung (bei unterdurchschnittlichen Reifegraden der Mitarbeiter) bzw. in einer Reduktion (bei überdurchschnittlichen Reifegraden der Mitarbeiter) des mitarbeiterbezogenen Verhaltens; die Mitarbeiterentwicklung erfolgt in einem Prozeß *sukzessiver Approximation*, in dem der Vorgesetzte den aufgaben-relevanten Reifegrad seiner Mitarbeiter mit jeder zusätzlichen Aufgabe graduell zu erhöhen versucht. Dabei folgt die sozio-emotionale Unterstützung der gewünschten Leistungssteigerung. Der kontinuierliche Abbau an Struktur bedeutet keineswegs, daß die Aufgaben der Mitarbeiter keine Struktur aufweisen, sondern daß die Mitarbeiter ihre Arbeit in zunehmendem Maße selbst einteilen, strukturieren und selbst die Wege und Mittel zur Erreichung der vereinbarten Ziele bestimmen. Ab einem bestimmten aufgaben-relevanten Reifegrad seiner Mitarbeiter kann der Vorgesetzte sowohl einen Abbau an Struktur oder Führungsintensität vornehmen als auch die Mitarbeiterorientierung reduzieren (Abb. 2.25); Voraussetzung für die Effektivität dieser Verhaltensweise ist, daß der größere Freiheitsspielraum und die geringere Unterstützung der Mitarbeiter das gegenseitige Vertrauen verstärken. Die Erfahrung zeigt in der Tat, daß die Mitarbeiter mit einem hohen Reifegrad in dem Maße, in dem sie selbständig Aufgaben und Forderungen erfüllen, Sinn erfüllen und Werte verwirklichen, sie sich selbst erfüllen und verwirklichen[24]; für diese Mitarbeiter wäre eine überdurchschnittliche Mitarbeiterorientierung somit keine Anerkennung und würde als Mangel an Vertrauen interpretiert werden; umgekehrt neigen unreife Mitarbeiter dazu, Unterstützung, Anerkennung, Beratung usw. durch den Vorgesetzten als positive Verstärkungen aufzufassen.

[23] Vgl. hierzu im einzelnen H.H. Hinterhuber und St. Laske (Hrsg.), Zukunftsorientierte Unternehmenspolitik, a.a.O., S. 15ff.

[24] Vgl. hierzu V.E. Frankl, Der Mensch auf der Suche nach dem Sinn, Basel, Wien 1973, S. 75ff.

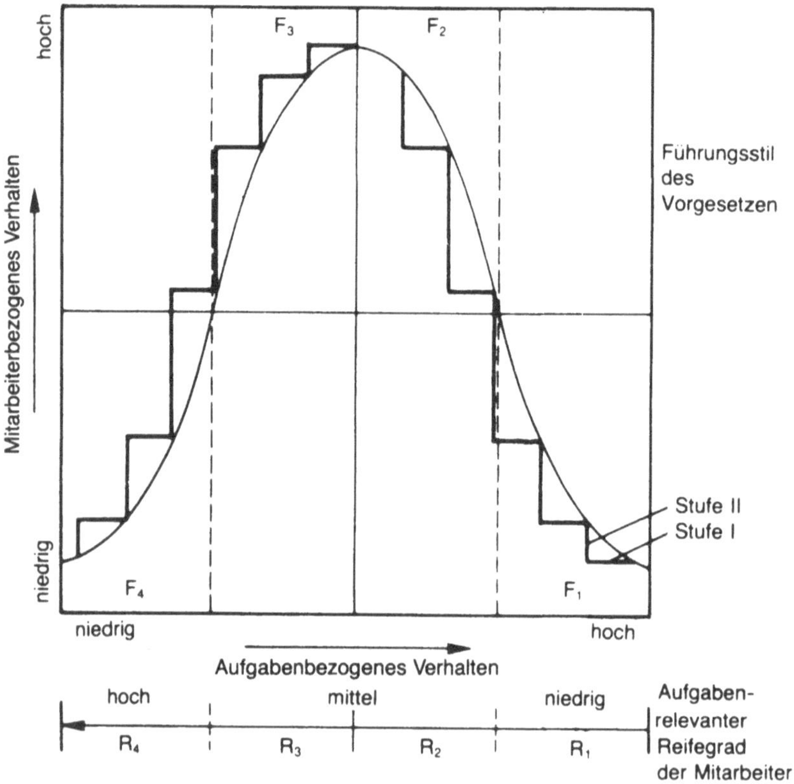

Abb. 2.25 Das Zwei-Stufen-Verfahren zur Erhöhung des aufgaben-relevanten Reifegrades der Mitarbeiter (nach Hersey/Blanchard).

Das Bedürfnis nach Leitung will nur als vorübergehende Maßnahme berücksichtigt werden. Die Autorität wird mit dem Ziel anerkannt, daß man ihr zu entwachsen lernt. Wenn man Reife erlangt, braucht man nicht länger eine Autorität von außen.

Welchen Einfluß soll ein Vorgesetzter auf Mitarbeiter ausüben, deren *professioneller* und/oder *psychologischer* Reifegrad gegenüber früher abgenommen hat? Wie aus Abb. 2.26 hervorgeht, muß der Vorgesetzte einen Führungsstil anwenden, der dem gegenwärtigen und nicht dem vergangenen aufgaben-relevanten Reifegrad seiner Mitarbeiter angemessen ist; er muß, mit anderen Worten, seinen Mitarbeitern ein größeres Ausmaß an Struktur bieten und außerdem das mitarbeiterbezogene Verhalten durch Eingehen auf die Belange der Mitarbeiter, aktives Zuhören, unterstützende Maßnahmen und dgl. mehr intensivieren; hat der Mitarbeiter seine persönliche Krise überwunden, kann der Vorgesetzte wieder den Delegationsstil anwenden[25].

[25] Vgl. hierzu P. Hersey u. K. H. Blanchard, Management of Organizational Behavior, a. a. O., S. 212ff.

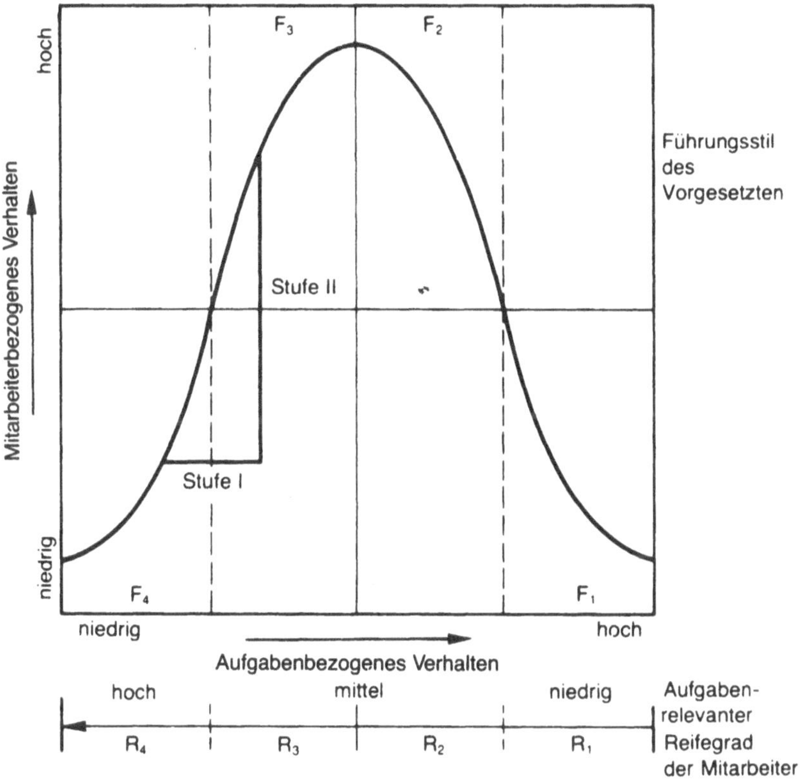

Abb. 2.26 Führungsverhalten bei regressivem Verhalten der Mitarbeiter.

2.4.5 Die Führungsstile in der Unternehmungshierarchie

Das Ziel der Organisationstätigkeit besteht nicht darin, die Vorausbestimmung der durchzuführenden Tätigkeiten so weit wie möglich auszudehnen und gleichzeitig den Freiheitsspielraum des Einzelnen für die Entfaltung von Initiativen einzuengen; es muß vielmehr ein Gleichgewichtszustand erreicht werden zwischen a) der vollständigen Nutzung von Persönlichkeiten, die die Macht und Pflicht haben, bestimmte Arten von Entscheidungen zu treffen, und b) der Koordination dieser Persönlichkeiten im Hinblick auf die zu verwirklichenden Ziele und Strategien.

Betrachtet man die Organisationsstruktur der Unternehmung, so zeigt sich, daß den Führungskräften auf den verschiedenen Verantwortungsebenen idealtypisch unterschiedliche Führungsstile zugeordnet werden können (Abb. 2.27).

Auf den unteren Verantwortungsebenen überwiegen tendenziell der autoritäre und integrierende Führungsstil: Die Betonung der Produktivität erfordert in der Regel starke, direkte Eingriffe durch den Vorgesetzten, genaue Planung und

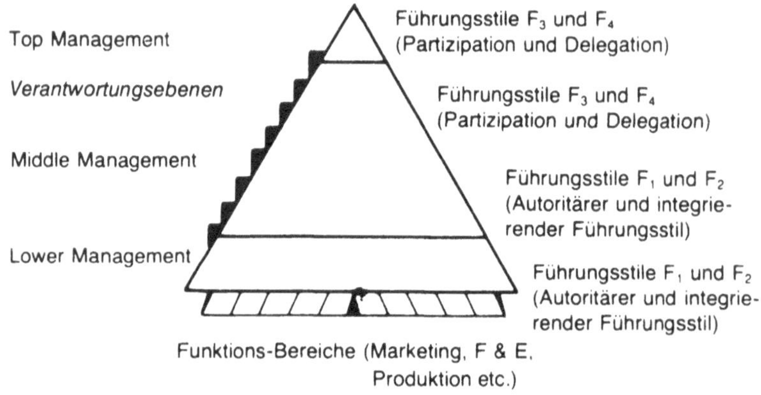

Abb. 2.27 Dominierende Führungsstile in der Unternehmungshierarchie.

Organisation der Aufgaben, systematische Ergebnisbewertung und dgl. mehr, wobei die Bedürfnisse und Interessen der Mitarbeiter relativ wenig gelten. Stark von Abläufen und Verfahren bestimmte Arbeitsplätze weisen solche Charakteristika auf (Rechnungswesen, Fließfertigung, EDV usw.). Die Mitarbeiter haben häufig nicht die Möglichkeit, die Mittel und Wege zur Erreichung der Ziele selbst zu bestimmen.

Die oberen und obersten Führungskräfte dagegen scheinen eher zum Partizipations- und Delegationsstil zu tendieren. Da mit der Höhe der Verantwortungsebene in der Regel auch der aufgaben-relevante Reifegrad der Mitarbeiter zunimmt, die unmittelbar an die oberen und obersten Führungskräfte berichten, und darüber hinaus die Strukturiertheit der Aufgaben abnimmt, vermag der Delegationsstil die Unternehmungsleitung

(1) zu entlasten, so daß sie sich verstärkt den unternehmungspolitischen und strategischen Aufgaben widmen kann, und
(2) zur unmittelbaren Führung einer größeren Anzahl von Mitarbeitern zu befähigen; dies entspricht der Eitelkeit einmal der Vorgesetzten, die häufig der Ansicht sind, daß sie von ihren Mitarbeitern im Hinblick auf die Beurteilung vieler Aspekte der Unternehmungsführung nicht ersetzt werden können, zum anderen aber auch der Mitarbeiter, die nicht akezeptieren, vom direkten Kontakt mit den Führungskräften ausgeschlossen zu sein.

Aus Abb. 2.27 geht schließlich hervor, daß von den mittleren Führungskräften, denen unter dem Aspekt sowohl der Innovation als auch der Routine eine kritische Funktion zukommt, das höchste Ausmaß an Führungsstilflexibilität und Stilanpassungsfähigkeit erwartet wird. Die Fort- und Weiterbildung der mittleren Führungskräfte scheint deshalb besonders wichtig[26]. Ziel der Organisa-

[26] Vgl. hierzu im einzelnen H. H. Hinterhuber, Innovationsdynamik und Unternehmungsführung, a. a. O., S. 280 ff.

tionsentwicklung ist es, die Mitarbeiter zu befähigen, dadurch den Wandel zu bewältigen, daß der Wandel selbst als natürliches Phänomen und nicht als außergewöhnliches Ereignis aufgefaßt wird; sie muß, mit anderen Worten, den Übergang von einer geistigen Einstellung, die dem Wandel widerstrebt, zu einer Haltung erleichtern, die die Veränderung fördert.

2.4.6 Voraussetzungen für die Anwendung eines Delegationsstils

Der Erfolg der Delegationsprozesse von Entscheidungen wird durch zwei Faktoren bestimmt (Abb. 2.28):

(1) durch den Integrations- oder Konsensgrad der Mitarbeiter und
(2) durch die effektive Verteilung der Machtbefugnisse in der Unternehmung.

Der *Integrationsgrad der Mitarbeiter* wird durch das Maß an Konsens, das unter den Mitarbeitern hinsichtlich fundamentaler Grundwerte der Unterneh-

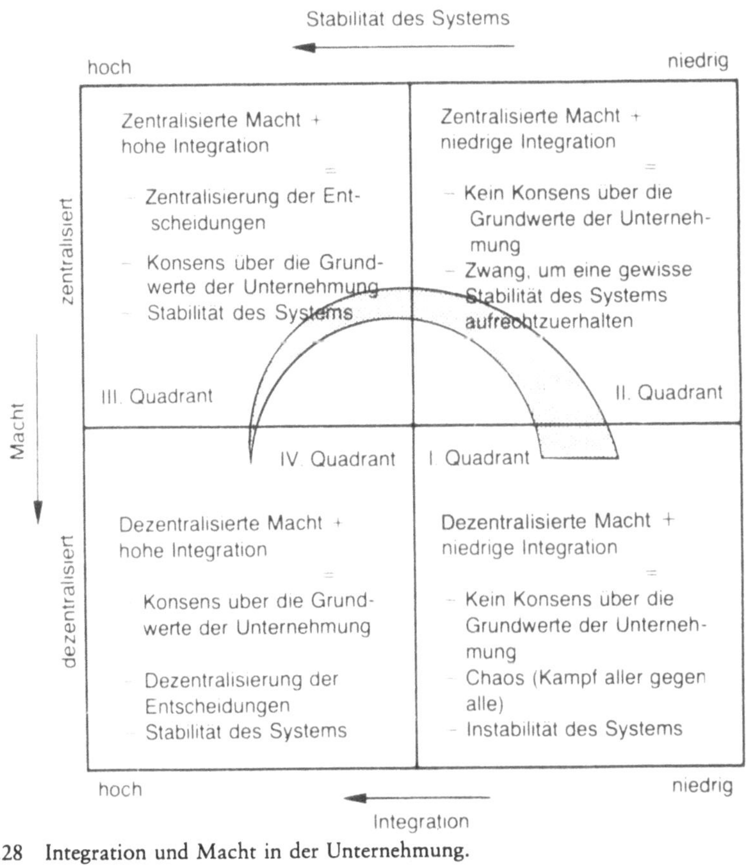

Abb. 2.28 Integration und Macht in der Unternehmung.

mung herrscht, ausgedrückt: der Konsens hinsichtlich der Grundwerte der Unternehmung betrifft:

- die unternehmungspolitischen Grundsätze, wie sie im Leitbild ausgedrückt sind,
- die Art der Ziele und Strategien und deren Verwirklichung,
- die Methoden, Verfahren und Mittel, die für die Erreichung der Ziele und Realisierung der Strategien angewandt werden,
- die Art des Vorgehens bei Besprechungen,
- die gesellschaftlichen Verpflichtungen der Unternehmung,
- die Art und Weise, wie Konflikte gelöst werden,
- die Erwartungen der Mitarbeiter,
- u. a. m.

In einer Unternehmung kann, genauso wie in einer Demokratie, die Divergenz der Meinungen einen positiven Wert darstellen; sie wird jedoch zu einem destruktiven Faktor, wenn sie sich auf wesentliche Elemente bezieht. Dagegen erlaubt die Übereinstimmung mit den Grundprinzipien auch sehr weitgehende Meinungsverschiedenheiten, ohne daß die Struktur und Funktionsweise des Systems gefährdet sind.

Unter *Macht* verstehen wir in diesem Zusammenhang:

(1) das Vermögen einer Person oder Gruppe, ihren Willen gegen Widerstände durchzusetzen, und
(2) eine gewisse Freiheit im Einsatz der Ressourcen der Unternehmung.

Die Macht kann, im Grenzfall, an einem einzigen Punkt konzentriert oder auf zahlreiche Personen aufgeteilt sein.

Mit den beiden Faktoren – Integrationsgrad der Mitarbeiter und Verteilung der Machtbefugnisse – kann die Stabilität einer Unternehmung oder einer Gesellschaft beurteilt werden, wenn sie durch einen Veränderungsprozeß erschüttert wird.

Wie aus Abb. 2.28 hervorgeht, ist die Stabilität einer Unternehmung dann gewährleistet, wenn sowohl der Integrationsgrad der Mitarbeiter (Übereinstimmung mit den Grundwerten der Unternehmung) als auch die Dezentralisierung der Machtbefugnisse hoch sind (IV. Quadrant der Abb. 2.28). Im III. Quadranten der Abb. 2.28 ist die Zentralisierung der Machtbefugnisse bei einem hohen Integrationsgrad der Mitarbeiter, funktionell gesehen, überflüssig. In den Quadranten II und I ist der Integrationsgrad niedrig, so daß der Pluralismus zur Meinungsverschiedenheit hinsichtlich der Grundwerte der Unternehmung ausgeartet ist: Die „konstitutionellen" Grundlagen sind somit unterminiert; während jedoch im II. Quadranten mit Hilfe des Zwanges eine gewisse Stabilität aufrechterhalten wird, herrscht im I. Quadranten das Chaos. In der im I. Quadranten dargestellten Situation führt die allgemeine Nichtübereinstimmung mit den Grundwerten zum Konflikt aller mit allen, der darüber hinaus durch die Diffusion der Machtbefugnisse begünstigt oder nicht behindert wird.

Ausgehend vom I. Quadranten läßt sich ein „Entwicklungspfad" zeichnen, der über den II. und III. den IV. Quadranten erreicht, wo wiederum, allerdings unter ganz anderen Voraussetzungen, eine stabile Verteilung der Machtbefugnisse erreicht wird.

Im IV. Quadranten, definiert durch die Dezentralisierung der Machtbefugnisse und durch einen hohen Integrations- oder Konsensgrad der Mitarbeiter hinsichtlich der Grundwerte der Unternehmung, sind somit die Voraussetzungen für die erfolgreiche Anwendung des Delegationsstils gegeben.

Der Erfolg der Delegation steigt in dem Maße, in dem die Führungskräfte

- stets ihr bisheriges Leistungsniveau übertreffen,
- in Systemzusammenhängen denken,
- auch angenehme Tätigkeiten delegieren,
- das, was sie tun, um der Sache willen tun,
- sich nicht über Probleme beklagen, sondern sie als Herausforderung betrachten und die Probleme lösen,
- Risiken erst dann wagen, nachdem sie sich über die schlimmsten Folgen Klarheit verschafft haben,
- sich auf künftige Handlungen und Ereignisse geistig vorbereiten und somit strategisch leben,
- sich bemühen, Herr ihrer selbst zu sein.

Die „gute" Unternehmung unterscheidet sich von der „schlechten" Unternehmung durch das Verständnisniveau ihrer Führungskräfte und durch die Qualität ihrer Beziehungen untereinander; jede Unternehmung kann nach der Qualität der Beziehungen ihrer Führungskräfte untereinander beurteilt werden.

2.4.7 Die Vereinbarung der Führungsstile

Die Fortschritts- und Anpassungsfähigkeit der Menschen ist außerordentlich groß; selbst das Organisationssystem, das laufend mit den neuen Problemen konfrontiert wird, die die Führung der Unternehmung mit sich bringt, verfeinert und orientiert die Fähigkeiten und den Führungsstil der Führungskräfte und schafft sogar häufig in diesen die fehlenden Eigenschaften. Es liegt somit im Interesse der Unternehmung und stellt außerdem einen ihrer stabilen Erfolgsfaktoren dar, wenn mit Hilfe geeigneter Ausbildungsprogramme das Führungsverhalten der Vorgesetzten verbessert wird; dadurch wird vermieden, daß Strategien, funktionale Aktionsprogramme und Organisationsstrukturen den Führungseigenschaften und somit den Anforderungen von – auch außergewöhnlichen – Personen untergeordnet werden, die einzusetzen zweckmäßig erscheint; dies um so mehr, als herausragende Führungskräfte, deren Verwendung im Interesse der Unternehmung liegen würde, häufig dazu neigen, die Beiträge ihrer Mitarbeiter nicht genügend zu valorisieren, vor allem aber den Reifeprozeß ihrer Mitarbeiter durch sukzessive Delegation nicht in ausreichendem Maße zu fördern bereit sind. Eine effiziente Organisationsstruktur muß aber eine vollständige Nutzung aller verfügbaren Kräfte anstreben; der wirklich *personale* Aspekt des Organisationsproblems liegt gerade in der Suche und Anwendung

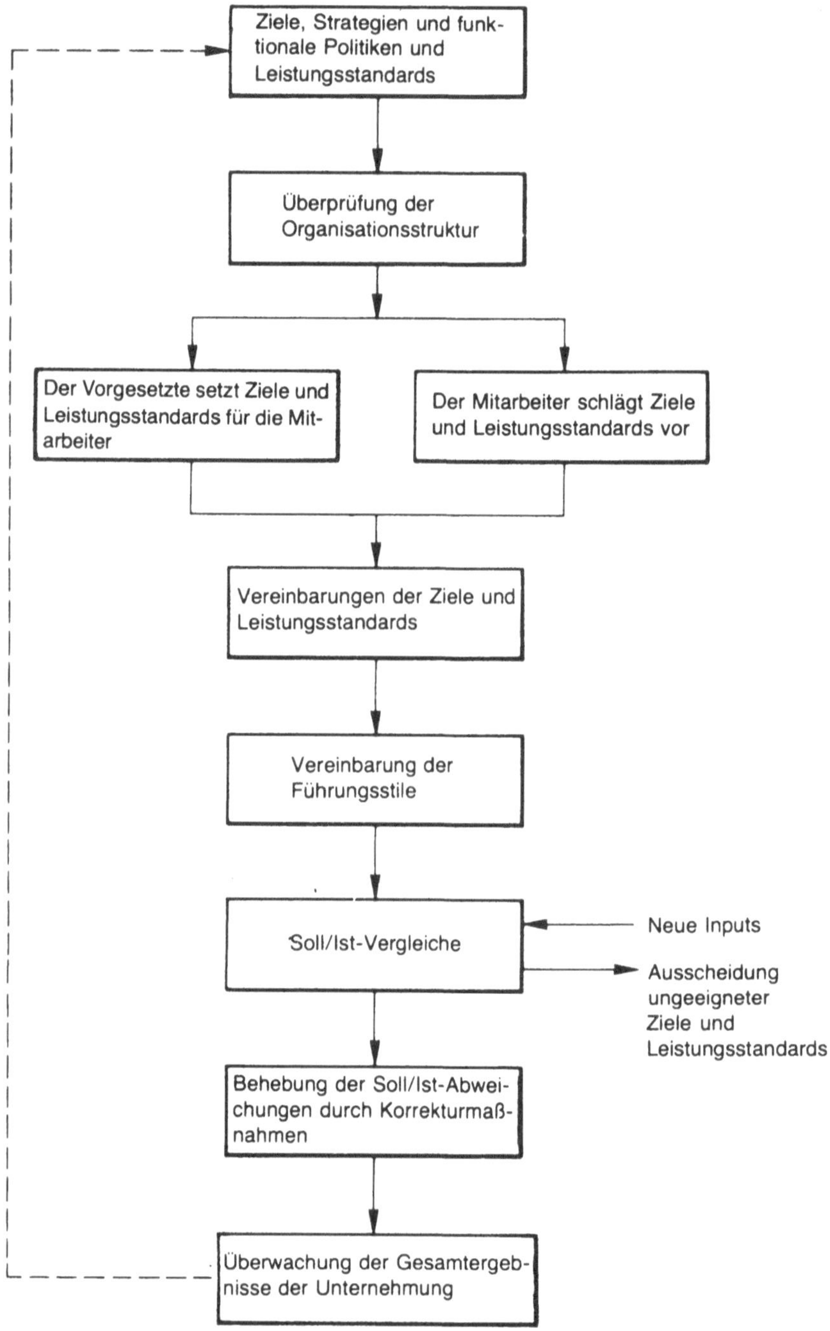

Abb. 2.29 Führung durch Vereinbarung von Zielen und Führungsstilen.

des Führungsverhaltens, mit dem am wirksamsten die vollständige Nutzung aller Kräfte in der Unternehmung erreicht werden kann.

Die Schaffung eines wirksamen Führungssystems setzt deshalb voraus, daß nicht nur die Anforderungen der Strategien und somit die durchzuführenden Aufgaben, sondern auch die Ziele und Erwartungen der Mitarbeiter berücksichtigt werden. Dies bedeutet, daß zwischen Mitarbeitern und Vorgesetzten nicht nur Ziele, sondern auch Führungsstile vereinbart werden müssen (Abb. 2.29): Der Vorgesetzte vereinbart Ziele, der Mitarbeiter bestimmt die Mittel und Wege zu ihrer Erreichung; im Anschluß daran wird der anzuwendende Führungsstil vereinbart.

Das dargestellt Führungsmodell baut sowohl auf den Wünschen der Mitarbeiter auf, die von ihnen als wesentlich angesehenen Bedürfnisse individueller Entfaltung zu erfüllen, als auch auf der Notwendigkeit, die Leistungsstandards laufend zu verbessern. Für die Mitarbeiter kann das Führungsmodell insofern von Nutzen sein, als es zeigt, daß nicht ausschließlich der Vorgesetzte, sondern ihr eigenes Verhalten weitgehend den Führungsstil bestimmt; es kann somit Anstöße für eine Überprüfung des eigenen Verhaltens geben. Für die Vorgesetzten kann das Führungsmodell ein wichtiges Motivations- und Anreizinstrument für eine kritische Reflexion über das eigene Verhalten darstellen; es kann auch dazu dienen zu prüfen, inwieweit sie ihrer Aufgabe gerecht werden, graduell den professionellen und psychologischen Reifegrad ihrer Mitarbeiter zu erhöhen und ihren Führungsstil in Übereinstimmung mit den spezifischen Forderungen einer bestimmten Situation zu ändern.

2.5 Die Kaderplanung und Kaderentwicklung

Ohne effiziente unternehmerische und technische Führungskräfte werden sinnvolle Strategien, wirksame Direktiven und klar abgegrenzte Geschäftseinheiten, Funktionsbereiche und regionale Tochtergesellschaften zu unrealistischen Aspirationen.

Die Förderung des psychologischen und professionellen Reifegrades der Führungskräfte ist eine Aufgabe, die von der Unternehmungsleitung auch bei Vorhandensein einer zentralen Stabsstelle „Kaderplanung und Kaderentwicklung" („Personal" oder „Gesamtstrategie") (Abb. 2.30) nie ganz delegiert werden kann[27]. Das in Abb. 2.30 dargestellte Organigramm einer innovationsorientierten Unternehmung ist ohne harmonische Beziehungen der Führungskräfte untereinander nicht funktionstüchtig.

Die Praxis der divisionalen Unternehmungen besteht darin, ein Komitee zur Kaderplanung und Kaderentwicklung, bestehend aus dem Leiter und dem Per-

[27] Der Ausdruck „Kader" wurde aufgrund des internationalen Sprachgebrauchs gewählt und ist synonym mit Grundführungsbestand einer Unternehmung.

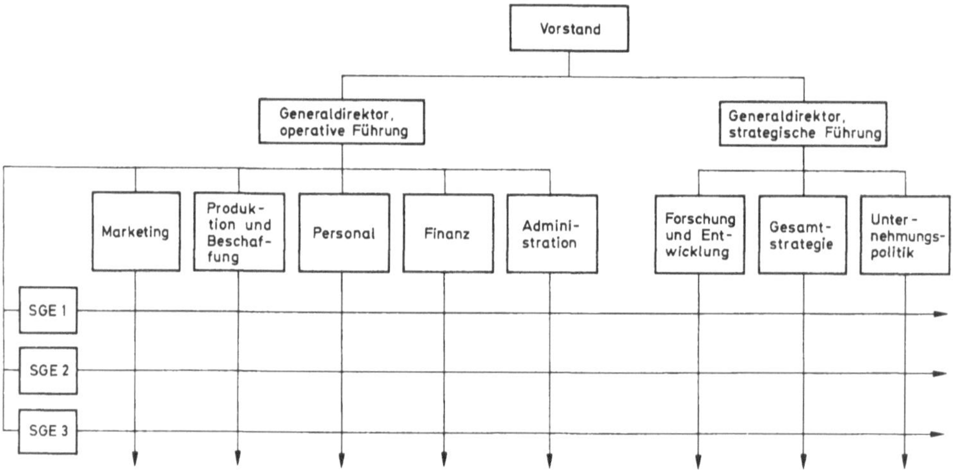

Abb. 2.30 Organisationsschema einer strategisch geführten Unternehmung (Beispiel)

sonalchef des Unternehmungsbereiches, den Leitern der strategischen Geschäftseinheiten sowie Mitgliedern der interessierten funktionalen Bereiche, in jedem Unternehmungsbereich einzurichten; die Komitees können von Fall zu Fall von Mitgliedern der zentralen Stabsstellen „Kaderplanung und Kaderentwicklung" und „Strategische Planung" („Entwicklungsstrategien und Innovation") unterstützt werden[28]. Zu den Aufgaben dieser Komitees zählen:

(1) Prognose des zukünftigen Kaderbedarfs für die Durchführung der Strategien;
(2) Inventarisierung der verfügbaren Kader;
(3) Festlegung eines tentativen Beförderungsprogrammes für die Besetzung der Positionen der strategischen Geschäftseinheiten und der divisionalen Strukturen;
(4) Formulierung von Ausbildungsprogrammen für die zur Beförderung vorgesehenen Kader;
(5) Einrichtung von Motivations- und Entgeltssystemen für die unter Punkt (4) ermittelten Führungskräfte.

Die nachstehende Abbildung (Abb. 2.31) mag den Prozeß der Kaderplanung und Kaderentwicklung erläutern. Die Bedeutung und die Art der fünf skizzierten Schritte sollen kurz dargelegt werden; eine detaillierte Analyse der Verfahren und Techniken liegt jedoch außerhalb des Zieles dieses Buches. Die Prognose des *zukünftigen Kaderbedarfs* für die Durchführung der Strategien muß nach zwei Richtungen geführt werden:

(1) Bestimmung der auszufüllenden Positionen, und
(2) Ermittlung der Qualifikationen der für diese Positionen benötigten Kader.

[28] Vgl. hierzu H. H. Hinterhuber, Innovationsdynamik und Unternehmungsführung, a. a. O., S. 148ff., S. 270ff. und die dort angeführte Literatur.

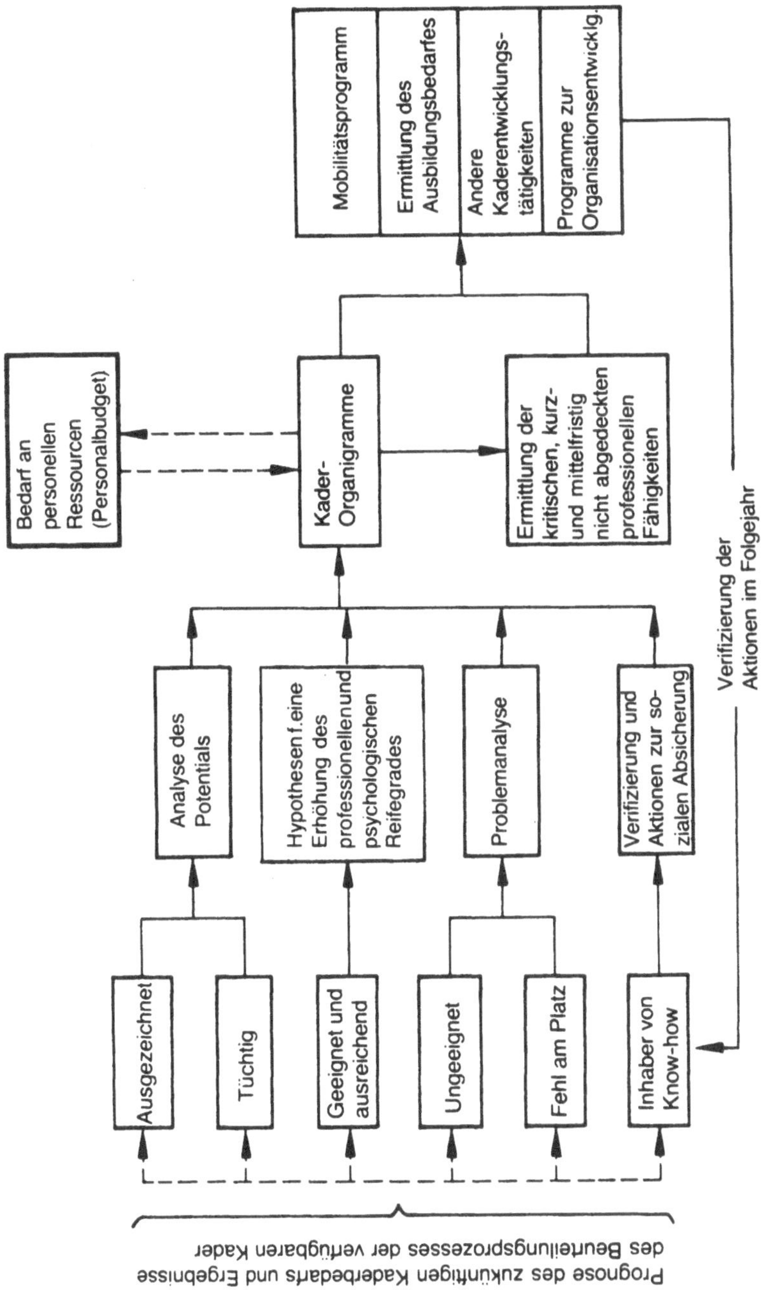

Abb. 2.31 Der Prozeß der Kaderplanung und Kaderentwicklung.

So sehr es nun richtig ist, daß die Konzeption der Organisation der Kaderauswahl vorausgeht, so wenig läßt sich andererseits leugnen, daß kurzfristig die Unternehmung von den verfügbaren Führungskräften geleitet werden muß; entsprechen diese nicht der idealen Organisation, muß die Organisation so geändert werden, daß optimale Resultate erzielt werden können. Die Kaderentwicklung muß mit dem Ziel fortgeführt werden, die bestmögliche zukünftige Organisation zu verwirklichen.

Wird bei der Formulierung der Strategien und Gestaltung der Organisation nach den in diesem Buch skizzierten Linien vorgegangen, ergibt sich ein langfristiger Organisationsplan mit den Beschreibungen der erforderlichen Schlüsselpositionen; dabei ist besonderer Wert auf die auszuführenden *Funktionen*, das Ausmaß der Dezentralisation, die von den Führungskräften auf den verschiedenen hierarchischen Ebenen zu fordernde Urteilsfähigkeit, Initiative und Kreativität sowie strategische Führungskompetenz zu legen.

In einer zweiten Phase müssen die auszuführenden Funktionen und zu erfüllenden Positionsanforderungen in *individuelle Spezifikationen* übersetzt werden; anders ausgedrückt, es sind die persönlichen Eigenschaften festzulegen, die eine Führungskraft haben muß, um eine bestimmte Position erfolgreich auszufüllen. Da das „Endprodukt" nicht genau definiert werden kann, können auch die personellen Anforderungen (Charakterfestigkeit, Verantwortungsfreude, Fachkönnen, Urteilsfähigkeit usw. oder Liste der durchzuführenden Tätigkeiten) nicht genau spezifiziert werden.

Berücksichtigt man weiter, daß die Kaderentwicklung nicht kurzfristig Resultate zeitigen kann, dann zeigt sich damit, daß die zukünftige Organisationsstruktur wichtiger als die gegenwärtige ist.

Die Prognose der auszufüllenden Positionen und dazu erforderlichen personellen Qualifikationen hängt von der strategischen Ausgangsposition, der Unternehmungspolitik, den gewählten Strategien und funktionalen Politiken ab; diese bestimmen die Organisationsstruktur und die an die Führungskräfte zu stellenden Anforderungen[29]. Der zweite Bestandteil der Kaderplanung und Kaderentwicklung ist *die Inventarisierung der verfügbaren Führungskräfte*; ihr Ziel besteht darin, Schwerpunkte in der normalen Beförderungsbewegung der Führungskräfte aufzuzeigen, Ausbildungsnotwendigkeiten zu ermitteln sowie die Führungskräfte zu identifizieren, deren Leistungspotential nicht genutzt wird[30]. Die Ergebnisse dieser Bestandsaufnahme sind in Abb. 2.31 zusammengefaßt:

(1) Führungskräfte mit einer sehr guten bis hervorragenden Beschreibung müssen im Hinblick auf die Besetzung freier oder vorgesehener Positionen auf

[29] Vgl. hierzu H. Albach, Kritische Wachstumsschwellen in der Unternehmungsentwicklung, in: „Zeitschrift für Betriebswirtschaft", 46 (1976), S. 683–696.

[30] Die Beurteilung der Führungskräfte erfolgt auf der Grundlage ihrer Beiträge zur Konzeption und Realisierung der Strategien und Aktionspläne; Beurteilungskriterien sind: Persönlichkeitsmerkmale, erzielte Ergebnisse und Leistungspotential. Siehe hierzu auch die Ausführungen im Abschnitt 5.2.

einer höheren Verantwortungsebene auf ihr *zukünftiges Potential* geprüft werden;

(2) individuelle Ausbildungsprogramme werden für die Führungskräfte festgelegt, deren Qualifikationen als ausreichend beurteilt werden;

(3) bei Führungskräften, deren Leistungen als nicht ausreichend betrachtet werden oder die „fehl am Platze“ scheinen, müssen die Ursachen der Nicht-Entsprechung ermittelt werden;

(4) technische und unternehmerische Kader, die über ein für die Unternehmung und ihre Entwicklung besonders wichtiges *Know-how* verfügen, werden gesondert behandelt und sozial abgesichert.

Die *Festlegung eines tentativen Entwicklungs- und Beförderungsprogrammes für die Ausfüllung von Führungspositionen* in den strategischen Geschäftseinheiten, Unternehmungsbereichen und zentralen Stabsstellen setzt eine detaillierte Analyse des Potentials der Führungskräfte voraus. Folgende Faktoren bestimmen das Potential:

(1) *Ganzheitliche Betrachtungsweise:*
Fähigkeit, Fakten oder Probleme als Teile eines größeren Systems zu sehen („Helikopterfähigkeit“) sowie Fähigkeit, seine Aufmerksamkeit gleichmäßig auf verschiedene, relativ voneinander unabhängige Beziehungsfelder zu verteilen

(2) *Kreativität, Intuition und Phantasie*:
Fähigkeit zu schöpferischen Einfällen; Fähigkeit, erfolgreich immer von neuem zu beginnen, Abstand zu gewinnen von der konkreten Situation und neue Möglichkeiten zu durchdenken

(3) *Analysefähigkeit*:
Fähigkeit, die wesentlichen Elemente eines Problems und seiner Ursachen zu erfassen, kritisch zu prüfen und Problemlösungen zu erarbeiten

(4) *Realitätssinn*:
Disziplin und Konkretheit im Denken; Fähigkeit, die Dinge so zu sehen, wie sie sind

(5) *Leadership*:
Fähigkeit, den Konsens zu organisieren und ein Individuum oder eine Gruppe im Hinblick auf die Erreichung eines Zieles hin zu leiten

(6) *Emotionale Stabilität*:
Kontinuität und Stabilität des Leistungsniveaus unter Streß- oder Konfliktbedingungen

(7) *Sensibilität*:
Fähigkeit, die Bedürfnisse der Mitarbeiter zu erkennen, sich entsprechend zu verhalten und objektiv zu erfassen, wie das eigene Verhalten von den anderen interpretiert wird

(8) *Flexibilität und Anpassungsfähigkeit*:
Fähigkeit, Führungsstil und Problemansatz im Hinblick auf die Erreichung eines Zieles hin zu ändern

(9) *Ausdauer*:
Fähigkeit, sich einem Problem bis zu seiner Lösung zu widmen

(10) *Initiative*:
Fähigkeit, die Umstände zu beeinflussen statt diese passiv zu akzeptieren
(11) *Synthesefähigkeit*:
Fähigkeit, auf der Basis konkreter Tatbestände zu logischen Schlußfolgerungen zu gelangen
(12) *Entscheidungsfähigkeit*:
Fähigkeit, rechtzeitig Entscheidungen unter Unsicherheit zu treffen
(13) *Organisationsfähigkeit*:
Fähigkeit, die eigene Tätigkeit und die der Mitarbeiter wirksam zu planen und zu organisieren
(14) *Kommunikationsfähigkeit*:
Fähigkeit, auf klare und überzeugende Art und Weise Ideen oder Tatbestände mündlich und schriftlich darzulegen
(15) *Karriereambitionen*:
Fähigkeit, sich mittelfristige Karriereziele zu setzen und sich selbst im Hinblick auf diese Ziele zu entwickeln
(16) *Breite des Interessenspektrums*:
Umfang und Tiefe der diversifizierten, aktiv kultivierten Interessen hinsichtlich sowohl des eigenen professionellen und geistigen Wachstums als auch der wirtschaftlichen und gesellschaftlichen Umwelt, in die die Unternehmung eingefügt ist
(17) *Risikobereitschaft*:
Fähigkeit, kalkulierte Risiken einzugehen und immer vorbereitet zu sein
(18) *Sinn für Perspektiven und Proportionen:*
Verbindung aus Kultur, Geschichtssinn, personen- und sachbezogenem Verhalten sowie personen- und sachbezogenem Wissen.

Im Falle einer *hohen* Bewertung des Potentials werden in der Regel Entwicklungshypothesen bis zur Verantwortungsstufe X + 2 in einer mittelfristigen Perspektive (3 bis 5 Jahre) vorgesehen. Bei einer durchschnittlichen Bewertung erstreckt sich die Karriereentwicklung bis zur Verantwortungsstufe X + 1, während bei einer niedrigen Bewertung eine eventuelle horizontale Versetzung erwogen wird (Abb. 2.32).

Diese Hypothesen finden ihren Niederschlag im *Kader-Organigramm*; im Hinblick auf die Verwendung homogener Daten orientiert sich die Erstellung des Kader-Organigrammes in der Regel an drei Kriterien:

(1) Im Organigramm einer jeden Organisationseinheit werden die Inhaber einer jeden Position, der sofort verfügbare und der kurzfristig verfügbare Nachwuchs ausgewiesen; „Schlüsselpositionen" werden gesondert hervorgehoben.
(2) Die Erstellung von Kader-Organigrammen reicht bis zu den unteren Verantwortungsstufen einer jeden Funktion, damit die Auswirkungen der eventuellen Mobilität der mittleren und oberen Führungskräfte auf die Organisationsstruktur erfaßt werden.

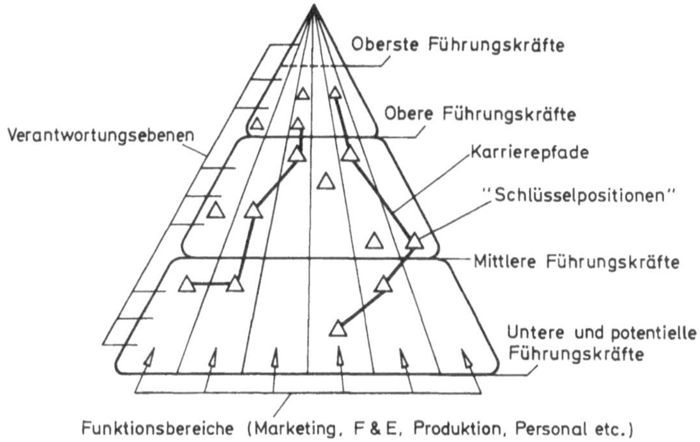

Abb. 2.32 Karrierepfade und Schlüsselpositionen in der Unternehmungshierarchie

(3) Dieselbe Person kann für die Besetzung verschiedener Positonen innerhalb oder außerhalb der eigenen Funktion in Erwägung gezogen werden.

Die Kader-Organigramme unterliegen einer häufigen Revision; da sie tentative Beförderungspläne darstellen, die in der Zukunft geändert werden können, sind sie vertraulich zu behandeln.

Als nächster Schritt der Kaderplanung und Kaderentwicklung schließt sich die *Erstellung von Ausbildungsprogrammen* für die zur Beförderung vorgesehenen Führungskräfte an. Da es sich hierbei um relativ wenige Führungskräfte handelt, die sich in unterschiedlichen Entwicklungsphasen befinden, muß die Führungsausbildung auf einer individuellen Basis durchgeführt werden. Folgende Fragen können die individuelle Gestaltung der Ausbildungsprogramme erleichtern:

(1) Um welche Führungspersönlichkeiten handelt es sich? Welche Qualifikationen, Stärken und Schwächen liegen vor?
(2) Was kann die Führungspersönlichkeit werden? Was sind ihre Möglichkeiten und Wachstumspotentiale?
(3) Was braucht die Führungspersönlichkeit, um die angestrebte Position zu erreichen? Welche zusätzlichen Erfahrungen, Kenntnisse usw. muß sie erwerben?
(4) Welches Aktionsprogramm ist zu erstellen? Welche Aktionen müssen durchgeführt werden, um die Erfahrungs-, Kenntnislücken usw. zu schließen?

Ein Aspekt der individuellen Entwicklungspläne verdient hervorgehoben zu werden: Der Großteil der Initiative und der Leistung muß von der Führungskraft selbst erbracht werden; die Unternehmung kann den Ausbildungsprozeß unterstützen und fördern, gute Führungskräfte werden nur herangebildet, wenn sie selbst die Hauptlast ihrer Entwicklung tragen.

Die Pläne für die Auswahl, Beförderung und Entwicklung der Führungskräfte müssen, um wirksam zu sein, von einer *Entgeltspolitik* begleitet sein, die den Erwartungen der Führungskräfte entspricht. Die Kaderplanung und Kaderentwicklung wird deshalb abgeschlossen durch

(1) Grundgehalts- und Pensionsregelung;
(2) Prämien- und Gewinnbeteiligungssysteme;
(3) Erwerb von Aktien der Unternehmung zu Vorzugsbedingungen;
(4) Nichtfinanzielle Gratifikationen.

Die *Gehaltsregelung* der Führungskräfte kann in der gleichen Weise wie die der Mitarbeiter auf niedrigeren Verantwortungsstufen vorgenommen werden[31].

(1) Vergleich der verschiedenen Positionen untereinander und Festlegung einer Rangordnung der Gehälter mit sinnvollen Bandbreiten,
(2) Herstellung von Verbindungen zwischen dem auf dem Markt vorherrschenden Entgeltsniveau für Führungskräfte und dem angestrebten Entgeltsniveau der Unternehmung,
(3) Berücksichtigung individueller Unterschiede durch die Festsetzung einer Bandbreite für jede Position.

Die Gehaltsregelung der Führungskräfte wird in der Regel durch *ein Prämien- und Gewinnbeteiligungssystem* ergänzt. Allgemein gilt, daß Grundgehalt plus durchschnittliche, über eine Reihe von Jahren gemittelte Prämien- und Gewinnbeteiligung dem Betrag entsprechen sollen, der einer vergleichbaren Führungskraft als Jahresvergütung ausbezahlt werden müßte. Der *Erwerb von Aktien der Unternehmung* zu Vorzugsbedingungen soll das Interesse der Führungskräfte am Schicksal der Unternehmung erhöhen und vermag in vielen Fällen, einen Beitrag zur Lösung ihrer Steuerprobleme zu leisten.

Nichtfinanzielle Gratifikationen wie Sicherheit des Arbeitsplatzes, Prestige, soziale Leistungen usw. schließlich zählen zu den vitalen Kräften, mit denen eine Unternehmung urteilsfähige Führungskräfte anzieht und bindet. Zusammenfassend ist festzuhalten, daß die Kaderplanung und Kaderentwicklung flexibel und sowohl den berechtigten Ansprüchen der Führungskräfte als auch den Anforderungen der Strategien angepaßt sein muß. Die Entwicklung urteilsfähiger Führungskräfte ist immer eine Frage der Persönlichkeit der obersten Führungskräfte der Unternehmung.

[31] Vgl. hierzu die Ausführungen im Abschnitt 1.5.

2.6 Strategie- und mitarbeiterorientierte Personal- und Organisationsentwicklung

Personal- und Organisationsentwicklung ist jede systematisch geplante und bewußt ausgeführte Anstrengung, die Effizienz und Flexibilität der Unternehmung im Sinne ihrer Strategien und der Bedürfnisse der Mitarbeiter mit Hilfe von verhaltenswissenschaftlichen Begriffen, Theorien und Ansätzen zu verbessern[32]. Die Änderungsbestrebungen können das Verhalten der Mitarbeiter, die Organisationsstruktur oder die laufenden und/oder geplanten Strategien betreffen. Während die Personalentwicklung versucht, die Mitarbeiter im Sinne ihrer *möglichen Evolution* zu beeinflussen, ist die Organisationsentwicklung bestrebt, die Werte und Verhaltensmuster der Organisation zu ändern, in denen diese tätig sind.

Der Prozeß der Personal- und Organisationsentwicklung läßt sich in acht logisch miteinander verbundene Unterprozesse oder Schritte gliedern (Abb. 2.33). Explizit oder implizit muß die Unternehmungsleitung

(1) jeden einzelnen Unterprozeß berücksichtigen und synchron zu den anderen gestalten, wenn das Personal- und Organisationsentwicklungsprogramm erfolgreich verlaufen soll,
(2) die Vielfalt der alternativ einsetzbaren Methoden anerkennen, und
(3) ein flexibles, in eine längerfristige Zukunft gerichtetes Verhalten zeigen.

Das in Abb. 2.33 dargestellte Modell geht davon aus, daß *unternehmungsexterne und -interne Kräfte* laufend auf die Unternehmung einwirken und Änderungen in ihren *Strategien* verlangen. Die unternehmungsexternen Änderungskräfte lassen sich auf Nachfrageverschiebungen, den technischen Fortschritt, das Verhalten der Institutionen und auf die Evolution der gesellschaftlichen Strukturen zurückführen; unternehmungsinterne Änderungskräfte sind neben der Produktivität die *organisatorischen Rahmenbedingungen*: Führungsklima, Unternehmungskultur und formale Organisationsstrukturen. Personal- und Organisationsentwicklungsprozesse werden von den beiden Änderungskräften – Strategien und organisatorische Rahmenbedingungen – ausgelöst.

Die Basis für das *Bewußtwerden* der Notwendigkeit einer Änderung (oder auch keiner Änderung) ist ein funktionierendes Berichts- und Kommunikationssystem; die wichtigsten Informationen stammen aus der Beurteilung der Strategien *vor* ihrer Umsetzung und dem Überwachungssystem der Strategien und Aktionsprogramme während ihrer Ausführung. Die Führungskräfte müssen lernen zuzuhören, zu kommunizieren, zu erklären und das gegenseitige Verständnis zu fördern, wenn sie die Notwendigkeit von Änderungen rechtzeitig erkennen wollen.

Die Ziele des dritten Unterprozesses – *Diagnose des Problems* – ergeben sich aus der Beantwortung der folgenden drei Fragen:

[32] Vgl. hierzu J.H. Donnelly, J.L. Gibson u. J.M. Invancevich, Fundamentals of Management: Functions, Behavior, Models, 5. Aufl., Dallas 1984, S. 301 ff.

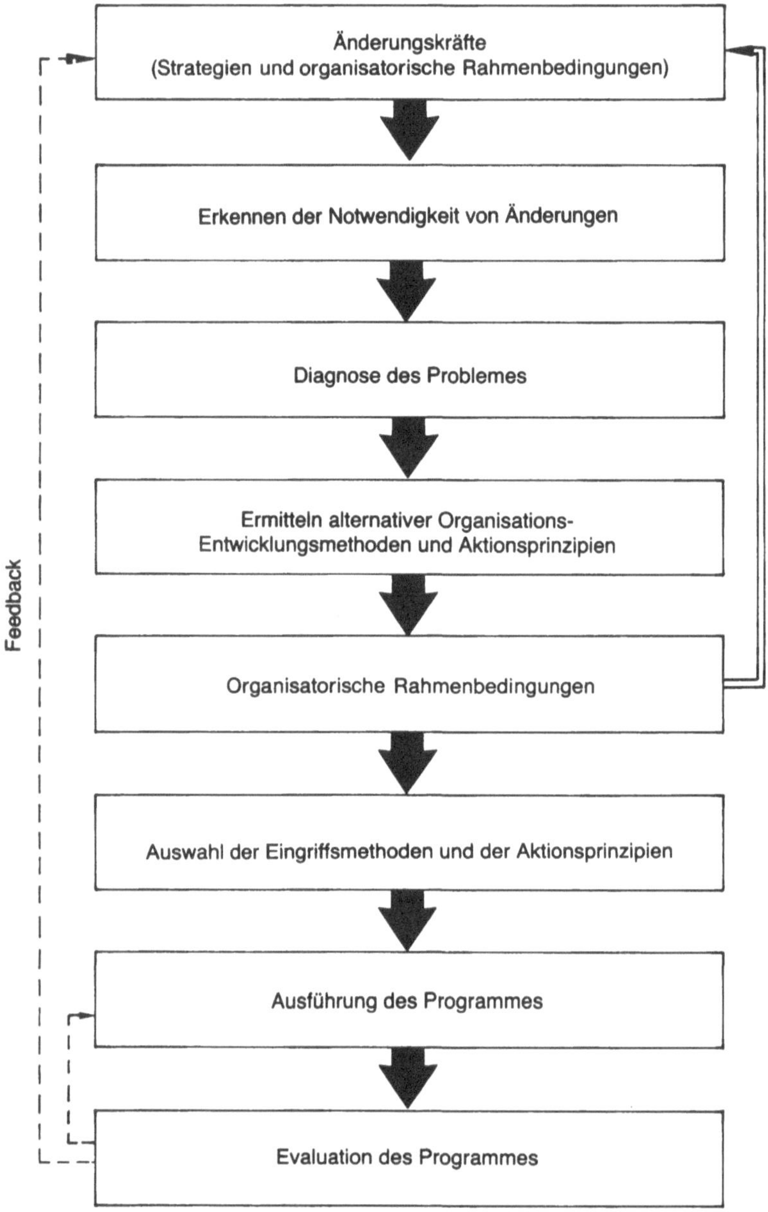

Abb. 2.33 Grundschema der strategie- und mitarbeiterorientierten Personal- und Organisationsentwicklung (modifiziert nach J. H. Donelly, J. L. Gibson u. J. M. Ivancevich).

(1) Was ist das Problem, im Unterschied zu den Symptomen des Problems?
(2) Was muß geändert werden, um das Problem zu lösen?
(3) Welche Ergebnisse werden mit der Änderung erwartet und mit welchen Kriterien werden sie gemessen?

Die Antworten auf diese Fragen stammen in der Regel von Ad-hoc-Arbeitsgruppen, die die Ergebnisse der Besprechungen zwischen Führungskräften und Mitarbeitern aufbereiten. Die Analysen betreffen

(1) die Prognose des zukünftigen, für die Durchführung der Strategien benötigten Mitarbeiterbedarfs,
(2) die Beurteilung der verfügbaren Mitarbeiter (Abb. 2.34) und der Arbeitsbedingungen,
(3) die Festlegung eines tentativen Beförderungs- und Versetzungsprogrammes für die Besetzung der in den Strategien und funktionalen Aktionsplänen vorgesehenen Positionen,
(4) die Formulierung von Ausbildungsprogrammen für die unter Punkt (3) ermittelten Mitarbeiter,
(5) die Einrichtung von geeigneten Entgeltssystemen und nichtmonetären Gratifikationen, und
(6) die Qualität der Führung.

Vom Ansatz, den die Unternehmungsleitung benützt, um das Problem zu diagnostizieren, hängt wesentlich der Erfolg der Personal- und Organisationsentwicklung ab. In der Phase der Diagnose müssen, abschließend, spezifische *Änderungsziele und Leistungsstandards* formuliert werden, an Hand derer der Änderungsprozeß geführt und die Fortschritte beurteilt werden können.

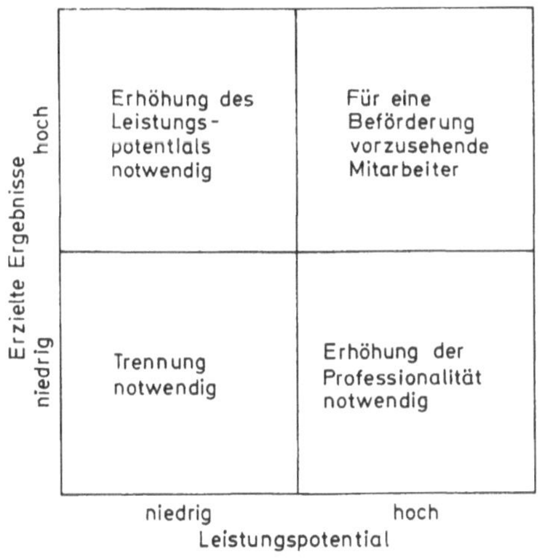

Abb. 2.34 Grundschema der Mitarbeiterbeurteilung

Beispiele für *finanz- und leistungswirtschaftliche Ziele* sind:
- ROI, ROS u.ä.,
- Marktanteile, Umsatzzahlen, Produktivitätsniveaus, Stückkosten in zeitlicher Profilierung usw.

Beispiele für *personal- und organisationspolitische Ziele* sind:
- Senkung der Absenteismus- und *Turnover*-Rate auf ein innerhalb einer gegebenen Zeit zu erwartendes Niveau,
- Ausbildung von x Mitarbeitern in bezug auf die Anforderungen der Strategien und funktionalen Aktionspläne,
- Verwirklichung des Kader-Organigrammes in Einklang mit den geplanten Strategien,
- u.a.m.

Was immer die Ziele sind, sie müssen mit den betroffenen Mitarbeitern vereinbart werden, explizit und, wenn möglich, meßbar sein.

Die Auswahl der Änderungstechnik hängt von der Art des Problems ab, das die Unternehmungsleitung diagnostiziert hat. Die Unternehmungsleitung muß prüfen, welche *alternative Personal- und Organisationsentwicklungsmethoden* und welche *Aktionsprinzipien* mit der höchsten Erfolgswahrscheinlichkeit zum gewünschten Ergebnis führen. Auf die Methoden, mit denen Haltungen, Strukturen und/oder Technologien im Einklang mit den Strategien geändert werden können, wird hier nicht eingegangen.

Die Auswahl der Änderungstechnik hängt nicht nur von der Diagnose des Problems, sondern auch von den vorgegebenen *organisatorischen Rahmenbedingungen* ab. Drei Arten von organisatorischen Rahmenbedingungen müssen unterschieden werden:

(1) das Führungsklima, das aus den Führungsstilen und dem Führungsverhalten der Vorgesetzten resultiert,
(2) die formalen Organisationsstrukturen, und
(3) die Unternehmungskultur.

Jedes Änderungsprogramm, das nicht die *Unterstützung und das Engagement der Unternehmungsleitung* besitzt, hat geringe Erfolgsaussichten; die Unternehmungsleitung muß, mit anderen Worten, wenigstens neutral gegenüber der Änderung sein. Darüber hinaus können die Führungsstile selbst Gegenstand der Änderungsbestrebungen sein.

Die *formale Organisation* muß mit der vorgeschlagenen Änderung kompatibel sein; eine Änderung der Technologie, die Arbeitskräfte freisetzt, steht z.B. im Widerspruch zu einer Poltik der Arbeitsplatzsicherung.

Die *Unternehmungskultur*, schließlich, ist die Resultierende aus den Wertvorstellungen, Normen und informellen Tätigkeiten von Gruppen von Mitarbeitern. Die Änderungsbemühungen müssen den Erwartungen und Einstellungen der Mitarbeiter Rechnung tragen.

Die Realität der limitierenden Rahmenbedingungen ist häufig so, daß sich die Unternehmungsleitung mit bescheidenen Änderungen zufriedengeben muß. Jede Durchsetzung einer Änderung, die nicht die von der gegebenen Organisation vorgegebenen Rahmenbedingungen berücksichtigt, verstärkt die Probleme, die den Änderungsprozeß hervorgerufen haben. Insgesamt bilden die Rahmenbedingungen das „Änderungsklima", das positiv oder negativ und somit selbst Gegenstand des Personal- und Organisationsentwicklungsprozesses sein kann.

Die Auswahl der *Eingriffsmethode* und des *Aktionsprinzips* erfolgt mit dem Ziel, den Widerstand der durch die Änderung betroffenen Mitarbeiter zu minimieren und die Kooperation und Unterstützung zu maximieren. Die Art und Weise, *wie* der Änderungsprozeß vom Beginn bis zum Ende geführt wird, bestimmt die Reaktionen der Mitarbeiter, die in der Regel um so härter ausfallen, je weniger die Mitarbeiter in den Entscheidungsprozeß involviert werden. Letzten Endes sind es drei Faktoren, von denen die Eingriffsstrategie abhängt: das Problem oder die unternehmungsspezifische Situation, die Teilnehmer am Änderungsprozeß und die organisatorischen Rahmenbedingungen.

Die *Ausführung des Änderungsprogrammes* hat zwei Dimensionen: die Wahl (1) des zweckmäßigsten Zeitpunktes der Initiierung des Prozesses und (2) der zweckmäßigsten Größenordung der Änderung.

Die Wahl des zweckmäßigsten Zeitpunktes ist entscheidend für den Erfolg des Programmes und hängt vom Rhythmus der Unternehmungstätigkeiten und von der Wichtigkeit und Dringlichkeit der Änderungsmaßnahmen ab. Stufenweise Eingriffe reduzieren die Größenordnung der Änderungen und liefern die Rückkoppelung für die Steuerung des Prozesses.

Wie aus Abb. 2.33 hervorgeht, betrifft die Rückkoppelung sowohl die Ausführungsphase als auch die Kräfte, die die Änderung hervorgerufen haben, und zwar deshalb, weil die Änderung selbst eine neue Situation schafft, die zu neuen Problemen führt.

In der *Beurteilungsphase* müssen zwei Probleme gelöst werden: (1) der Erwerb von Daten, um die angestrebten Ziele zu messen, und (2) die Abschätzung des voraussichtlichen Verbesserungstrends im Zeitablauf.

Während die Durchführung eines Soll/Ist-Vergleichs relativ einfach ist – die Impulse für die Änderung liegen in der Verschlechterung der Leistungskriterien, deren Ursachen die Unternehmungsleitung auf das Verhalten der Mitarbeiter, die Strukturen oder die Strategien zurückführt –, bereitet die Abschätzung des Verbesserungstrends im Zeitverlauf größere Schwierigkeiten. Jeder Trend hat drei Dimensionen: die Anzeichen der ersten Verbesserung (oder Verschlechterung), das Ausmaß der Verbesserung und die Dauer der Verbesserung. Das Problem besteht darin, die Abweichungen des tatsächlichen Verlaufs vom erwarteten Verlauf möglichst klein zu halten; es läßt sich mit Hilfe des Überwachungssystems der Unternehmung lösen, wenn die Unternehmungsleitung meßbare Ziele vereinbart, Informationen für den Vergleich mit den effektiv erzielten Ergebnissen bereitstellt und integrierende und/oder Korrekturmaßnahmen vollzieht.

Das dargestellte Modell kann, abschließend, dazu beitragen, den Wandel, der alle Bereiche der modernen Welt umfaßt, systematisch im Interesse der Unternehmung und nach Maßgabe der Bedürfnisse der Mitarbeiter zu steuern. Führungskräfte sind nur dann erfolgreich, wenn sie sowohl die Anforderungen der Strategien, d.h. *die Bedürfnisse der Organisation, als auch die Bedürfnisse der Mitarbeiter erfüllen*[33].

Das Grundproblem der Personal- und Organisationsentwicklung besteht zusammenfassend darin, die Anforderungen der einzelnen Individuen und die Anforderungen, die sich aus der Situation der Unternehmung und aus ihren Zielen und Strategien als Ganzes ergeben, in ein *harmonisches Verhältnis* zu bringen. In der effizienten Synthese dieser beiden Zielarten liegt der Schlüssel für die strategische Führung einer Unternehmung in einer Situation, in der aufgrund der Beschleunigung der Veränderung ein kreatives, flexibles und pragmatisches Verhalten der Mitarbeiter auf allen Verantwortungsebenen gefördert werden muß. Die Qualität und Überlegenheit der personellen Ressourcen sind die wichtigsten Wettbewerbsvorteile, über die eine Unternehmung im Vergleich zu ihren Konkurrenten verfügt. Die Aktivierung und Motivation der Mitarbeiter müssen deshalb zu einem *prioritären Anliegen der Unternehmungsleitung* werden.

Der Erfolg der Personal- und Organisationsentwicklung hängt davon ab, daß die Unternehmungsleitung nicht nur „im Prinzip" die Regeln akzeptiert, sondern ein mit den Strategien konsistentes und pragmatisches Vorgehen beweist und ein Verhalten vorlebt, mit dem sie die Loyalität ihrer Mitarbeiter gewinnt und sie bewegt, ihre Energien in den Dienst der Unternehmungsstrategien zu stellen.

Die Aktivierung und Motivation der Mitarbeiter beginnen bei grundlegenden Dingen wie: Einstellung, Beförderung, Ausbildung, Entgelt, Arbeitsplatzgestaltung, Überwachung, Information, Führungsverhalten und dgl. mehr; sie hängen letzten Endes von der Fähigkeit der Führungskräfte ab, die Unternehmungssituation so zu gestalten, daß die jeweils vorhandenen Werte der Mitarbeiter zu Aktionen führen und Strategien unterstützen, die im Interesse der Unternehmung liegen.

[33] Vgl. hierzu H.H. Hinterhuber und St. Laske (Hrsg.), Zukunftsorientierte Unternehmungspolitik a.a.O., S.72ff.

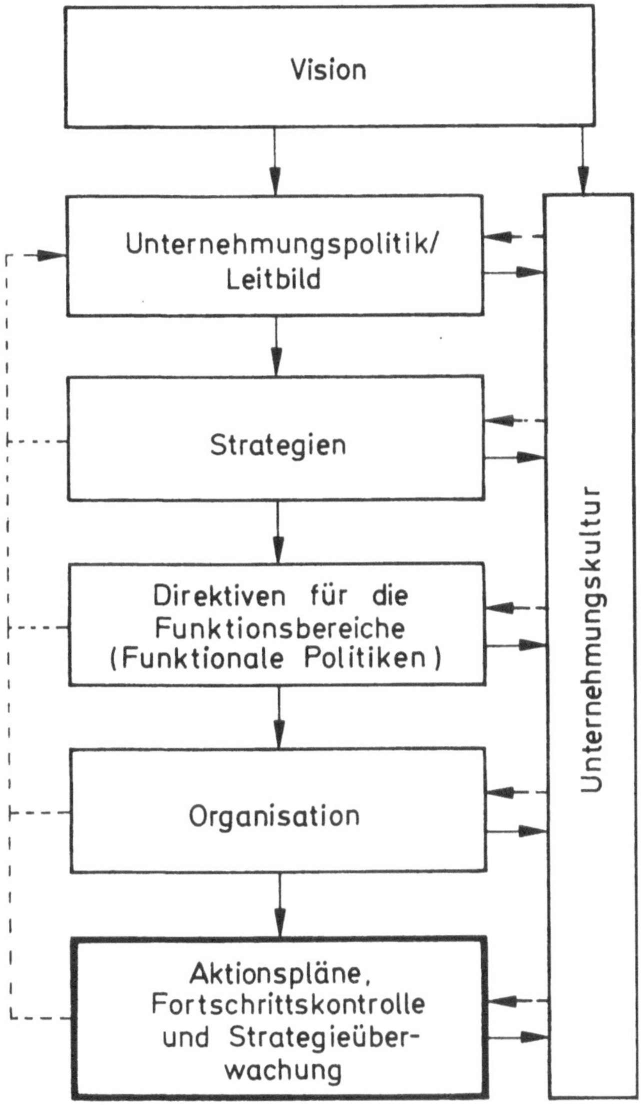

Die Wurzel der Führungsfähigkeit.
Die Aufgaben der Unternehmungsleitung.
Die kurz-, mittel- und langfristige Durchführungpsplanung.
Das Motivationssystem.
Das Überwachungs- und Revisionssystem.

3. Aktionspläne, Fortschrittskontrolle und Strategieüberwachung

Gott gebe mir die Gelassenheit,
Dinge hinzunehmen, die ich nicht
ändern kann, den Mut, Dinge zu
ändern, die ich ändern kann, und
die Weisheit, das eine von dem
anderen zu unterscheiden.
Oetinger

3.1. Die Wurzel der Führungsfähigkeit

Die Unternehmungsleitung muß bei der Strategieumsetzung Pflichterfüllung und Integrität mit Herz und Verstand vorleben. Alles menschliche Handeln ist darauf gerichtet, in bewußter Anstrengung, jedoch ohne Zwang auf den Mitmenschen auszuüben, den Zustand der Gesellschaft zu verbessern. Hier liegt die Wurzel der Führungsfähigkeit. Auch im unternehmerischen Bereich geht es darum, den Zustand der Unternehmung auf der Grundlage einer Vision, eines Leitbildes und einer Strategie zu verbessern.

Die Umsetzung der Strategie unterscheidet sich wesentlich von ihrer Formulierung. Die Formulierung der Strategie ist eine unternehmerische, ihre Umsetzung mehr eine administrative Angelegenheit. Bei der Formulierung der Strategie ist ein „kreatives Chaos" häufig förderlich, für ihre Umsetzung sind jedoch Disziplin, Planung, Motivationsfähigkeit und Kontrolle entscheidend. Die Umsetzung der Strategie verlangt in der Regel viel mehr Energie und Zeit als ihre Formulierung. Im folgenden werden die Verhaltensweisen dargestellt und die Instrumente aufgezeigt, die die Unternehmungsleitung braucht, um die Strategien wirksam zu realisieren[1].

3.2 Die Aufgaben der Unternehmungsleitung

Es sind vor allem vier Aufgaben, die von der Unternehmungsleitung zu erfüllen sind, um den Erfolg der Strategien sicherzustellen:

(1) die Mitarbeiter auf allen Verantwortungsebenen bewegen, engagiert ihren Beitrag für die Umsetzung der Strategien zu leisten,

(2) ein einfaches, aber wirkungsvolles operatives Planungssystem einrichten,

[1] Die Ausführungen folgen der vom Verfasser in Zusammenarbeit mit E. Krauthammer publizierten Arbeit Aktionspläne und Kontrolle, Genf 1989.

(3) darauf aufbauend, ein Kontrollsystem entwickeln, das konstruktiv hilft, integrierende und/oder Korrekturmaßnahmen rechtzeitig einzuleiten, wenn Abweichungen zwischen den Zielen und erreichten Ergebnissen sichtbar werden, und
(4) die „politische“ Dimension einer jeden Veränderung berücksichtigen[2].

Für die Ausführung des strategischen Plans braucht man ein Motivations-, Planungs- und Kontrollsystem. Alle Abteilungen einer Unternehmung, vom Vertrieb bis zur Verwaltung, müssen sich die folgenden Fragen stellen: „Was wird von uns verlangt, damit wir unseren Teil des strategischen Plans erfüllen?“, „Wie können wir unseren Beitrag am besten leisten?“ und „Welches Kontrollsystem brauchen wir, um sicherzugehen, daß wir die vereinbarten Ziele auch erfüllt haben?“

Der Vorstandsvorsitzende einer großen Unternehmung sagt: „Ich habe nie eine strategische Entscheidung getroffen, ohne mich mit meinen Kollegen zu beraten. Es wäre für mich unvorstellbar, eine strategische Entscheidung allein zu treffen. Erstens helfen mir meine Kollegen, in den meisten Fällen eine bessere Entscheidung zu treffen als ich es allein könnte. Zweitens, wenn sie in die Entscheidung miteinbezogen werden und zustimmen, werden sie sie tragen und unterstützen. Andernfalls könnten sie sie in Frage stellen, vielleicht nicht offen, aber unbewußt“. Diese Aussage zeigt, daß alle Organisationen „politisch“ sind: Die Beweggründe und Ambitionen der Führungskräfte, die Karriereleiter hinaufzuklettern, die Konflikte und Koalitionen, die bei der Umsetzung der Strategien entstehen oder sich auflösen, die bestehenden Hierarchien, Eitelkeit, Egoismus, Faulheit, Neid und andere negative Emotionen, viele Faktoren mit einem „politischen“ Charakter sind von der Unternehmungsleitung zu berücksichtigen und mit rationalen Elementen abzuwägen, wenn in der Umsetzung die strategischen Ziele erreicht werden sollen.

Es wäre naiv anzunehmen, eine Strategie ließe sich ohne Berücksichtigung unternehmungsinterner „politischer“ Erwägungen wirksam umsetzen. Es zählt zu den Aufgaben der Unternehmungsleitung, die wichtigsten Entscheidungszentren in der Organisation für die Umsetzung der Strategien zu gewinnen. Zu diesem Zweck muß sie den Widerstand seitens der Führungskräfte überwinden, deren Verantwortungsbereiche durch die Ausführung der Aktionspläne eingeengt oder umstrukturiert werden. Als Beispiel mag hier der Fall dreier Spitzenführungskräfte in einer großen Unternehmung dienen, die sich andauernd bekämpften; als die Unternehmungsleitung Maßnahmen ankündigte, die ihre Handlungsfreiheit und ihren Budgetrahmen stark beschnitten hätten, bildeten sie eine starke Koalition und koordinierten selbst die Angelegenheiten, die die Ursachen der Reibereien waren.

Strategieformulierung und -umsetzung werden in vielen Unternehmungen mit Hilfe von Strategiekommissionen so institutionalisiert, daß die Führungs-

[2] Vgl. hierzu A. A. Thompson u. A. J. Strickland, Strategy Formulation and Implementation, Plasso, Texas 1983, S. 395ff.

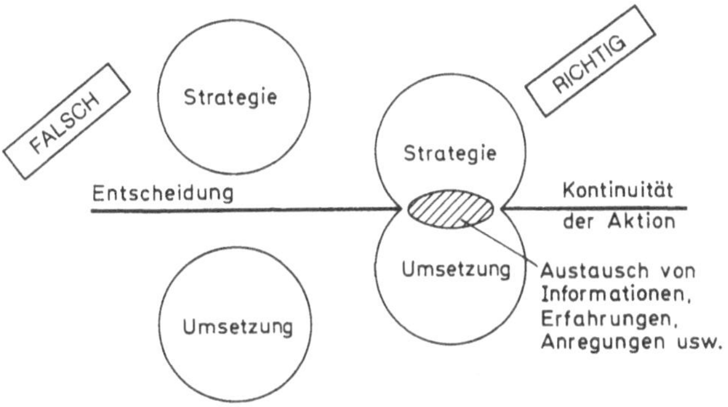

Abb. 3.1 Die Interdependenz von Strategie und Umsetzung

kräfte auf allen Verantwortungsebenen sowohl in den Planungs- als auch in den Ausführungsprozeß eingeschaltet sind (Abb. 3.1). Die beiden Phasen überlagern sich: Der Anstoß kann von der Unternehmungsleitung kommen, die Details der Umsetzung werden jedoch sofort in den betroffenen Funktionsbereichen geprüft und fließen unmittelbar in den strategischen Plan ein, der wieder in den Funktionsbereichen geprüft wird. Die Steuerung dieses Prozesses, in dem sich Strategieformulierung und -umsetzung nicht klar trennen lassen, liegt in den Händen der für die strategischen Geschäftseinheiten verantwortlichen Führungskräfte. Die Umsetzung der Strategien wird durch diesen iterativen Informationsprozeß wesentlich beschleunigt, da viele Probleme „politischer" Natur bereits bei der Formulierung der Strategien und der strategischen Pläne aus dem Weg geschafft worden sind (Abb. 3.2)[3].

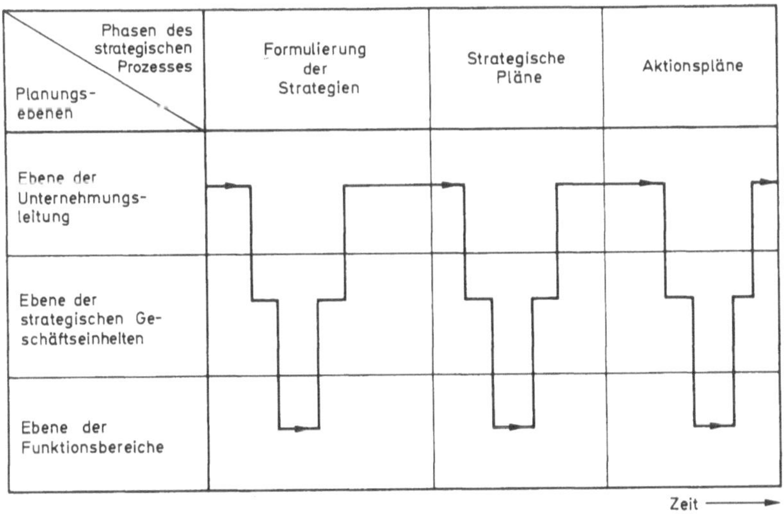

Abb. 3.2 Der strategische und operative Planungsprozeß als iterativer Prozeß, an dem Führungskräfte und Mitarbeiter auf vielen Verantwortungsebenen beteiligt sind

[3] Vgl. auch die Ausführungen im Abschnitt I.4.5.

3.3 Die kurz-, mittel- und langfristige Durchführungsplanung

Aufgrund ihrer *Entscheidungsorientierung* und differenzierten *Ausrichtung auf das Gesamtsystem* der Unternehmung bietet die strategische Planung keine Gemeinplätze wie:

Die Unternehmung wird weiterwachsen und die Rendite erhöhen durch
- gleichbleibend hohes Innovationsniveau
- aggressive Kostensenkungsmaßnahmen auf allen Ebenen usw.,

sondern *konkrete Denkansätze und Handlungsmöglichkeiten*:
Die Unternehmung wird weiterwachsen und die Rendite erhöhen durch:
- Verlagerung des Schwerpunktes auf die Abnehmerkreise A, B und C, d. h. z. B. Lieferung an Endverbraucher und nur begrenzt an den Handel,
- Bereinigung des Produktionsprogrammes zugunsten von Großserienerzeugnissen und unter Aufgabe vieler Spezialprodukte,
- Investition in automatisierte Produktionsverfahren, d. h. z. B. keine Fertigung in kleinen Serien und nach Kundenspezifikationen,
- Beschleunigung des Entwicklungsprogrammes X,
- u. a. m.

Im Unterschied zur Strategie, die mit einem Kompaß vergleichbar ist, der die einzuschlagende Richtung angibt, ähnelt der Aktionsplan einer Landkarte mit genauen Marschanweisungen. Je mehr die Führungskräfte und Mitarbeiter auf allen Verantwortungsebenen motiviert sind, Probleme „vor Ort" zu lösen, Stärken auszuspielen, Chancen zu erkennen und Vorschläge zu machen, und je besser sie die strategischen Absichten ihrer Vorgesetzten kennen, desto erfolgreicher läßt sich der „ursprünglich leitende Gedanke entsprechend den stets sich ändernden Verhältnissen" fortbilden.

Der Verwirklichung dieser Denkansätze und Handlungsmöglichkeiten („to get things done") dienen

(1) die kurz-, mittel- und langfristige Durchführungsplanung, die die zu bestimmten Zeitpunkten durchzuführenden Aktionen betrifft,
(2) die Einrichtung eines geeigneten Motivationssystems,
(3) die Überwachung, d. h. der Vergleich der effektiv erzielten Resultate mit den Plänen, und
(4) ein wirksames und konstruktives Informationssystem.

Die Unternehmungsleitung muß einen bedeutenden Teil ihrer Energie der Durchführung der Strategien widmen; die Formulierung der Strategien, die Festlegung funktionaler Politiken und die Gestaltung der Organisation bestimmen den Handlungsrahmen, ohne Aktionen der Linie werden aber keine Produkte hervorgebracht, Dienstleistungen bereitgestellt und Gewinne erzielt.

Die vier Phasen der Durchführung – Aktionspläne, Motivation, Kontrolle und „politisches" Vorgehen – sind durch fließende Übergänge gekennzeichnet; die Führung der Unternehmung ist ein kontinuierlicher und komplexer Prozeß, in dem laufende Informationen für Kontrollmaßnahmen der kurz- und mittelfristigen Planung dienen, Änderungen in den funktionalen Politiken die Ablauforganisation, Kontrollverfahren, Usancen und dgl. mehr beeinflussen. Für ein korrektes Verständnis des Führungsverhaltens erscheint jedoch die Vierteilung der Durchführungsphase wesentlich[4]. Die strategische Planung unterscheidet sich grundsätzlich von der *Durchführungsplanung* (kurz-, mittel- und langfristige Planung) (Abb. 3.3). Nach der Klärung der Frage, *was* womit getan werden soll, sind mit Hilfe der kurz-, mittel- und langfristigen Durchführungsplanung die Hauptschritte zu bestimmen, die – in zeitlicher Profilierung – für die Erreichung der Ziele notwendig sind. Die Unternehmungsleitung greift in diesen Prozeß der Erstellung eines integrierten Planes (was, womit, wie, wann und wo) durch die Mitwirkung bei der Formulierung von größeren Aktionsprogrammen ein, wobei detaillierte Dispositionen delegiert werden. Dabei muß von den Ausführungszentren verlangt werden, daß sie in der Lage sind, ihre Aktionen in den zeitlichen Rahmen der Strategiedurchführung einzufügen (Abb. 3.4).

Der strategische Plan soll allen Führungskräften klarmachen, was sie schon *heute* zur Sicherung der Grundlagen für eine erfolgreiche Fortsetzung oder Verbesserung des bisherigen Weges der Unternehmung tun müssen; er schließt alle Unternehmungsbereiche, Zentralbereiche und funktionalen Aktivitäten ein und ist die Richtschnur für die Unternehmungsentscheidungen bis zu seiner Revidierung. Der strategische Plan als organische Gesamtheit der Ziele, Strategien und Aktionsprogramme ist weder eine Vorhersage noch ein Budget, sondern *Ausdruck der Verpflichtung und des Willens der Unternehmungsleitung*; er enthält, wie erwähnt, kein Layout einer Reihe von Entscheidungen, sondern bildet den Rahmen, innerhalb dessen notwendige Entscheidungen heute getroffen und in den neue Entscheidungen in Zukunft eingefügt werden können, wenn zusätzliche Informationen verfügbar sind. Nur wenn die Unternehmungsleitung einen klaren strategischen Plan aufgrund von eigenen Zielvorstellungen verfolgt, kann sie sich taktische Abweichungen erlauben.

Führungskräfte motivieren heißt, sie dahin zu bringen, daß sie die Entscheidungen, die sie im Interesse der Unternehmung treffen, als im eigenen Interesse getroffene betrachten. Motivation allein ist zu wenig; die Unternehmungsleitung muß auch die notwendigen Schritte einleiten, damit geschieht, was im strategischen Plan vorgesehen ist. Dazu braucht sie ein funktionierendes *operatives Planungssystem*. Dieses gibt an, wo die einzelnen strategischen Geschäftseinheiten und die Unternehmung als Ganzes mit ihren Funktions- und Zentralbereichen in bezug auf den strategischen Plan stehen und welche Maßnahmen wann, womit, wie und von wem auszuführen sind, damit die strategischen Ziele auch erreicht werden können. Der Zusammenhang des operativen mit dem strategischen Planungssystem einer Unternehmung ist in Abb. 3.5 dargestellt.

Die funktionalen Politiken und die Organisation bestimmen die Handlungsfreiheit, über die die einzelnen Führungskräfte in der Umsetzung verfügen; die

[4] Vgl. hierzu im einzelnen W. H. Newman, J. P. Logan u. W. H. Hegarty, Strategy, Policy, and Central Management, a.a.O., S. 515ff.

Strategische Planung	Durchführungsplanung
Ausrichtung – Auswahl der Produkt/Markt-Kombinationen unter langfristigen Gewinngesichtspunkten und Einhaltung von Randbedingungen – Entsprechende Zuteilung der insgesamt verfügbaren Ressourcen an die strategischen Geschäftseinheiten – Innovationsorientiert, ganzheitlich	*Ausrichtung* – Realisierung des Gewinnpotentials innerhalb der gewählten Produkt/Markt-Kombinationen – Budgetierung der Ressourcen nach Funktionsbereichen – Operationsorientiert, inkremental
Weitgehend qualitativ – Beurteilung von Trends, Stärken/Schwächen und Konkurrenzstrategien ist wichtig – Finanzdaten hauptsächlich zur Bewertung von Alternativen erforderlich – Rahmen für konkrete Aktionspläne (Durchführungsplanung)	*Weitgehend quantitativ* – Zwingt Beteiligte, Programme zu erarbeiten – Sehr spezifische Details und Zahlen – Ableitung von Finanzierungsmaßnahmen und „Führung durch Vorgabe und Vereinbarung von Kennziffern"
Hauptinstrumente – Portfolio-Matrix, „Wertekette", Konkurrentenanalyse, Stärken/Schwächen-Profile, Wenn/Dann-Überlegungen	*Hauptinstrumente* – Kurz-, mittel- und langfristige Pläne – Netzplantechnik
Art der Planung – Wenig strukturiert – Kontinuierlich, problemorientiert – Auf Produktfunktionen ausgerichtet – Neuorientierung der Unternehmung – Absicherung der Unternehmung gegenüber strategischen Überraschungen	*Art der Planung* – Stark strukturiert, systematische Verfahren – Periodisch, organisationsorientiert – Auf Produktspezifikationen ausgerichtet – Planung, Koordination und Kontrolle aller Unternehmungstätigkeiten – Vorwiegend auf Extrapolation aufgebaut und somit wenig gegeeignet, Diskontinuitäten in bestimmten Bereichen aufzudecken
Schwerpunkt auf Alternativen – Infragestellung bestehender oder empfohlener Strategien ist erwünscht – Strategische Entscheidungen wechselseitig abhängig – Hauptverantwortung liegt bei Unternehmungsleitung und bei den Führungskräften, die für strategische Geschäftseinheiten verantwortlich sind	*Schwerpunkt auf Verpflichtungen* – Linienführungskräfte vereinbaren sinnvolle, anspruchsvolle Ergebnisziele – Führungsleistung wird an eigenen Plänen gemessen – Unternehmungsleitung prüft Pläne auf Durchführbarkeit, die von den Linienführungskräften erstellt werden – Hauptverantwortung liegt bei Leitern der Funktionsbereiche und regionalen Tochtergesellschaften
Entscheidungsorientiert	Ergebnisorientiert

Abb. 3.3 Gegenüberstellung von strategischer Planung und Durchführungsplanung (nach McKinsey).

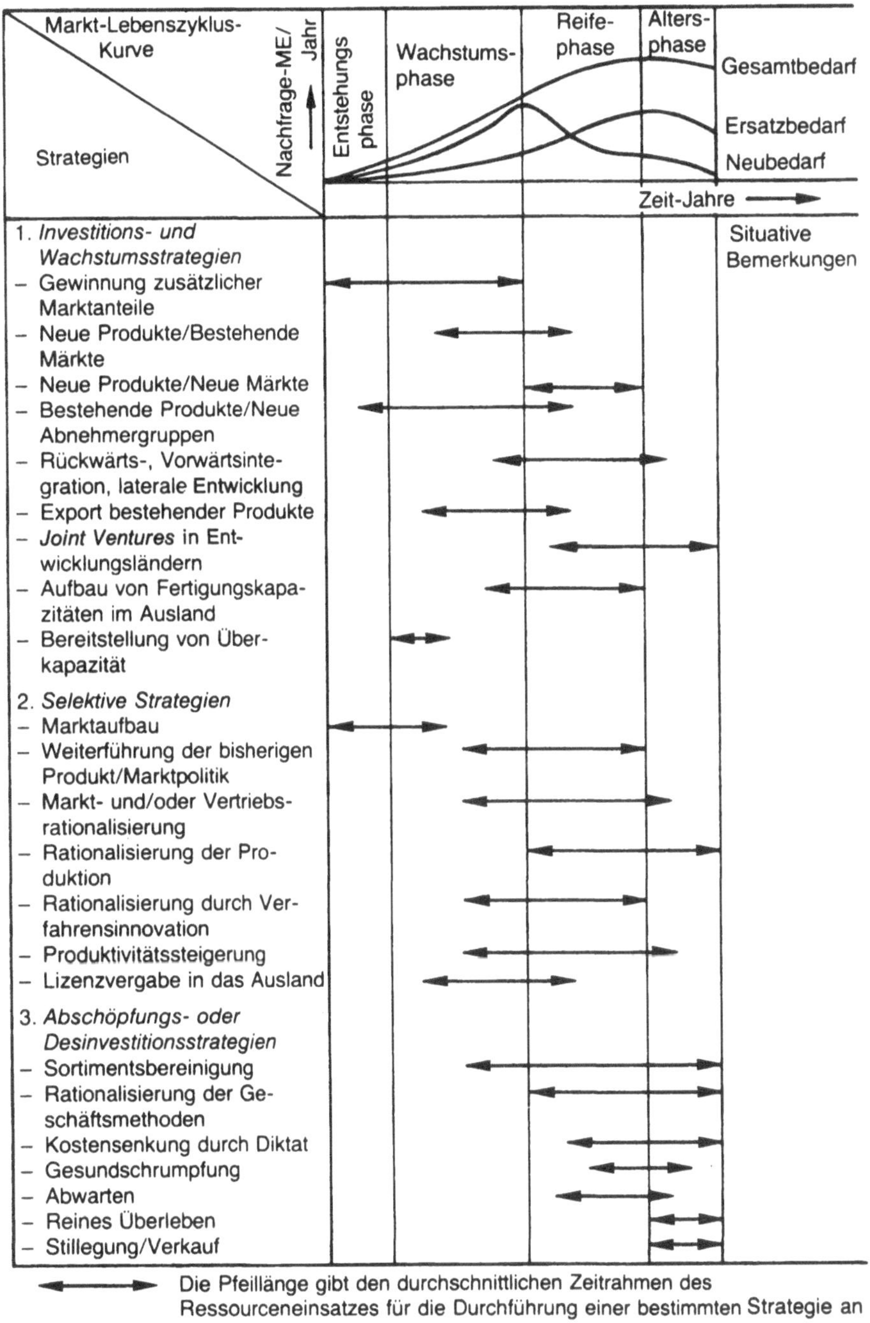

Abb. 3.4 Markt-Lebenszyklus und Strategiedurchführung (nach Arthur D. Little).

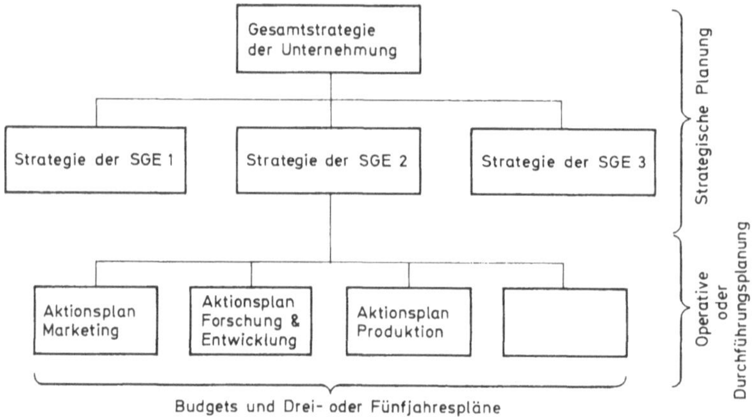

Abb. 3.5 Der Zusammenhang zwischen strategischer und operativer Planung

operative Planung füllt die Handlungsfreiheit mit Inhalt, denn ohne koordinierte und planvolle Tätigkeit der Linie werden keine Produkte hervorgebracht und verkauft, keine Dienstleistungen bereitgestellt und auch keine Gewinne erzielt.

Das operative Planungssystem besteht aus sechs Elementen[5]:

(1) *ein großes Problem wird in kleine zerlegt*; die Offensivstrategie, mit der z. B. ein neuer Markt aufgrund einer Produktinnovation in den USA erschlossen werden soll, wird in Teilprojekte zergliedert, die ihrerseits wieder unterteilt werden; Forschung und Entwicklung ist ein Projekt, das unabhängig vom Aufbau des Vertriebsnetzes, einem zweiten, parallel zu betreibenden Projekt, abgewickelt wird; jedes Projekt wird dann in Unterprojekte gegliedert, z. B. Bau der Halle und des Bürogebäudes, Beschaffung, Layout und Montage der Maschinen, Führung des internen Transportsystems usw.;

(2) die *zeitliche Abfolge der Teilprojekte und die Beziehungen zwischen diesen* werden bestimmt; die Teile eines strategischen Plans – z. B. die Beschaffung der Maschinen und die entsprechenden Finanzierungsaktionen – hängen voneinander ab: solange die Finanzierung nicht geklärt ist, können die Maschinen nicht geliefert werden; in Abb. 3.6 wird beispielhaft gezeigt, wie die zeitliche Abfolge der Teilprojekte graphisch dargestellt werden kann und welche Beziehungen zwischen den Teilprojekten bestehen;

(3) *Ernennung eines Verantwortlichen für jedes Teilprojekt*; im obigen Beispiel kann z. B. die Beschaffung der Maschinen in den Verantwortlichkeitsbereich des Einkaufsleiters fallen; für die Produktionsüberführung wird jedoch ein eigener Projektleiter zu ernennen sein;

(4) die *Ressourcen* müssen *bereitgestellt* werden, damit jeder Projektleiter seine Aufgaben effizient erfüllen kann; von der für die Strategie verantwortlichen

[5] Vgl. hierzu W. H. Newman, J. P. Logan u. W. H. Hegarty, Strategy, Policy, and Central Management, a. a. O., S. 518 ff.

Haupt-tätigkeiten / Jahre	1989	1990	1991	1992	Investitions-ausgaben	Betriebs-ausgaben	Summe
Angewandte Forschung					2,0	1,0	3,0
Feasibility Study					–	1,0	1,0
Entwicklung					6,0	2,0	8,0
Produktionsüberführung					20,0	10,0	30,0
Marketing					–	3,0	3,0
Kommerzialisierung					8,0	3,0	11,0
Investitionsausgaben	2,0	6,0	18,0	10,0	36,0		
Betriebsausgaben	2,0	2,0	9,0	7,0		20,0	
Summe	4,0	8,0	27,0	17,0			56,0
Kumulierte Ausgaben	4,0	12,0	39,0	56,0			

Abb. 3.6. Der Durchführungsplan für eine Offensivstrategie (Werte in Geldeinheiten) (Beispiel)

Führungskraft muß erwartet werden können, daß sie in der Lage ist, die Ressourcenanforderungen für die einzelnen Teilprojekte der Strategie zu beurteilen, und daß sie auch ein Verständnis dafür besitzt, *wie* die einzelnen Teilprojekte auszuführen sind;

(5) die *Zeiten für jedes Teilprojekt* müssen festgelegt werden; der Beginn für jedes Teilprojekt – z. B. „Baubeginn am 12. 9. 19..." – und die Dauer der entsprechenden Tätigkeit – z. B. „Bauzeit 16 Monate" – müssen festgelegt und mit den Zeiten der anderen Teilprojekte abgestimmt werden; der Durchführungsplan in Abb. 3.6 veranschaulicht auch die Terminplanung;

(6) die *Teilprojekte sind in einen Gesamtplan zu integrieren und in Geldeinheiten zu bewerten*; der in Geldeinheiten ausgedrückte Gesamtplan wird oft als Investitionsbudget bezeichnet (Abb. 3.6).

Jedes operative Planungssystem enthält Wenn/Dann-Pläne. Die Aktionspläne müssen geändert werden, wenn unerwartete Schwierigkeiten oder neue Möglichkeiten auftreten. Jeder Unternehmer stellt deshalb Fragen wie: „Was geschieht, wenn der Zulieferant X ausfällt?" oder „Welche Folgen würde es haben, wenn der Konkurrent A sein flexibles Automatisierungsprogramm realisiert haben wird?" oder „Wie würde sich ein Streik im Werk M auswirken?"

Diese und ähnliche Fragen führen dazu, daß auch die längerfristigen Möglichkeiten und Bedrohungen in die operative Planung einbezogen werden. Auch wenn häufig alternative Pläne niemals zur Anwendung kommen, sind sie doch von großem psychologischem Nutzen, weil sie *Offenheit gegenüber dem Wandel* fördern.

Auf welchen *zeitlichen Horizont* sollen sich die Aktionspläne erstrecken? Der Vizepräsident einer sehr erfolgreichen, weltweit tätigen Unternehmung antwortet auf die Frage, ob die Wettbewerbsposition, die eine strategische Geschäftseinheit in drei bis fünf Jahren einnehmen soll, heute beschrieben werden kann: „Es ist heute nicht mehr möglich, so weit in die Zukunft zu sehen. Fünf Jahre sind eine Ewigkeit. Das sind zwei Karrieren in Silicon Valley. Wir führen unsere Unternehmung von der Perspektive aus, daß jede Vorstellung von Ereignissen, die schneller ablaufen und komplexer werden, grundsätzlich richtig ist. Das Unplanbare läßt sich nicht planen". Diese Auffassung, die heute allgemein geteilt wird, führt dazu, daß in der Praxis die kurzfristige operative oder Durchführungsplanung („Budget") sich auf einen Zeitraum von einem Jahr erstreckt, die langfristige Durchführungsplanung in der Regel nicht über drei Jahre hinausgeht; für die Investitionsstrategien, die Großprojekte wie z. B. den Bau von Straßen und Infrastrukturen in Entwicklungsländern, langfristige F&E-Projekte oder komplexe Fertigungsbetriebe beinhalten, wird der zeitliche Horizont entsprechend in die Zukunft verlängert.

Bei komplexen Aktionsplänen – Bau eines Fertigungsbetriebes, Einführung eines neues Produktes oder Umstellung auf ein neues Produktionsverfahren –, wenn oft Hunderte von Einzelprojekten koordiniert werden müssen, kommt der *Analyse des kritischen Weges* eine entscheidende Rolle zu. Kennt die Unternehmungsleitung den „kritischen Weg", d. h. die zeitliche Abfolge und Dauer

Strategische geschäfts-einheiten (SGE)	Funktionsbereiche							Zentrale Dienste				Gesamtbudget nach strategischen Geschäfts-einheiten (SGE)
	Mar-keting	F&E	Pro-duk-tion	Be-schaf-fung	Per-sonal	Finanz	Admi-nistra-tion	Pla-nung	Orga-nisa-tion	Recht & Steuern	Allg. Dienste	
SGE 1												
SGE 2												
SGE 3												
...												
...												
Gesamtbudget nach Abteilungen												Gesamtbudget der Unternehmung

Aktionspläne für jede SGE

Aktionspläne für jeden Funktions- und Zentralbereich

Abb. 3.7. Das Gesamtbudget der Unternehmung als System der Aktionspläne aller Abteilungen und strategischen Geschäftseinheiten

der Tätigkeiten, die unbedingt eingehalten werden müssen, wenn das Gesamtprojekt zum vorgesehenen Termin fertiggestellt sein soll, braucht sie ihre Aufmerksamkeit nur auf die Tätigkeiten zu richten, die auf dem „kritischen Weg" liegen. Sie spart dadurch Zeit und Energie.

Die Aktionspläne werden von den *Linienführungskräften* mit Unterstützung durch die Zentralbereiche erstellt. Jeder, der im Rahmen einer Strategie für ein Teilprojekt zuständig ist, erstellt für seinen Bereich einen Aktionsplan. In Abb. 3.7 ist schematisch dargestellt, wie der operative Gesamtplan oder das Gesamtbudget einer Unternehmung nach Abteilungen und strategischen Geschäftseinheiten gegliedert werden kann und wer für die einzelnen Aktionspläne verantwortlich ist.

Werden die obigen Schritte beachtet, besteht die Revision der kurzfristigen Durchführungsplanung in vielen Fällen lediglich in der Anpassung der Anfangspläne (Prinzip der rollenden Planung). Für die Terminplanung und -überwachung komplexer Programme ist die Anwendung der *Netzplantechnik* allgemein üblich. Der *mittel- und langfristigen Durchführungsplanung* muß eine gut konzipierte Strategie zugrundeliegen; die Strategie legt die grundlegenden Richtungen und Ziele fest, für die mittel- und langfristige *Aktionsprogramme* erarbeitet werden; die funktionalen Politiken dagegen liefern die Richtlinien und Grenzen, innerhalb derer die Aktionsprogramme zu erstellen und auszuführen sind. Diese Aktionsprogramme führen die Zeitkomponente – „wann" und „wieviel" – in den Planungs- und Durchführungsablauf ein und setzen somit Zwischenziele, für deren Erreichung wiederum kurzfristige Aktionsprogramme erstellt werden. Der skizzierte Prozeß ist ein Teil der operativen Unternehmungsplanung.

Viele Unternehmungen sind nicht in der Lage, den Umfang und die Art ihrer Arbeitsgebiete über einen Zeitraum von 3, 4, 5 oder gar 10 Jahren vorherzusehen, auch wenn sie die Richtung kennen, in die sie zu gehen wünschen; die Unsicherheit der politischen und wirtschaftlichen Entwicklung, die Dynamik der technischen Entwicklung, die Intensität des Wettbewerbs, das Verhalten der Abnehmer und dgl. mehr werden häufig als Gründe dafür angegeben, daß die mittel- bis langfristige Durchführungsplanung nicht viel dazu beiträgt, die Aktionsprogramme auf eine zuverlässige Grundlage zu stellen. Im folgenden sollen erstens die *Vorteile* aufgezählt werden, die jede Unternehmung mit hoher Wahrscheinlichkeit von der mittel- bis langfristigen Durchführungsplanung erwarten kann, und zweitens die *Probleme* erörtert werden, die bei ihrer Anwendung zu klären und zu lösen sind.

Die Unternehmungsleitung kann von der Durchführungsplanung folgende *Vorteile* erwarten:

(1) *Rechtzeitiger Beginn langfristiger Projekte:* Die Erarbeitung eines – auf der Grundlage der verfügbaren Informationen – optimalen Aktionsprogrammes kann im Hinblick auf die langen Innovationszeiten (3 bis 10 Jahre) und technischen Zeiten (2 bis 7 Jahre) die Wahrscheinlichkeit erhöhen, daß durch einen rechtzeitigen Beginn der Tätigkeiten das angestrebte Resultat erzielt und die Anfälligkeit der Unternehmung für Krisensituationen, Eil-

programme, Störungen, Opportunitätskosten usw. herabgesetzt werden kann.

(2) *Psychologische Vorbereitung der Führungskräfte auf den Wandel:* Die Mitarbeit zahlreicher Führungskräfte an der Erstellung der Aktionsprogramme, die Einsicht, daß viele der geplanten Tätigkeiten den zukünftigen Umwelt- und Wettbewerbsbedingungen anzupassen sind, sowie die psychologische Vorbereitung auf Produkt- und Verfahrensinnovationen, Standortanpassungen, Neuorientierung der Unternehmungsstrukturen usw. sind Faktoren, die die Flexibilität und Reaktionsgeschwindigkeit der Unternehmung auf strategische Überraschungen zu erhöhen vermögen; die Fähigkeit, Chancen zu erkennen, die Bandbreite der erforderlichen Aktionen zu bestimmen, Bedrohungen durch vorbeugende Maßnahmen abzuwehren, mit anderen Worten, Gewinnpotentiale zu schaffen und rascher als die Konkurrenz zu nutzen, hat heute für den Bestand und das Wachstum der Unternehmung lebenswichtige Bedeutung.

(3) *Koordination langfristiger Aktionen:* Die Verfügbarkeit eines mittel- bis langfristigen Aktionsprogrammes erleichtert die Einordnung kurzfristiger Entscheidungen – Besetzung von leitenden Stellen, Erwerb, Änderung oder Auflösung von Beteiligungen, Lizenzierung von Patenten usw. – in eine organische Gesamtkonzeption der langfristigen Unternehmungsentwicklung.

Zusammenfassend muß festgehalten werden, daß die langfristige Unternehmungsplanung keinen Katalog zukünftiger Aktionen enthält; sie kann jedoch dazu beitragen, die *heute* durchzuführenden Tätigkeiten aufzuzeigen, die psychologischen Voraussetzungen für die rechtzeitige Nutzung zukünftiger Chancen zu schaffen sowie ein Gesamtkonzept zu bieten, das die heute zu treffenden Entscheidungen mit den strategischen Plänen in Übereinstimmung zu bringen gestattet.

Es bedarf an dieser Stelle keiner weiteren Ausführungen, um auf die zentrale Bedeutung aufmerksam zu machen, die den Direktiven und generellen Regelungen der Unternehmungsleitung für die Klärung und Lösung der zahlreichen Planungsprobleme zukommt. Es handelt sich dabei vor allem um drei solcher Probleme: Inhalt, Planungshorizont und Planrevision.

Der langfristige Durchführungsplan besteht häufig aus finanzwirtschaftlichen Projektionen in Form der Gewinn- und Verlustrechnung über einen Zeitraum von drei bis fünf Jahren. Der produktive Erfolg der mittel- und langfristigen Durchführungsplanung ist aber nicht so sehr von dem Umfang und der Detaillierung der Budgetprojektionen als vielmehr von der Vollständigkeit und der Konzentration der Planung auf kritische Faktoren abhängig. Für operative Entscheidungen sind planende Überlegungen hinsichtlich der anzubietenden Produkte, der zu beliefernden Abnehmergruppen, der festzusetzenden Preise, der für die Realisierung bestimmter Auftragseingänge erforderlichen Absatzanstrengungen und dgl. mehr wichtiger als Umsatzprojektionen; die Mengenprognosen sind in ähnlicher Weise durch die Prognosen der zur Hervorbringung der geplanten Produkte erforderlichen Ressourcen, Kapazitäten, Arbeitskräfte, Rohstoffe, Materialien und dgl. mehr zu konkretisieren.

Die mittel- und langfristigen Aktionsprogramme werden deshalb zuerst in physischen Einheiten ausgedrückt und dann in monetäre Resultate – Einnahmen, Ausgaben, Deckungsbeiträge, Kapitalbedarf usw. – übersetzt. Der Wert dieser Aktionsprogramme wird, wie gesagt, nicht durch die Fülle an Einzelplänen und an Detaillierungen, sondern durch die Vollständigkeit der Planung im Sinne der schwerpunktmäßigen Berücksichtigung aller kritischen Faktoren bestimmt.

Die langfristige Durchführungsplanung umfaßt im allgemeinen einen Zeitraum von 5 Jahren; es lassen sich jedoch für den *Planungshorizont* keine allgemeingültigen Regeln aufstellen, da jede Strategie individuell verschiedene Planungsschwerpunkte – Forschung und Entwicklung, Kapazitätserweiterungen, Marktentwicklung, Bau von neuen Fertigungsbetrieben usw. – hat; in manchen Fällen erweist sich deshalb ein Planungshorizont von drei Jahren als ausreichend, in anderen wiederum ist der Zeitraum auf zehn Jahre zu erstrecken. Die industrielle Praxis geht so vor, daß ein vollständiges Aktionsprogramm für drei oder fünf Jahre erstellt und der Planungshorizont für die Bereiche ausgedehnt wird, die längere technische oder Innovationszeiten erfordern.

Die *Kontrolle* mittel- und langfristiger Durchführungspläne bedeutet *Fortschrittskontrolle* in dem Sinne, daß kurz- und mittelfristige Abweichungen auf ihre langfristige Relevanz überprüft werden; sie ist somit auch strategische Kontrolle[6].

Unternehmungsinterne Kontrollgrößen sind:

- *Gesamtziele:* Umsatz, Rentabilität, Gewinn und dgl. mehr
- *Kennziffern der Portfolio-Analyse:* Dimensionen der relativen Wettbewerbsvorteile der Unternehmung in bezug auf die einzelnen strategischen Geschäftseinheiten, *Cash-flow*, Kostensituation, Investitionen usw.
- Elemente der „Wertekette“ oder des „Business System“: F&E-Tätigkeiten, logistische Kette usw.
- *Faktoren der Stärken/Schwächen-Analyse*[7]: Kapitalstruktur, Kaderqualifikationen usw.
- Kenngrößen, die die aus den *Projektkontrollen* sich ergebenden Fortschritte bei der Schaffung neuer Gewinnpotentiale (Stand von Forschungs- und Entwicklungsprojekten, von Bauprojekten usw.) ausweisen.

Unternehmungsexterne Kontrollgrößen sind[8]:

- *Kennziffern der Portfolio-Analyse:* Dimensionen der Marktattraktivität, Konkurrentenanalysen, Kostenkurve einer Branche, strategische Gruppen usw.

[6] Vgl. hierzu R. Hammer u. H.H. Hinterhuber, Strategisches Controlling, in: G. Seicht (Hrsg.), Jahrbuch für Controlling und Rechnungswesen '88, Wien 1988, S. 175–204.

[7] Vgl. hierzu die Ausführungen im Abschnitt I.4.1.

[8] Vgl. hierzu die Ausführungen im Abschnitt I.4.2.

- Entwicklung von Märkten, Substitutionsprozessen und Marktanteilen
- Preisentwicklungen
- Abweichungen vom im Plan antizipierten Konkurrenzverhalten
- Technische Entwicklungslinien
- Änderungen der gesetzlichen Rahmenbedingungen, staatliche Eingriffe
- Eckpunkte der strategischen Wettbewerbsanalyse.

In der Regel werden diese Kontrollgrößen jährlich einmal kontrolliert und revidiert, wobei kurzfristige Aktionen detaillierter geplant, ein neues Jahr am Ende der Planungsperiode hinzugefügt und die dazwischen liegenden Pläne überarbeitet werden. Die Kontrolle wird damit zum routinemäßigen und integrierenden Bestandteil des jährlich stattfindenden rollenden Planungsprozesses. Die Aktionsprogramme werden deshalb vor ihrer Verwirklichung mehrmals revidiert; dieses Vorgehen verleiht einerseits der Planung Flexibilität, andererseits bedeutet es eine große Belastung für die Führungskräfte. Die Nachteile häufiger Planungsrevisionen unterstreichen die Zweckmäßigkeit, den Planungshorizont einzuschränken und den Planungsprozeß so zu gestalten, daß auch alle oben dargestellten Vorteile verwirklicht werden. Voraussetzung hierfür ist ein wirksames strategisches Planungssystem.

Die Erstellung der mittel- und langfristigen Aktionsprogramme verlangt die *Teilnahme der Unternehmungsleitung* und das Eingreifen der zuständigen zentralen Stabsstellen. Wenn die Aktionsprogramme Regelungen für laufende Verpflichtungen enthalten und den angestrebten psychologischen Effekt auf das Innovationsverhalten der Führungskräfte auf allen Ebenen ausüben sollen, müssen neben den Leitern der strategischen Geschäftseinheiten alle interessierten Ressortchefs oder Abteilungsleiter am Planungsprozeß teilnehmen. Da die Planungstätigkeiten im allgemeinen das Maß an Arbeitsbelastung übersteigen, das den funktionalen Leitern zugemutet werden kann, tragen Stabsassistenten mit Ideen, Informationen, Bewertungen und Ausarbeitungen zum produktiven Erfolg der Planung bei.

3.4 Das Motivationssystem

Die besten Strategien, funktionalen Politiken, organisatorischen Regelungen und Aktionsprogramme sind notwendige, aber keine hinreichenden Bedingungen für die strategische Führung der Unternehmung.

Um den strategischen Prozeß in allen Bereichen und auf allen Ebenen in Gang zu halten, muß die Unternehmungsleitung unaufhörlich motivierende Steuerungsimpulse in diesen Prozeß hineingeben. Der produktive Beitrag, den die Unternehmungsleitung in der Durchführungsphase zu leisten hat, besteht neben den Direktiven und Regelungen der Durchführungsplanung in der

(1) Qualität des Führungsstils und Führungsverhaltens,
(2) Einrichtung effizienter interpersoneller Kommunikation,

(3) Schaffung eines die Veränderung und Innovation fördernden Organisationsklimas, und
(4) Einführung eines konstruktiven Überwachungs- und Revisionssystems.

Die obersten Führungskräfte der Unternehmung greifen auf eine zweifache Weise in die Verwirklichung des strategischen Prozesses ein:

Sie arbeiten erstens, wie alle Führungskräfte, mit ihren unmittelbaren Mitarbeitern zusammen, um Aktionen zu initiieren und zu fördern, und zweitens beeinflussen sie durch ihr Verhalten und ihr Beispiel sowie durch die Erhebung bestimmter Praktiken zu generellen Regelungen und Standardprozeduren, an die sich die Führungskräfte auf allen Ebenen zu halten haben, den betrieblichen Prozeß in allen seinen Teilbereichen.

Der *Führungsstil und das Führungsverhalten* der obersten Führungskräfte wirken sich nach zwei Richtungen aus: Erstens auf die Beziehungen mit den unmittelbaren Mitarbeitern und zweitens auf die Kontakte, die die Unternehmungsleitung mit verschiedenen Mitarbeitern auf unterschiedlichen Verantwortungsebenen in der Unternehmung pflegt.

Die optimistische oder pessimistische Grundeinstellung gegenüber der Zukunft, die Zuversicht hinsichtlich der Erreichung der kurz-, mittel- und langfristigen Ziele, die Methode, Probleme zu erfassen und zu lösen, die Haltung gegenüber Mitarbeitern und Außenstehenden, kurz die Persönlichkeit und die geistigen und kulturellen Wertmaßstäbe der obersten Führungskräfte zeigen sich in ihren Beziehungen mit den unmittelbaren Mitarbeitern, die diese Verhaltensweisen in der Hierarchie nach unten reflektieren, sowie in den spezifischen Entscheidungen und Tätigkeiten der Unternehmungsleitung. Innerhalb der Grenzen ihrer persönlichen Flexibilität müssen die obersten Führungskräfte ein Führungsverhalten *vorleben*, das den spezifischen Strategien und konkreten Situationen angemessen ist und dabei berücksichtigen, daß ihr Verhalten in der Unternehmungshierarchie unterschiedlich beurteilt werden kann. Die obigen Verhaltensweisen und Unternehmungsgesichtspunkte verbreiten sich in der Unternehmung auch über die direkten und im allgemeinen oberflächlichen Kontakte, die die obersten Führungskräfte mit verschiedenen Mitarbeitergruppen pflegen.

Die Qualität der Führung zeigt sich zweitens in der Art und Weise, wie die obersten Führungskräfte Strategien und Pläne in der Unternehmung weitergeben; anders ausgedrückt, die Unternehmungsleitung kann durch die Klarheit der *Kommunikation* mit ihren unmittelbaren Mitarbeitern beispielgebend wirken und ein allgemeines Verhaltensmuster für klare Vorgesetzten/Mitarbeiter-Kommunikationen in der gesamten Unternehmung festlegen.

Wichtige Instrumente für die Einrichtung guter interpersoneller Kommunikation sind:

(1) klare Direktiven,
(2) beratende Führung, und
(3) zielorientierte Leistungsbeurteilungen.

Kriterien für die Wirksamkeit von Direktiven sind:

- *Vollständigkeit:*
  Definition der Aufgabe und Verantwortung, Qualität der gewünschten Leistung, Termine.
- *Klarheit:*
  Vorgesetzte und Mitarbeiter müssen die durchzuführenden Aufgaben auf die gleiche Weise beurteilen und auch die internen und externen Tatbestände, von denen die Entscheidungen abhängen, übereinstimmend interpretieren. Jede Änderung der Strategien, funktionalen Politiken und Organisation erfordert eine Änderung der Informationsstruktur der Unternehmung.
- *Angemessenheit:*
  Die durchzuführende Aufgabe muß den Fähigkeiten der Mitarbeiter unter den zur Zeit der Ausführung vorherrschenden Bedingungen entsprechen; das Ausmaß an Detaillierung einer Direktive muß der Delegation von Befugnissen angemessen sein.
- *Schriftliche Fixierung:*
  Sind mehrere Personen betroffen, komplexe und detaillierte Informationen erforderlich, lange technische Zeiten notwendig und die auszuführenden Aufgaben von solcher Bedeutung, daß die Möglichkeiten von Fehlinterpretationen vermieden werden müssen, dann sind die Direktiven schriftlich zu geben.

Auf die Notwendigkeit eines geeigneten *Follow-up* der gegebenen Direktiven, das heißt entsprechender Vollzugsmeldungen, im Interesse der koordinierten Durchführung der Aktionsprogramme sei hier lediglich hingewiesen.

Die Risiken einer ungenügenden Koordination können außer durch die Festsetzung allgemeiner Verhaltensregeln hinsichtlich der Weiterleitung von Direktiven durch eine *beratende Führung* gemildert werden. Die für die Befolgung bestimmter Direktiven verantwortlichen Führungskräfte beraten die Vorgesetzten hinsichtlich ihrer Durchführbarkeit und der zweckmäßigsten Art und Weise der Erreichung des angestrebten Resultates; die Vorgesetzten ihrerseits können sich hypothetisch in die Lage ihrer Mitarbeiter versetzen und diese bei der Auswahl der zweckmäßigsten Durchführungsalternative des spezifischen Aktionsprogrammes beraten, wobei der Entscheidungsspielraum der Mitarbeiter im Rahmen der delegierten Befugnisse intakt bleibt. Von wesentlicher Bedeutung ist, daß die Mitarbeiter auf jeder Verantwortungsebene die strategischen Absichten ihres Vorgesetzten kennen.

Die *zielorientierte Leistungsbeurteilung* beruht auf den Zielvereinbarungen zwischen Vorgesetzten und Mitarbeitern hinsichtlich der Ausführung bestimmter Tätigkeiten. Der Prozeß der Zielvereinbarung setzt voraus, daß

(1) die Aufgaben, Befugnisse und Verantwortlichkeiten des Mitarbeiters klar definiert sind,
(2) die angestrebten kurz-, mittel- und langfristigen Ziele keine unterschiedlichen Interpretationen zulassen,

(3) geeignete Maßstäbe für die Erreichung der Ziele und des angestrebten Leistungsniveaus festgelegt werden,
(4) die Unterstützung des Mitarbeiters durch den Vorgesetzten und andere Instanzen bei der Ausführung seiner Aufgaben gewährleistet ist, und
(5) der Ermessensspielraum des Mitarbeiters und die Modalitäten für die Erreichung der vereinbarten Ziele im gegenseitigen Einvernehmen geklärt werden.

Nach Beendigung der Tätigkeiten führen der Vorgesetzte und Mitarbeiter einen Soll/Ist-Vergleich durch, ergründen die Ursachen der Abweichungen und vereinbaren neue Ziele für die nächste Periode; auf diese Weise vermag der Vorgesetzte den Mitarbeiter zu beraten und individuelle Leistungen auf die Strategien, funktionalen Politiken, organisatorischen Regelungen und Aktionsprogramme auszurichten. Die Führung auf der Basis der Zielvereinbarung ist ein wichtiges Element der Durchführungsplanung und Mitarbeiterbeurteilung; im Falle von Strategieänderungen kann der Vorgesetzte mit Hilfe des dargestellten Mechanismus (1) die Interpretation der Neuorientierung seitens der Mitarbeiter prüfen und (2) deren Auslegungen im Sinne der Durchführung der neuen Strategie rechtzeitig beeinflussen.

Die *Schaffung eines die Veränderung und Innovation fördernden Organisationsklimas*[9] erfordert, daß alle Inhaber von Schlüsselpositionen – unternehmerische und technische Führungskräfte, Stabsreferenten, Inhaber von Know-how usw. – motiviert werden, ihre Kräfte und Anstrengungen in den Dienst der geplanten Strategien zu stellen, auch wenn harte, unpopuläre und risikoreiche Maßnahmen durchzuführen sind.

Die Unternehmungsleitung kann das Organisationsklima auf eine dreifache Weise beeinflussen[10]:
(1) durch die Förderung der individuellen Arbeitszufriedenheit;
(2) durch die Anwendung von Anreizsystemen für Gruppen und Individuen;
(3) durch die Beeinflussung des Arbeitsklimas.

[9] Das „Organisationsklima" einer Unternehmung ist die Resultierende aus folgenden Kräften: (1) Ausmaß der individuellen Verantwortung (Delegationsgrad), (2) Erwartungen der Mitarbeiter in bezug auf den gewünschten Leistungsstandard, (3) Entgelt (monetäre und nichtmonetäre Anerkennung für eine gut getane Arbeit, Poenalisierung schlechter Leistungen), (4) organisatorische Klarheit (Ordnung in der Aufbau- und Ablauforganisation), (5) Loyalität (gegenseitiges Vertrauen, kameradschaftliche Beziehungen), (6) Konflikttoleranz (als Ergebnis des Kompromisses zwischen Macht- und Leistungsmotivation sowie Mitarbeiterorientierung), (7) Erwartungen der Mitarbeiter hinsichtlich der Führungsstile der Vorgesetzten, (8) in den verschiedenen Gruppen erreichter Sozialisierungsgrad, (9) Einstellung zum Dialog, (10) psychologischer und professioneller Reifegrad der Mitarbeiter. Das „Organisationsklima" ist somit der für eine Unternehmung charakteristische Rahmen mitmenschlicher Beziehungen. Vgl. hierzu die Ausführungen über die Unternehmungskultur im Abschnitt 4.

[10] Vgl. hierzu W.H. Newman, J.P. Logan u. W.H. Hegarty, Strategy, Policy, and Central Management, a.a.O., S. 544ff.

Die *Förderung der individuellen Arbeitszufriedenheit* erfolgt durch:

- Gehaltserhöhungen im Rahmen der der Entgeltsstruktur der Unternehmung entsprechenden Bandbreiten[11]; da der Ermessensspielraum der Unternehmungsleitung in dieser Hinsicht beschränkt ist, können außergewöhnliche Beiträge zur Verwirklichung der Strategien im allgemeinen nur durch Prämien, Gewinnbeteiligung, Optionen auf Aktien der Unternehmung, nicht monetäre Gratifikationen und dgl. mehr honoriert werden;
- Schaffung der Arbeitsbedingungen, unter denen ein hohes Prestige den erfolgreichen Innovatoren und Leitern der strategischen Geschäftseinheiten verliehen wird, erfolglosen, aber gut konzipierten und durchgeführten Innovationsanstrengungen keine Bestrafung droht, Nicht- oder Anti-Innovatoren ignoriert und emarginiert werden und schließlich den Mitarbeitern die Positionen erschlossen werden, die ihren Fähigkeiten und Zielen entsprechen;
- Verleihung von „Statussymbolen" und Anerkennung an die technischen und unternehmerischen Führungskräfte, die maßgebend zur erfolgreichen Verwirklichung der Strategien beigetragen haben;
- die Verleihung von Macht und Einfluß bei der Gestaltung neuer Produkte, dem Aufbau von Fertigungsbetrieben, der Einführung neuer Organisationsformen usw., d.h. Miteinbeziehung der Mitarbeiter in das Betriebsgeschehen durch geeignete Formen der Mitbestimmung und Mitverantwortung.

Da die Motivationswirkung der obigen Faktoren von Mitarbeiter zu Mitarbeiter verschieden ist, muß die Unternehmungsleitung das Gewicht beurteilen, das die Mitarbeiter den einzelnen Faktoren zuordnen, wenn sie eine authentische Unterstützung der Aktionsprogramme gewinnen will.

Die *Anwendung von Anreizsystemen auf kollektiver Basis* fördert die Kooperation und den Zusammenhalt der Gruppe, der das Wirtschaftsergebnis einer Strategie zugeschrieben werden kann; hervorragende, urteilsfähige Führungskräfte werden aber häufig durch Kollektivprämien und dgl. mehr „demotiviert", so daß das Problem in der Regel darin besteht, Individuen unter Aufrechterhaltung des Gruppenzusammenhaltes zu motivieren.

Dadurch, daß die Opportunitätskosten im Falle von Fehlbesetzungen mit zunehmender Verantwortungsebene ansteigen, liegt es grundsätzlich im Interesse der Unternehmung, wenn ineffiziente Führungskräfte aus ihren Positionen entfernt, vorzeitig pensioniert oder entsprechend ihren Fähigkeiten anderweitig eingesetzt werden. Die Verbindung von Motivation der Führungskräfte und Durchführung der Strategien zählt zu den schwierigsten Aufgaben der Unternehmungsleitung, da individuelle Belohnungen immer im Hinblick auf ihre Auswirkungen auf die Gesamtheit der Führungskräfte zu beurteilen sind.

Die *Beeinflussung des Arbeitsklimas* zielt auf die Überwindung des unternehmungsinternen Widerstandes gegenüber dem Wandel und auf den Abbau des negativen Wunschdenkens; beide Faktoren spielen in das Problem der Konflikte

[11] Vgl. die Ausführungen im Abschnitt 1.5.

und Reibungsverluste hinein, die häufig für die Unwirksamkeit vieler Strategien verantwortlich sind. Die Unternehmungsleitung vermag durch Objektivität und Fairness bei den Beförderungen und Gehaltsanhebungen, durch die Einschaltung der Führungskräfte in den strategischen Prozeß, durch ein vorbildliches Verhalten und dgl. mehr das Arbeitsklima so zu beeinflussen, daß sozialer Status und Anerkennung für hervorragende strategische und taktische Leistungen von der „Betriebsgemeinschaft" selbst stammen; es ist, anders ausgedrückt, die „Betriebsgemeinschaft" und nicht die Unternehmungsleitung, die die Versuche, neue Wege zu gehen, Innovationen zu konzipieren und durchzusetzen, anerkannt und den Widerstand gegenüber Innovationen oder dem Aufgeben strategisch falscher Anstrengungen ablehnt oder verachtet. Die Schaffung eines solchen Arbeitsklimas erfordert sorgfältige planende Bestrebungen und laufende Revisionen durch die Unternehmungsleitung.

Die industrielle Realität zeigt, daß in 80–85 % der Fälle geringe Leistung und Ineffizienz des Einzelnen dem „System" und nur in 15–20 % der Fälle seinem persönlichen Verhalten und Leistungsbewußtsein oder seinen individuellen Fähigkeiten zugeschrieben werden können.

Zusammenfassend läßt sich sagen, daß jede neue Strategie oder jede größere organisatorische Änderung aufgrund der dadurch hervorgerufenen Verhaltensänderungen den besonderen Einsatz der Unternehmungsleitung verlangt. Ist die Entscheidung für eine Neuorientierung gefallen – Eintritt in ein neues Produkt/Markt-Segment, Akquisition einer Unternehmung im Hinblick auf die vertikale Integration der Unternehmungstätigkeiten, Schaffung von neuen strategischen Geschäftseinheiten usw. – und sind funktionale Politiken und Aktionsprogramme festgelegt, vermag sich die Unternehmungsleitung ihrer Pflicht, den Übergang zu erleichtern, nicht zu entziehen; diese Pflicht besteht darin,

(1) die auf die Unsicherheit zurückzuführende *Unruhe* zu beseitigen, die mit jeder größeren Änderung verbunden ist; die Mittel zur Beseitigung der Unruhe bestehen in der rechtzeitigen Kommunikation, in der vollständigen Diskussion der die Unsicherheit der Mitarbeiter verursachenden Tatbestände, im öffentlichen Eingehen auf die Belange der Mitarbeiter, in der Widerlegung von Gerüchten und falschen Informationen, in der Bekanntgabe der Termine, zu denen Entscheidungen getroffen und mitgeteilt werden, mit einem Wort, in der Dokumentierung der Glaubwürdigkeit der Unternehmungsleitung;

(2) die Einführung der neuen Strategien und Organisationsstrukturen zu erleichtern, indem die Bereiche mit den größten *Diskontinuitäten* und somit mit den größten Problemen ermittelt werden; die Änderung individueller Wertmaßstäbe und Gewohnheiten sowie die Verschiebung der sozialen Interaktionen in der Unternehmung können durch geeignete Informationen und Besprechungen sowie durch die Berücksichtigung der Vorschläge und Empfehlungen der Mitarbeiter unterstützt werden;

(3) die *Erlernung neuer Verhaltensweisen* durch geeignete und rechtzeitige Ausbildungsprogramme so zu fördern, daß die Einführungsphase der neuen

Strategien und Organisationsstrukturen mit ihrer in der Regel niedrigen Arbeitsproduktivität und hohen Konfliktualität möglichst abgekürzt wird;
(4) die neuen Verhaltensweisen, die auf der Linie der neuen Strategien und Strukturen liegen, anzuerkennen, zu ermutigen und positiv zu verstärken; dadurch vermag die Unternehmungsleitung die organisatorische Unruhe in der Übergangsphase hinsichtlich der Richtigkeit der von den Mitarbeitern getroffenen Entscheidungen und der Zweckmäßigkeit der von der Unternehmungsleitung formulierten Strategien weitgehend abzubauen.

Die Bereitschaft der Schlüsselpersonen – Führungskräfte, Know-how-Träger, herausragende Mitarbeiter in der Forschung und Entwicklung, im Vertrieb, in der Produktion usw. –, sich mit vollem Engagement einzusetzen, verlangt ein ausgeklügeltes *Anreizsystem*. Dazu muß die Unternehmungsleitung

(1) die Faktoren kennen, die die einzelnen Schlüsselpersonen motivieren,
(2) sich bewußt sein, daß eine gerechte und faire Belohnung wohl das Ziel ist, dieses Ziel jedoch nur annähernd erreicht werden kann,
(3) darauf achten, daß durch die Motivation einzelner Schlüsselpersonen die Kooperation und Moral in der Gruppe nicht leidet.

Mitarbeiter, die Schlüsselpositionen einnehmen, sind auf vierfache Weise motivierbar:

(1) durch *finanzielle Anreize*, wie Gehaltserhöhungen, Prämien und Gewinnbeteiligung; diese werden häufig nicht mutig genug von den Unternehmungsleitungen zur Belohnung außerordentlicher Leistungen eingesetzt;
(2) die Unternehmungsleitung muß die Bedingungen schaffen, unter denen herausragende Individuen das Gefühl haben, alle ihre *Möglichkeiten voll entfalten* zu können und auch entsprechend den eigenen Fähigkeiten eingesetzt zu sein; beide Elemente zusammen sind ein wichtiger Anreiz für Spitzenleistungen;
(3) *Anerkennung der Leistung und sozialer Status* lassen sich durch die Verleihung von Titeln, durch die Gestaltung des Büros, durch die Größe des Dienstwagens, durch eine Beförderung, mehr Freizeit und dgl. mehr nach außen kundtun; sie sind in der Wirtschaft starke Motivationsfaktoren;
(4) *Macht und Einfluß* schließlich sind wichtige Elemente eines jeden Anreizsystems; die Beeinflussung der Entscheidung für einen neuen Standort, die Hervorbringung eines Produktes mit dem selbst entworfenen Design, die Verabschiedung eines strategischen Plans, an dem man selbst maßgebend beteiligt war, sind berechtigte Ansprüche auf Macht und Einfluß, die die Unternehmungsleitung im Sinne der Strategien steuern kann. Es gibt jedoch auch Mißbrauch, dem die Unternehmungsleitung einen Riegel vorschieben muß.

Eine *objektive und gerechte Verteilung der Motivationsfaktoren* ist in keiner menschlichen Einrichtung zu verwirklichen. Die Unternehmungsleitung kann sich nur bemühen, fair vorzugehen und jeden Verdacht von vornherein auszuschalten, daß Beförderungen, Verleihung von Macht und Einfluß, Prämien und dgl. mehr willkürlich, zufällig oder durch Intervention zustandegekommen sind.

Individuelle Belohnungen und das Wohl der Organisation müssen zusammenfallen. Der Unternehmer, der eine oder zwei Schlüsselpersonen öffentlich ausgezeichnet hat, kann ein Unbehagen in der Belegschaft auslösen, wenn sich andere Mitarbeiter – berechtigt oder nicht – übergangen fühlen. Wenn bei einer Beförderung eine von mehreren gleichermaßen in Frage kommenden Schlüsselpersonen ausgewählt wird, ist die Demotivation der übergangenen oder sich übergangen fühlenden Führungskräfte groß. Diese psychologische Kosten eines jeden Anreizsystems müssen mit den Vorteilen individueller Belohnungen abgestimmt werden. Hier gibt es kein Schema, hier helfen nur Menschenkenntnis, die Fähigkeit, sich in die Lage des anderen zu versetzen, und innere Stärke.

Monetäre Anreize sind abschließend nicht die einzigen Mittel, die die Unternehmungsleitung einsetzen kann, um die Mitarbeiter zu bewegen, mit vollem Einsatz ihren Beitrag zur Umsetzung der Strategien zu leisten. Je besser der Unternehmer und/oder die obersten Führungskräfte verstehen, was den einzelnen Mitarbeiter wirklich motiviert, und je besser sie diesen individuellen Verhaltensweisen Rechnung tragen, desto größer werden die Einsatzbereitschaft und Leistungsfähigkeit der gesamten Organisation für die Ausführung des strategischen Plans sein.

3.5 Die Überwachung und Revision der Strategien und Aktionsprogramme

„Vertrauen ist gut, Kontrolle ist besser." (Lenin)
„Kontrolle ist ein Zeichen von Schwäche." (Gandhi)

Welcher der beiden obigen Ansichten man sich auch immer anschließen will, die Tatsache ist unbestritten, daß jede Unternehmung sowohl Vertrauen als auch irgendeine Art von Kontrollsystem braucht. Das Ziel der Kontrolle ist sicherzustellen, daß die Aktionspläne ausgeführt werden. Da sich die Unternehmungsleitung nicht in den Details der täglich auszuführenden Kontrollmaßnahmen verlieren kann, braucht sie ein Kontrollsystem, mit dessen Hilfe

(1) die Leistung aller strategischen Geschäftseinheiten, Funktionsbereiche, regionalen Tochtergesellschaften und Zentralbereiche laufend erfaßt,
(2) kritische Bereiche, von denen der Erfolg der Strategien abhängt, regelmäßig überwacht, und
(3) die Informationen gewonnen werden können, die für die Formulierung neuer und/oder die Änderung laufender Strategien, funktionaler Politiken und Aktionspläne benötigt werden.

Auf die Frage nach der *Struktur seines Kontrollsystems* antwortet ein mittelständischer Unternehmer: „Das Kontrollsystem muß einfach und ökonomisch sein, wenn es seine Funktion erfüllen soll; es muß vollständig sein, rechtzeitig die benötigten Informationen liefern und alle strategisch wichtigen Bereiche abdecken; und es muß im Einklang mit den Strategien und dem operativen Planungssystem sein. Worauf ich selbst achte, ist, daß sich alle strategischen Geschäftseinheiten auf dem vorgesehenen strategischen Kurs bewegen und die Führungsverantwortung von den dafür zuständigen Führungskräften wirksam wahrgenommen wird".

Der Unternehmer fährt fort: „Ich führe meine Unternehmung wie eine Konföderation von Unternehmern; alle kurzfristigen Kontrolltätigkeiten werden dezentral ausgeführt; ich lasse die Tätigkeit der SGE-Verantwortlichkeiten nicht durch einen Controller überwachen und empfehle ihnen auch keine Korrektur- oder integrierenden Maßnahmen. Das müssen sie selbst tun. Worauf ich mich konzentriere, sind kritische Bereiche, von denen der Erfolg der Unternehmung abhängt, und diesen widme ich meine ganze Aufmerksamkeit:

- Führungskräfteentwicklung,
- strategisches Ziel-Portfolio,
- *Cash-flow*-Entwicklung anhand der *Cash-flow*-Profile der einzelnen strategischen Geschäftseinheiten und der Unternehmung als Ganzes,
- Produktivitätsfortschritte,
- Technologie,
- Beziehung zu den Mitarbeitern und zur repräsentativen Öffentlichkeit,
- Risikosituationen.

Worauf ich weiter achte, sind die Effizienz der Budgetkontrolle und der Katalog der zustimmungsbedürftigen Geschäfte." Auf die Frage, warum er die Führungskräfteentwicklung an erster Stelle genannt hat, antwortet der Unternehmer: „Ich fühle mich meinem Führungsteam und allen meinen Mitarbeitern gegenüber verpflichtet, die Führungskräfte aus ihren Positionen zu entfernen, die nicht den Anforderungen der Strategien entsprechen, zu deren Formulierung sie beigetragen haben. Wenn ich mich zu einer solchen Entscheidung durchgerungen habe, gebe ich offen zu, daß ich einen Fehler begangen habe, als ich diesen Mann eine Position einnehmen ließ, die für ihn nicht richtig war. Ich sehe es aber auch als meine Pflicht, ihm zu helfen, die Position zu finden, die wie die zweite Apfelhälfte zu ihm paßt".

Die dritte Aufgabe des Kontrollsystems umschreibt unser Unternehmer wie folgt: „Meine vielleicht wichtigste Aufgabe sehe ich darin, aus der Vielzahl der oft überflüssigen und zum Teil trügerischen Informationen des Kontrollsystems diejenigen herauszufiltern, die Anhaltspunkte für die Änderung bestehender und die Formulierung neuer Strategien, funktionaler Politiken und Aktionspläne geben. Zu diesem Zweck stelle ich viele Fragen; ich ermutige meine Führungskräfte und Mitarbeiter, Alternativen und Lösungen vorzuschlagen; ich teste die vorgeschlagenen Lösungen, indem ich sie mit Mitarbeitern und Dritten bespreche, die mein volles Vertrauen haben; ich versuche schließlich, bevor neue Strategien oder Änderungen der laufenden Strategien verabschiedet werden, zu einem Konsens mit allen betroffenen Führungskräften zu kommen."

Die Strategien, funktionalen Politiken und organisatorischen Regelungen bestimmen den Rahmen und die Grenzen, innerhalb derer die Unternehmungstätigkeiten vollzogen werden. Die strategische Planung führt über detaillierte Methoden und Verfahren zu spezifischen Aktionsprogrammen und Steuerungsmaßnahmen. Mit Hilfe klarer Direktiven sowie geeigneter Motivationssysteme werden diese intellektuellen, vorbereitenden Arbeiten in Aktionen umgesetzt und enden mit der Durchführung; sie erhalten letztlich ihren Sinn durch die Überwachung, die die letzte Phase des Führungszyklus darstellt.

Werden im Wege der Soll/Ist-Vergleiche Planabweichungen festgestellt, liegen entweder Realisationsfehler oder Planungsfehler (Unstimmigkeiten in der Planung oder Planübermittlung) vor, die rechtzeitig zu erkennen und durch korrigierende Aktionen, das heißt durch neue Planungsmaßnahmen, zu beheben sind. Diese Phasenfolge und dieser Zusammenhang – Unternehmungspolitik, Strategien, funktionale Politiken oder Direktiven, Organisation, Durchführung und Überwachung – können als ein Regelkreis gedeutet werden.

Die konkreten Überwachungsmaßnahmen hängen von den spezifischen Tätigkeiten der Unternehmung ab; die Unternehmungsleitung kann und soll nicht in die vielen detaillierten Maßnahmen und Bewertungen eingreifen, die täglich in der Unternehmung ablaufen; es gilt heute allgemein als Regel, daß sie sich auf folgende Schwerpunkte beschränken sollte[12]:

(1) Konzeption und Einrichtung eines umfassenden Überwachungssystems der Unternehmung,
(2) Überwachung der Gesamtergebnisse der Unternehmung und Konzentration auf ausgewählte, langfristig bedeutsame Tätigkeiten,
(3) Verwendung der Kontrollinformationen für die Revision der Strategien und Aktionsprogramme.

Jedes *Überwachungssystem* ist durch drei Elemente bestimmt, die den unternehmungsspezifischen Anforderungen anzupassen sind:

(1) Festsetzung von Leistungsstandards,
(2) Vergleich der erzielten Ergebnisse mit den Leistungsstandards,
(3) Behebung der Soll/Ist-Abweichungen durch Steuerungsmaßnahmen.

Es ist Aufgabe der Unternehmungsleitung, Leistungsstandards aus den Strategien, funktionalen Politiken, Richtlinien, Spezifikationen und anderen in den vorausgegangenen Phasen des Führungszyklus festgelegten Zielen abzuleiten und darauf zu achten, daß alle *kritischen Kontrollpunkte* in angemessener Weise abgedeckt sind und die Stoßrichtungen der Überwachungsmaßnahmen mit den Unternehmungszielen in Einklang stehen. Kriterien für die Einrichtung solcher kritischer Kontrollpunkte sind:

(1) Rechtzeitige Erfaßbarkeit von Abweichungen im Hinblick auf Korrekturmaßnahmen;

[12] Vgl. hierzu W.H. Newman, J.P. Logan u. W.H. Hegarty, Strategy, Policy, and Central Management, a.a.O., S. 559ff.

(2) Praktikabilität und Wirtschaftlichkeit der regelmäßigen Beobachtungen;
(3) Möglichkeit von umfassenden Kontrollen, die große Blocks detaillierter Tätigkeiten konsolidieren und zusammenfassen;
(4) Ausgewogenheit der Kontrollen der verschiedenen Aspekte der Führungstätigkeiten.

Für jeden Kontrollpunkt ist ein *akzeptables Leistungsniveau* zu bestimmen; im Hinblick auf die flexible Gestaltung des Kontrollsystems ist es notwendig, die Standards in regelmäßigen Zeitabständen den geänderten Bedingungen anzupassen.

Die *Messung der erzielten Ergebnisse im Hinblick auf die Rückkoppelung mit den Leistungsstandards* findet ihren Niederschlag in Kontrollberichten, die den verantwortlichen Führungskräften rechtzeitig von den die Kontrollen durchführenden Instanzen übermittelt werden müssen. Die Trennung von Leistungsmessung und ihrer Beurteilung mit Bezug auf Korrekturmaßnahmen erfordert organisatorische Regelungen hinsichtlich Inhalt, Form, Schnelligkeit, Häufigkeit, Verteilerkreis usw. der Kontrollberichte, auf die hier nicht näher eingegangen werden kann.

Werden im Wege des Soll/Ist-Vergleichs Planabweichungen festgestellt oder zeigen sich neue Chancen, sind die Realisationsfehler oder Planungsfehler durch *Korrekturmaßnahmen* oder Steuerungsmaßnahmen zu beheben. Während im allgemeinen relativ leicht auf die Ursachen der sachlichen Realisationsfehler (Versorgungsengpässe, Betriebsunterbrechungen, Streiks, Änderungen in den Betriebsbedingungen usw.) eingewirkt werden kann, verlangen *personelle* Realisationsfehler (ungenügende fachliche Qualifikation, Fehlbesetzungen, Mißverständnisse, mangelnder Einsatz, Kompetenzkonflikte, persönliche Rivalitäten, Verantwortungsscheu, Arbeitsüberbelastung, persönliche Umstände und dgl. mehr) organisatorische Eingriffe, die von der Unterstützung durch den Vorgesetzten über zusätzliche Ausbildungsprogramme und Leistungsanreize bis zu Aufgabenneugestaltungen und Versetzungen reichen.

Liegen Planungsfehler vor, d.h. sind die Leistungsstandards unrealistisch, müssen die Maßstäbe geändert werden, wenn die Überwachungstätigkeiten für die Zukunft von Bedeutung sein sollen.

Die Korrekturmaßnahmen führen somit zu einer *Revision der Pläne*, aus der wiederum neue Standards im Sinne von Kriterien für zukünftige Aktionen resultieren.

Betrachtet man unter diesen Gesichtspunkten das Überwachungssystem der Unternehmung, dann zeigt sich, daß die von der Unternehmungsleitung benötigte Kontrollstruktur mehr ist als die einfache Aggregation der von den divisionalen und funktionalen Führungskräften durchgeführten Kontrollmaßnahmen. Die wichtigsten Steuerungsgrößen, mit denen die Unternehmungsleitung die Strategien in den operativen Bereichen überwacht, sind:

– *Cash-flow*,
– relative Wettbewerbsvorteile der Unternehmung in bezug auf die strategi-

schen Geschäftseinheiten: Marktanteil, Kostensituation, Differenzierung usw.[13],
- Investitionen,
- Lagerhaltung,
- Preispolitik.

Das System der von der Unternehmungsleitung benötigten Steuerungsgrößen läßt sich am zweckmäßigsten in folgender Tabelle (Tab. 3.1) zusammenfassen; in der ersten Spalte werden die Bereiche („*Key-Result-Areas*“) angeführt, von denen die Unternehmungsleitung erwartet, daß sie von bestimmten Instanzen kontrolliert werden; die zu überwachenden Bereiche sind von der Unternehmungsleitung situativ festzulegen, die im Licht der spezifischen Unternehmungssituation hinsichtlich mancher Aspekte spezifischer sein und andere Bereiche dagegen auslassen wird.

Aus der Tabelle 3.1 geht hervor, daß aufgrund der Kompetenzenverteilung für die Festsetzung der Leistungsstandards, der Erarbeitung der Soll/Ist-Vergleiche und der Durchführung der Korrekturmaßnahmen die Kontrollstruktur der Organisationsstruktur entsprechen muß. Allgemein gilt, daß die Verantwortungsebene, auf der die kurzfristigen Kontrolltätigkeiten ausgeführt werden, um so niedriger ist, je stärker die Unternehmung dezentralisiert ist. Im übrigen läßt sich auch hier sagen, daß die Führungskräfte, die Aufgaben und Befugnisse delegieren, eine Absicherung hinsichtlich des zweckmäßigen Gebrauches der Delegation wünschen; dies geschieht durch regelmäßige Besprechungen zwischen Vorgesetzten und Mitarbeitern sowie Konzentration auf die wichtigsten Steuerungsgrößen: *Cash-flow*, relative Wettbewerbsvorteile, Investitionen, Lagerhaltung und Preispolitik[14].

Abschließend ist festzuhalten, daß die Anforderungen der Unternehmungsleitung an das Überwachungssystem der Unternehmung nicht durch die Aufbürdung zusätzlicher Kontrollen auf die anderen Führungstätigkeiten erfüllt werden, sondern logische Erweiterungen bestehender Einrichtungen sein sollen; so werden zum Beispiel die Termine eines Netzplanes Sollwerte im Überwachungsprozeß, die Gütestandards leiten sich aus der Produktpolitik ab, Zielvereinbarungen mit den Mitarbeitern werden zu Richtwerten usw. Die obersten Führungskräfte vermögen sich durch die Konzeption und Einrichtung eines umfassenden Überwachungssystems nicht der Ausübung bestimmter Kontrolltätigkeiten zu entziehen; dazu zählen *die Überwachung der Gesamtergebnisse der Unternehmung und die Konzentration auf ausgewählte, langfristig bedeutsame Tätigkeiten* der strategischen Geschäftseinheiten, Funktionsbereiche, regionalen Tochtergesellschaften und Stabsstellen („*Key-Result-Areas*“).

Die Führungseffektivität kann mit Hilfe der folgenden Faktoren beurteilt werden:

(1) Ausgewogenheit von kurz-(*Cash-flow-* oder Liquiditätsziele) und langfristigen Zielen (Wachstum als eine der Bedingungen der langfristigen Gewinnmaximierung, Schaffung zukünftiger Gewinnpotentiale usw.),

[13] Vgl. hierzu die Ausführungen über die strategische Planung im Abschnitt 4.
[14] Vgl. hierzu D. Hahn, Planungs- und Kontrollrechnung, 4. Aufl., Wiesbaden 1988, S. 240ff.

Tabelle 3.1 Das strategische Überwachungssystem der Unternehmung (Prinzipdarstellung) (nach W.H. Newman, J.P. Logan u. W.H. Hegarty)

Systemkomponenten		Durchführung der Überwachungsmaßnahmen und Angabe der dafür zuständigen Instanzen			
Zu kontrollierende Bereiche (“*Key-Result-Areas*”)	Kontroll-punkte	Art der Messung (Maßstäbe)	Festlegung der Leistungs-standards	Beurtei-lung und Bericht-erstattung	Durchfüh-rung von Korrektur-maßnahmen
Unternehmungs-führung:					
Cash-flow					
rel. Marktanteil					
Kostensituation					
Investitionen					
Preispolitik					
Produktivität					
Rentabilität					
Innovation					
Kaderentwicklung					
Beziehungen zu den Mitarbeitern					
Öffentliche Einstellung					
Verhalten der Konkurrenz					
u. a. m.					
Division A:					
Absatz:					
Output					
—					
—					
Kosten					
—					
—					
Eingesetzte Ressourcen					
—					
—					
Forschung und Entwicklung:					
Output					
—					
—					
Kosten					
—					
—					
Eingesetzte Ressourcen					
—					
—					

Fortsetzung: Seite 208

Fortsetzung: Tabelle 3.1

Systemkomponenten		Durchführung der Überwachungsmaßnahmen und Angabe der dafür zuständigen Instanzen			
Zu kontrollierende Bereiche ("*Key-Result-Areas*")	Kontrollpunkte	Art der Messung (Maßstäbe)	Festlegung der Leistungsstandards	Beurteilung und Berichterstattung	Durchführung von Korrekturmaßnahmen
Produktion und Beschaffung:					
Output					
–					
–					
Kosten					
–					
–					
Eingesetzte Ressourcen					
–					
–					
Administration:					
Output					
–					
–					
Kosten					
–					
–					
Eingesetzte Ressourcen					
–					
–					
Division B:					
–					
–					
–					

(2) Marktpositionen der strategischen Geschäftseinheiten,
(3) Rentabilität (Umsatzrentabilität und ROI),
(4) Produktivität,
(5) Innovationskapazität,
(6) Entwicklung urteilsfähiger unternehmerischer und technischer Führungskräfte,
(7) Beziehungen zu Mitarbeitern und Gewerkschaften („Organisationsklima"),
(8) Einstellung der Gesellschaft gegenüber der Unternehmung,
(9) Qualität des Führungssystems,
(10) Qualitative Strukturverbesserung der Unternehmung.

Das Gewicht der obigen Faktoren verschiebt sich im Zeitverlauf aufgrund der Umwelt- und Innovationsdynamik sowie Wettbewerbsbedingungen.

Die obersten Führungskräfte haben eine besondere Verantwortung, gegenüber neuen, einmaligen Entwicklungen, die Chancen schaffen oder Bedrohungen darstellen, aufgeschlossen zu sein. Deshalb werden viele der in der Tabelle 3.1 dargestellten Größen von den obersten Führungskräften nicht für Kontrollzwecke, sondern im Hinblick auf ihre Aussagefähigkeit für zukünftige Veränderungen geprüft.

Im allgemeinen verlangen die folgenden Aufgaben eine permanente Überwachung und bei eventuellen Abweichungen ein Eingreifen der Unternehmungsleitung:

(1) Genehmigung von Investitionsausgaben,
(2) Steuerung der Strategien,
(3) Überwachung der Kaderentwicklung,
(4) Revision des Budgets im Falle von Änderungen der Strategien und Aktionsprogramme.

Der Katalog der „zustimmungsbedürftigen“ Geschäfte vieler Geschäftsordnungen umfaßt u. a. die *Genehmigung von Investitionsausgaben* durch die Unternehmungsleitung; häufig werden alle Projekte im Investitionsbudget zusammengefaßt, wobei die Unternehmungsleitung die Genehmigung für die Projekte erteilt, denen in der Portfolio-Matrix Priorität zukommt. Nach der Genehmigung wird die Projektdefinition zum Überwachungsstandard, anhand dessen die Arbeitsfortschritte beurteilt werden. Es handelt sich hierbei um eine Kontrolle *während* des Prozesses – nach Fertigstellung der Aktionsprogramme, aber vor Eingehen von Verpflichtungen –, die wohl den Projektfortschritt verzögert, der Unternehmungsleitung aber ermöglicht, Projekte von außergewöhnlicher Bedeutsamkeit – Kauf oder Bau von Anlagen, Erwerb, Änderung oder Aufhebung von Beteiligungen, Gründung von Zweigstellen oder Tochtergesellschaften, Abschluß langfristiger Bezugsverpflichtungen usw. – aus der Kenntnis der Gesamtlage der Unternehmung heraus von ihrer *ad-hoc-Genehmigung* abhängig zu machen.

Die *Steuerung der Strategien* beruht auf laufend ajournierten Prognosen: (1) Weisen die neuen Informationen auf Änderungen in den Planungsprämissen und Betriebsbedingungen hin, werden unverzüglich Korrekturmaßnahmen gesetzt; (2) die gesamte Strategie wird an bestimmten Kontrollpunkten – Abschluß von bestimmten experimentellen Versuchen, Markttests usw[15]. – einer Revision unterzogen, wobei mit Bezug auf die neuen Ergebnisprognosen eine Entscheidung über die Fortführung oder Änderung der gegenwärtigen Aktionsprogramme zu treffen ist.

Der *Fortschritt der Kaderentwicklung* kann auf eine zweifache Weise gemessen werden: (1) Jährliche Berichterstattung der obersten Führungskräfte über die in ihren Bereichen durchgeführten Kaderentwicklungstätigkeiten – durchge-

[15] Vgl. D. Hahn u. B. Taylor (Hrsg.), Strategische Unternehmungsplanung, a.a.O, S. 99ff.

führte Ausbildungsprogramme, Leistungsbeurteilungen, Eigenentwicklungen der Mitarbeiter usw.; (2) Anzahl der für eine Beförderung als geeignet erachteten Mitarbeiter. Die Überwachung beruht in diesen und ähnlichen Fällen – in der Forschung und Entwicklung usw. – nicht auf Endresultaten – diese werden erst in 5, 10 oder 20 Jahren erzielt –, sondern auf der Beurteilung von Tätigkeiten und Leistungspotentialen. Das skizzierte, sehr approximative Verfahren gestattet jedoch, rechtzeitig Engpässe aufzuzeigen, die bei der Besetzung der Führungsstellen in der Unternehmung auftreten können.

Die *Budgetkontrolle* schließlich ist ein wichtiges Instrumentarium der Unternehmungsleitung, die darauf zu achten hat, daß die Änderungen der Strategien und Aktionsprogramme ihren Niederschlag in entsprechenden Budgetrevisionen finden, die wiederum über die Abweichungsanalyse konkrete Aktionen auslösen. Dies setzt allerdings voraus, daß die Budgets nicht einfach Prognosen der Stäbe der Unternehmungs- oder der Divisionsleitung sind, sondern fundierte Pläne der Linienführungskräfte darstellen, da sie nur auf diese Weise als Standards in der Unternehmung akzeptiert werden. Eine erfolgreiche Budgetkontrolle ist ohne Einhaltung der Standards nicht denkbar.

Die Kontrollinformationen werden schließlich von der Unternehmungsleitung für die *Revision der Strategien und Aktionsprogramme sowie für die Festsetzung neuer Ziele und Strategien* verwendet. Die Neuplanungen, die durch die Kontrollinformationen ausgelöst werden, können kurzfristiger oder langfristiger Art sein. Kurzfristige Neuplanungen sind z. B. Beschleunigung oder Verzögerung eines Programmes zur Erhöhung des Aktienkapitals oder Einführung eines neuen Produktes in Abhängigkeit von den Ergebnissen der experimentellen Entwicklung, Aufgabe eines marginalen Marktes aufgrund der Nichteinhaltung einer bestimmten Erfahrungskurve usw.

Die Kontrollinformationen hinsichtlich Produktqualität, Absatzmengen, Kostenverläufe usw. liefern Anhaltspunkte für die Festsetzung der in der nächsten Planungsperiode zu erreichenden Ziele – auch wenn die Zukunft nicht die Projektion vergangener Erfahrungen ist.

Die Erfahrungen der Vergangenheit schließlich stellen gemeinsam mit den Analysen der Entwicklung der Umwelt und des Industriesektors einen wichtigen *Input* für die Formulierung neuer Strategien dar; dieser *Input* ergibt sich aus der Untersuchung der Ursachen für die Erreichung oder Nichterreichung bestimmter Ziele: Der Vergleich der erzielten Ergebnisse mit den geplanten Resultaten und die damit verbundene Problemanalyse – hier liegt der besondere Wert des Überwachungssystems für die Unternehmungsleitung – können den Impuls für die Entscheidung über eine zukünftige Strategie geben.

Die Unternehmung muß einmal darauf achten, ihre Kräfte nicht zu verzetteln sowie durch entsprechende Schritte – Produkt- und Verfahrensinnovationen, Standortanpassungen, preispolitische Maßnahmen, Weiterentwicklung der Mitarbeiter usw. – ihre Stärken zu vergrößern und/oder ihre Schwächen zu verkleinern; zum anderen kann die Umwelt durch Entscheidungen der Unternehmungsleitung oder der Vertreter des Industriesektors – Teilnahme an der Arbeit der Wirtschaftsverbände, an der Festlegung nationaler Prioritäten, an der Ausarbeitung von Richtlinien für die Erhaltung der Umwelt und dgl. mehr – beeinflußt werden. Änderungen in der Einstellung der Menschen zu den Werten des Lebens, weiter gesteckte Erwartungen der Öffentlichkeit im Hinblick auf die Qualität des Lebens, abnehmendes Bevölkerungswachstum, um nur einige der Umweltfaktoren zu nennen, zwingen die Unternehmungsleitung, sich in Zukunft mehr mit den kulturellen, ethischen und ästhetischen Auswirkungen ihrer Tätigkeiten und Ziele auseinanderzusetzen.

3.6 Welche Fragen muß die Unternehmungsleitung stellen, um sicherzugehen, daß die strategischen Pläne wirksam ausgeführt werden?

Die Ausführung des strategischen Plans betrifft praktisch alle Aspekte der administrativen Tätigkeit, vom Planen, Budgetieren, Motivieren, Organisieren, Koordinieren, Informieren bis hin zur Auswahl der Mitarbeiter und zur Konsensbildung. Da die Gesamtheit der Umstände und organisatorischen Bedingungen, unter denen die Strategien ausgeführt werden, situationsspezifisch ist, lassen sich keine allgemeingültigen Regeln angeben.

Die Unternehmungsleitung kann deshalb nur versuchen, durch richtige Fragen die Ist-Ausprägung der zentralen Erfolgsfaktoren zu bestimmen, von denen der Erfolg der Strategien bei ihrer Umsetzung abhängt. Im folgenden wird eine Checkliste der Fragen vorgestellt, mit denen die Ist-Situation dieser zentralen Erfolgsfaktoren ermittelt werden kann; die entsprechende Profildarstellung in Abb. 3.8 kann helfen, die Bereiche aufzudecken, in denen Eingriffe der Unternehmungsleitung prioritär zu erfolgen haben. Die folgende Skala kann die Erstellung des Ist-Profils erleichtern:

nein ja

1 2 3 4 5 6 7

(1) *Motivationssystem*
Bemüht sich die Unternehmungsleitung, Individuen und Gruppen im Hinblick auf die Realisierung der Strategien zu motivieren? Ist der Geist des Hauses auf Spitzenleistungen gerichtet? („Das Beste oder nichts?") Fühlen sich alle Mitarbeiter verpflichtet, ihr Bestes zur Umsetzung der Strategien zu geben?

(2) *Operatives Planungssystem*
Gibt es für jeden Funktionsbereich einen Aktionsplan, der mit den Strategien in Einklang steht? Steht fest, wer für was bis wann verantwortlich ist? Werden Ziele und Leistungsstandards vereinbart und in der Organisation bekanntgegeben?

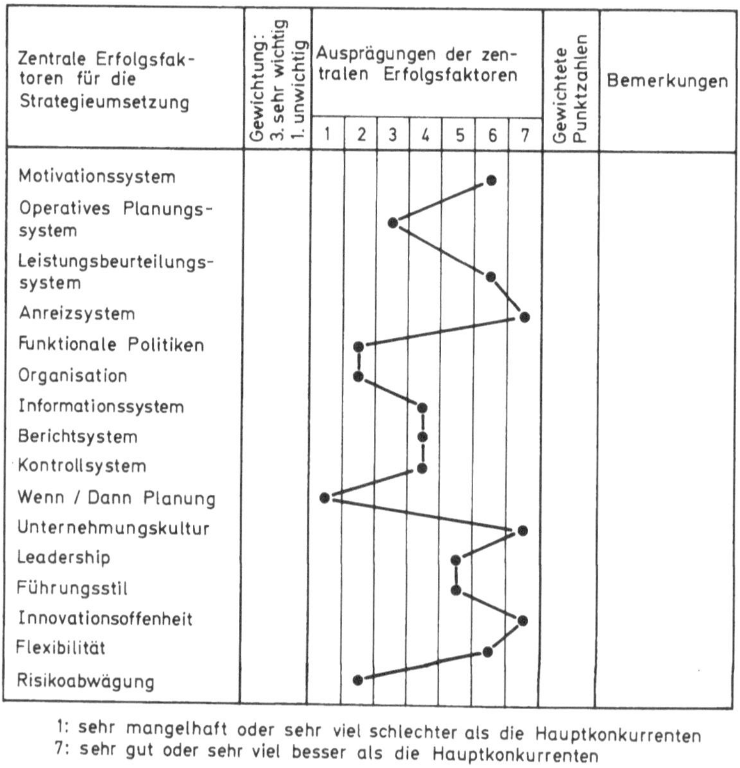

Abb. 3.8 Profildarstellung der zentralen Erfolgsfaktoren für die Strategieumsetzung (Beispiel)

(3) *Leistungsbeurteilungssystem*
Gibt es eine Leistungsbeurteilung für Individuen und Bereiche? Beruht die Leistungsbeurteilung auf vereinbarten Zielen und Bedingungen?

(4) *Anreizsystem*
Ist das Entgeltssystem explizit mit den Ergebnissen der Strategien gekoppelt? Werden innovative Mitarbeiter belohnt, wenn sie Erfolg haben? Werden innovative Mitarbeiter nicht bestraft, wenn ihre Bemühungen gut konzipiert waren, aber nicht zum gewünschten Erfolg geführt haben?

(5) *Funktionale Politiken*
Gibt es für jeden Funktionsbereich Richtlinien, an denen sich die Führungskräfte orientieren können, um selbständig und initiativ im Sinne der Strategien handeln zu können? Stehen die Richtlinien in Einklang mit den Strategien, dem Leitbild und der Unternehmungskultur?

(6) *Organisation*
Stimmt die Organisation mit den Erfordernissen der Umsetzung der Strategien überein? Bemüht sich die Unternehmungsleitung, organisatorische Barrieren abzubauen? Sucht sie den Konsens?

(7) *Informationssystem*
Liefert das Informationssystem die Informationen, die die Unternehmungsleitung und die betroffenen Mitarbeiter brauchen, um rechtzeitig neue Möglichkeiten erkennen und Bedrohungen abwenden zu können? Führen Abweichungen vom strategischen Plan rechtzeitig zu integrierenden und/oder Korrekturmaßnahmen?

(8) *Berichtsystem*
Hat die Unternehmungsleitung ein gutes „Gespür" dafür, ob die Umsetzung der Strategien in die richtige Richtung geht? Weiß sie, welche Probleme wirklich auftreten und wie die Richtlinien für die Funktionsbereiche tatsächlich befolgt werden?

(9) *Kontrollsystem*
Hat die Unternehmungsleitung die Änderungen, die in der Umwelt und in der Unternehmung auftreten, im Griff? Gibt es a) eine wirksame Budgetkontrolle und b) ein funktionierendes strategisches Kontrollsystem? Greift die Unternehmungsleitung in die Umsetzung ein?

(10) *Wenn/Dann-Planung*
Werden in den Funktionsbereichen rechtzeitig Aushilfen und „Wenn/Dann-Pläne" ausgearbeitet, um den strategischen Handlungsspielraum zu wahren? Werden von den Linienführungskräften die wichtigsten Annahmen hinterfragt, die dem strategischen Plan zugrundeliegen? Wird laufend die Frage gestellt: „Was würde geschehen, wenn...?"

(11) *Unternehmungskultur*
Hat die Unternehmungsleitung eine Unternehmungskultur geschaffen, die mit den Strategien im Einklang steht? Stimmt die Einstellung der Führungskräfte und Mitarbeiter mit den Strategien überein? Werden die notwendigen Änderungen rechtzeitig eingeleitet?

(12) *Leadership*
Versucht die Unternehmungsleitung vorausschauend, die unternehmungspolitischen Grundsätze, die im Leitbild zusammengefaßt sind, so in der Unternehmungskultur zu verankern, daß die Führungskräfte und Mitarbeiter selbständig und initiativ an der Umsetzung der Strategien mitwirken? Greift die Unternehmungsleitung selbst ein, falls dies notwendig ist? Lebt sie aktiv Loyalität und Integrität vor? Wird sie mit personellen Fragen fertig?

(13) *Führungsstil*
Ist der Führungsstil des Unternehmers und/oder der obersten Führungskräfte sowohl der Situation als auch dem Reifegrad der Mitarbeiter angemessen? Verfügen die Führungskräfte über ein ausreichendes Repertoire an Rollen, um die Strategien erfolgreich umzusetzen?

(14) *Innovationsoffenheit*
Hat die Unternehmungsleitung Vorkehrungen getroffen, daß Widerstände gegenüber bestimmten Strategien und Maßnahmen abgebaut werden können? Besteht in der Organisation ein Konsens über Strategien und entspre-

chende Schwerpunkte in den Funktionsbereichen? Ist die Innovation ein Wert, für den es sich einzusetzen lohnt?

(15) *Flexibilität*
Sind die Aktionspläne bis in alle Einzelheiten durchdacht und aufeinander abgestimmt? Sind sie flexibel genug, um mehrere Wege offenzulassen und Korrekturmaßnahmen rechtzeitig einzuleiten? Lassen sie die Konkurrenten im unklaren über die eigenen Absichten, falls sie sie kennen würden?

(16) *Risikoabwägung*
Lassen sich die Strategien mit den verfügbaren Ressourcen und mit dem vorliegenden operativen Planungs- und Kontrollsystem überhaupt erfolgreich umsetzen? Werden die Stärken der Unternehmung in bezug auf die einzelnen Geschäftseinheiten so ausgespielt, daß Risikofaktoren möglichst ausgeschaltet sind? Ist das Überleben der Unternehmung nicht in Frage gestellt, falls ein Aktionsplan nicht zum gewünschten Ergebnis führt?

3.7 Führung durch Zielvereinbarung

Jede *Änderung in den Strategien* ruft Probleme hervor. Wenn ein neues Transportsystem oder eine neue Technologie in einem Fertigungsbetrieb eingeführt werden, entsteht eine Situation wie auf einem Schiff, auf dem während der Fahrt größere Umbauten vorgenommen werden; das Alte muß weiter – und das Neue eingeführt werden, ohne den Betriebsablauf zu stören. Beim Übergang von der alten zur neuen Strategie sind vier Probleme durch direktes Eingreifen der Unternehmungsleitung zu lösen:

(1) rechtzeitige Information,
(2) Beeinflussung des Verhaltens der Macht- und Meinungszentren,
(3) Zeit zum Erlernen eines neuen Verhaltens geben, und
(4) positive Verstärkung des gewünschten Verhaltens.

Die Unruhe, die vor jeder größeren Änderung entsteht, sei es, weil eine neue Organisationsform eingeführt, Mitarbeiter entlassen oder ein neuer Bereich aufgebaut werden sollen, kann nur durch *rechtzeitige* und *umfassende Information* beseitigt werden. Bereits die Ankündigung, daß die Unternehmung eine neue EDV-Anlage gekauft oder einen Vertrag mit einer Unternehmungsberatungsfirma abgeschlossen hat, kann häufig zu Gerüchten über die Schließung einer Abteilung, die Entlassung von einer Reihe von Mitarbeitern im Rechnungswesen und in der Konstruktion oder zur Verlegung einer ganzen Produktion an einen anderen Standort führen. Mitarbeiter, die nicht wissen, wie es weitergeht, und die häufig auch unsicher sind, ob sie den neuen, auf sie zu kommenden Belastungen überhaupt gewachsen sein werden, sind für Spitzenleistungen nicht zu gewinnen. Ein Unternehmer handelt unter diesen Umständen so: „Auch wenn ich oft genaue Antworten nicht geben kann, da die Strategie im Detail noch nicht ausgearbeitet ist und auch mehrere Optionen offen lassen soll, versuche ich doch, einen Einblick in die Situation anhand von Fakten zu geben, Perspektiven aufzuzeigen und den Zeitpunkt mitzuteilen, zu dem ich in der Lage sein werde, umfassend zu informieren. Ich versuche ganz einfach, glaubwürdig zu sein."

Der Zusammenschluß mit oder die Akquistion einer anderen Unternehmung verändert bestehende *Machtstrukturen*. Dadurch, daß die Unternehmungsleitung vorab die Bereiche identifiziert, wo erworbene Rechte tangiert oder etablierte Gleichgewichte gestört werden, kann sie versuchen, diejenigen Mitarbeiter rechtzeitig in die Entscheidungen einzubeziehen, die meinungsbestimmend in der Belegschaft sind; sie kann ihnen über geeignete Kanäle sonst nicht erhältliche Informationen zukommen lassen oder sie um alternative Vorschläge bitten. Ein Unternehmer hat z.B. die dramatische Situation einer Geschäftseinheit den Vertretern der Arbeitnehmer dadurch nahegebracht, daß er in einer Betriebsversammlung die Bestimmung der zukünftigen Marktattraktivität und der gegenwärtigen Wettbewerbsvorteile nachvollziehbar erklärt, die Entwicklung des Verdrängungswettbewerbs in den nächsten fünf Jahren erläutert und nach Auswegen aus der – objektiv aussichtslosen – Situation gefragt hat. Die Mitarbeiter und ihre Organisationen haben der Liquidierung der Geschäftseinheit zugestimmt, unter der Voraussetzung allerdings, daß der Unternehmer ihnen die Zeit gibt, neue *Verhaltensweisen zu erlernen*. Der Unternehmer hat dem zugestimmt und die Notwendigkeit einer Lernperiode von einem Jahr anerkannt.

Das Erlernen neuer Verhaltensweisen läßt sich dadurch beschleunigen, daß die Unternehmungsleitung initiatives Denken und Handeln der Mitarbeiter, sofern es auf der Linie der strategischen Ausrichtung der Unternehmung liegt, ermutigt und sichtbar belohnt. So hat z.B. der erwähnte Unternehmer durch seine *positive Einstellung* auf folgende Weise viel zur Beruhigung der Stimmung in der Belegschaft beigetragen: Er hat diejenigen Mitarbeiter, die ein unternehmerisches Konzept zur Einnahme einer führenden Wettbewerbsposition in einem neuen Marktsegment gut begründet vorgelegt hatten, mit der Führung der neuen Geschäftseinheit betraut[16].

Von besonderer Bedeutung für die wirksame Umsetzung der Strategien ist *Führung durch Zielvereinbarung* (*Management by Objectives*); das bedeutet, daß die Unternehmungsleitung mit den Führungskräften und diese wiederum mit ihren Mitarbeitern Nah-, Mittel- und Fernziele gemeinsam erarbeiten und vereinbaren. Ein Unternehmer beschreibt das so: „Die kurz- oder mittelfristigen Ziele müssen geistiges Eigentum der Führungskräfte sein und aus den Strategien folgen. Nebelhafte Allgemeinplätze wie Erhöhung der Produktivität und Steigerung des Umsatzes sind keine Leitlinien für selbständiges Handeln". Die Vorteile der Führung durch Zielvereinbarung[17]:

- die Ausrichtung aller Mitarbeiter auf konkrete, vereinbarte Ziele und nicht einfach auf Tätigsein,

[16] Vgl. hierzu E. Krauthammer, So motiviere ich den zweiten Mann, in: „Politik und Wirtschaft", 3 (1987), S. 73–74.

[17] Vgl. hierzu J. Basile, Der neue Führungsstil, Wien, Freiburg, Basel 1967; und G. Cuendet, Y. Emery u. F. Nankobogo, Motiver Aujourd'hui, Paris 1986.

- die Motivationswirkung,
- das Ausbalancieren oft widersprüchlicher Ziele,
- die Förderung von initiativem und selbständigem Denken und Handeln in bezug auf die Wege, wie die Ziele zu erreichen sind,
- die Einbindung mehrerer Mitarbeiter in eine gemeinsame Aufgabe; der Werksleiter, ein Konstrukteur und ein Mann aus dem Rechnungswesen z.B. verpflichten sich gemeinsam, die Kosten des Produktes X um Y% im Laufe des Jahres zu senken; dabei ist jeder für das gesamte Ergebnis verantwortlich;
- die Abstimmung der Mitarbeiter untereinander, um nur einige Vorteile zu nennen, sind so offensichtlich, daß hier nicht näher darauf eingegangen werden muß.

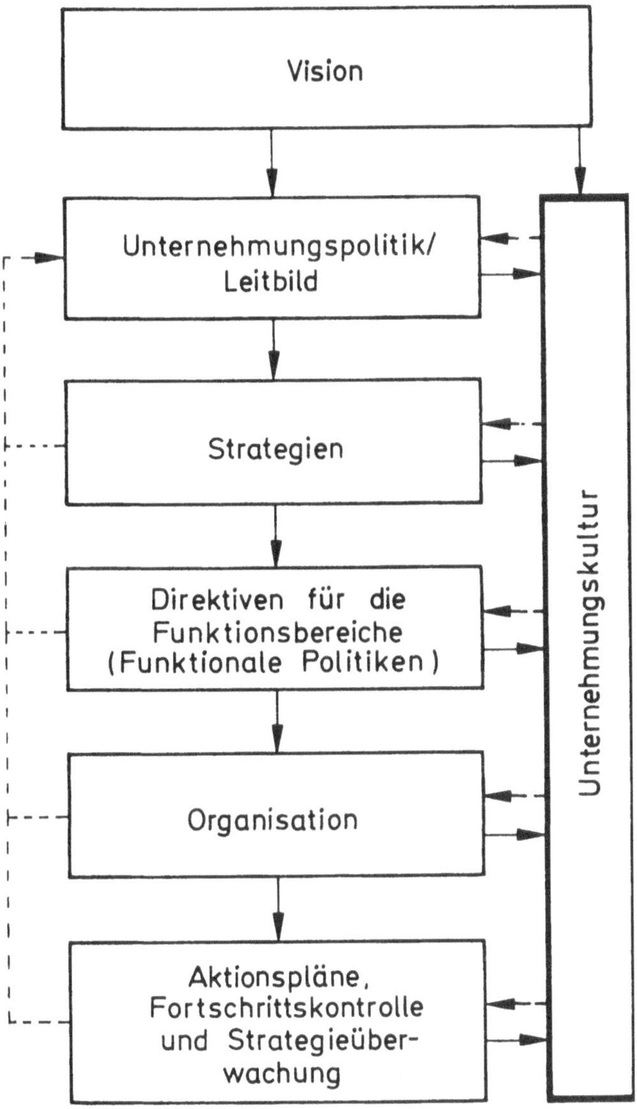

Begriff und Wesen der Unternehmungskultur.
Die zwei Ebenen der Unternehmungskultur.
Die Bestimmung der Unternehmungskultur.
Der Unternehmer als Erzieher.
Die Unternehmungsidentität (Corporate Identity)

4. Die Unternehmungskultur

Einzig die Weisesten und die
Dümmsten ändern sich nie.
Chinesisches Sprichwort

4.1 Warum scheitern viele Strategien und Aktionspläne in der Praxis?

Der Vorstandsvorsitzende einer mittleren Unternehmung betont vor den Abteilungsleitern, die ihm die strategischen Pläne für die einzelnen Geschäftseinheiten vorlegen: „Eine Unternehmung muß eine Vorstellung davon haben, was sie in Zukunft sein will; ich habe den Eindruck, daß Sie wohl wissen, wie wir eine Position der Einzigartigkeit auf unseren Märkten aufbauen können, dieses Ziel jedoch in keinem Markt erreichen. Ihre Pläne lesen sich plausibel, sie sind hinreichend dokumentiert und erscheinen erfolgversprechend; die Wirtschaftsergebnisse, die wir bisher mit der strategischen Planung erzielt haben, sind jedoch unbefriedigend im Vergleich zu den Ergebnissen unserer Hauptkonkurrenten. Ich glaube, wir sollten uns fragen, warum: wir formulieren Strategien, die von den Mitarbeitern nicht verstanden werden und für die sie sich auch nicht initiativ einsetzen; unsere Strategien nehmen keine Rücksicht auf die Erfahrungen, auf das Know-how und auch auf die Gefühle unserer Mitarbeiter; mir scheint, daß wir – ich schließe mich selbst nicht aus – viel zu wenig die Werte verkörpern und vorleben, an denen sich die Mitarbeiter bei der Umsetzung der Strategien orientieren können; wir planen eine Offensivstrategie in den USA, die aktives, unternehmerisches Mitdenken und Handeln unserer Leute in Forschung und Entwicklung, in der Produktion, im Vertrieb, im Design und in der Logistik voraussetzt, wir selbst sind jedoch langsam, schwankend, unsicher in den Entscheidungen und bürokratisch in den Kontrollen, mit einem Wort, das Gegenteil dessen, was wir von unseren Mitarbeitern verlangen ...“ [1].

Diese Beobachtungen reflektieren die Probleme vieler Unternehmungen; gut konzipierte Strategien und Aktionspläne führen nicht zum gewünschten Ergebnis, weil sie nicht mit der in der Unternehmung vorherrschenden Kultur übereinstimmen. Genauso wie der erfahrene Bergsteiger, der eine schwierige Besteigung plant und „Wenn/Dann-Überlegungen“ miteinbezieht, auch prüft, ob das Ganze überhaupt seinem Können, seinen Einstellungen und Gefühlen entspricht, muß auch die Unternehmung untersuchen, ob die geplanten Strategien mit den in der Unternehmung vorherrschenden Wertvorstellungen, Traditionen und Denkhaltungen in Einklang stehen; bestehen Differenzen, müssen entweder die Strategien oder die Unternehmungskultur geändert werden.

[1] Die Ausführungen beruhen auf der vom Verfasser in Zusammenarbeit mit E. Krauthammer verfaßten Arbeit *Unternehmungskultur*, Genf 1988.

4.2 Begriff und Wesen der Unternehmungskultur

Die Unternehmungskultur ist die Gesamtheit der in der Unternehmung vorherrschenden Wertvorstellungen, Traditionen, Überlieferungen, Mythen, Normen und Denkhaltungen, die den Mitarbeitern auf allen Verantwortungsebenen Sinn und Richtlinien für ihr Verhalten vermitteln. Die Unternehmungskultur ist etwas in der Zeit Gewachsenes, das in einem langen Zeitraum aufgebaut, in kurzer Zeit jedoch zerstört werden kann; sie ist ganz wesentlich durch das Vorbild der Unternehmungsleitung geprägt[2].

Eine Geschichte aus dem Mittelalter vermag den Sinn und Wert der Unternehmungskultur zu veranschaulichen. Drei Handwerker arbeiten an einer Mauer. Auf die Frage, was sie tun, antwortet der erste: „Ich verbinde gehauene Steine mit Mörtel“. Der zweite sagt: „Ich baue eine Mauer, indem ich gehauene Steine mit Mörtel verbinde“. Der dritte antwortet: „Ich baue eine Kathedrale. Dazu muß ich eine Mauer errichten, indem ich Steine mit Mörtel verbinde“.

Die Geschichte drückt aus, daß die Unternehmer und/oder Führungskräfte mehr menschliches Interesse für ihre Mitarbeiter zeigen müssen, indem sie ihnen die Gründe nennen, aus denen heraus sie bestimmte Entscheidungen treffen oder bestimmte Leistungen fordern. Es genügt nicht, dem Ingenieur zu sagen, ein bestimmtes Projekt abzubrechen, man muß ihm auch erklären, warum es nötig ist und weshalb ein anderes besser in die Strategie der Unternehmung paßt.

Ein führender Unternehmer in der Maschinenbauindustrie erklärt in einem Vortrag: „Ich fühle mich als Erzieher meiner Führungskräfte, und sei es auch nur, weil das Grundkapital meiner Unternehmung in dem Reichtum an Ideen und Initiativen liegt, den meine Mitarbeiter auf allen Verantwortungsebenen entwickeln“. Dank seiner Bemühungen ist es diesem Unternehmer gelungen, bei allen Mitarbeitern technische Spitzenleistungen, akquisitorisches Vermögen und organisatorisches Talent zu verbinden und dadurch zum führenden Wettbewerber zu werden.

4.3 Die zwei Ebenen der Unternehmungskultur

Wenn man von Unternehmungskultur spricht, sind zwei Ebenen zu unterscheiden[3]:

(1) die Wertvorstellungen und Beweggründe des Unternehmers und/oder der obersten Führungskräfte und
(2) die Wertvorstellungen und Beweggründe der Mitarbeiter.

[2] Vgl. hierzu C. Pümpin, J.-M. Kobi u. H. Wüthrich, Unternehmenskultur, in: „Die Orientierung“, Nr. 85, Schriftenreihe der Schweizerischen Volksbank, Bern 1985; J.-M. Kobi u. H. Wüthrich, Organisationskultur, München 1986.

[3] Vgl. S.M. Davis, Managing Corporate Culture, Cambridge, Mass. 1984, S. 12ff.

Der Generaldirektor einer großen Unternehmung stellt fest: „Meine Abteilungsleiter sind hervorragende Fachleute, aber sobald sie höher aufsteigen, brauche ich etwas anderes als Fachwissen, und derzeit besitzen meine Führungskräfte dieses Etwas nicht ... Als ich vor mehr als fünfundzwanzig Jahren als junger Ingenieur in dieses Unternehmen eintrat, war meine Arbeit zu 85 % der Technik gewidmet. Heute verlangt meine Tätigkeit zu 85 % jenes gewisse Etwas, das Sie wahrscheinlich Kultur nennen".

Die Kultur, von der hier die Rede ist, muß von der Unternehmungsleitung vorgelebt werden; sie ist *zukunftsorientiert*, drückt sich im Leitbild der Unternehmung aus und hat die Mitarbeiter für die Ziele und Strategien zu gewinnen.

Die von der Unternehmungsleitung vorgelebten Wertvorstellungen (Offenheit gegenüber dem Neuen, Entscheidungsfreudigkeit, Risikoneigung, Flexibilität, Integrität, Loyalität, Kommunikation) sind Sinnbilder für die Mitarbeiter und Orientierungslinien für deren Verhalten in der täglichen Arbeit; die Unternehmungskultur, die in der Organisation verkörpert wird, ist *vergangenheitsbezogen*; sie hängt davon ab, wie die Mitarbeiter die Wertvorstellungen und Beweggründe der Unternehmungsleitung interpretiert haben.

Das Problem eines jeden Unternehmers besteht darin, eine im wesentlichen vergangenheitsorientierte Unternehmungskultur den in die Zukunft gerichteten Strategien anzupassen. Die Ergebnisse, die eine Unternehmung erzielen kann, sind um so günstiger, je besser es der Unternehmungsleitung gelingt,

(1) die Strategien im Einklang mit der im Lauf der Zeit gewachsenen Unternehmungskultur zu formulieren oder
(2) die Unternehmungskultur den Strategien anzupassen.

Im günstigsten Fall, wenn sich Strategie und Unternehmungskultur gegenseitig stützen und ergänzen, entsteht ein führender Wettbewerber.

4.4 Die Bestimmung der Unternehmungskultur

4.4.1 Die Bestimmung der Ist-Unternehmungskultur

Die Unternehmungskultur läßt sich mit Hilfe einer Reihe von Kriterien bestimmen, die mit einem Fragebogen erfaßt werden. Abbildung 4.1 zeigt ein Beispiel, wie die Kultur einer Unternehmung bestimmt und dargestellt werden kann: Die „Helikopterfähigkeit", d. h. das Denken in größeren Zusammenhängen, ist wenig ausgeprägt, das unternehmerische Verhalten der Mitarbeiter fehlt völlig, die Innovationsorientierung könnte um vieles besser sein, ebenso die Kundenorientierung.

Die dargestellte Vorgehensweise genügt zwar nicht den strengen Regeln der empirischen Sozialforschung, da die einzelnen Kriterien nicht gewichtet sind, ihre Wahl oft unterschiedliche Beurteilungen zuläßt und die Berechnung der arithmetischen Mittel jeder Bewertung durch die Mitarbeiter problematisch ist;

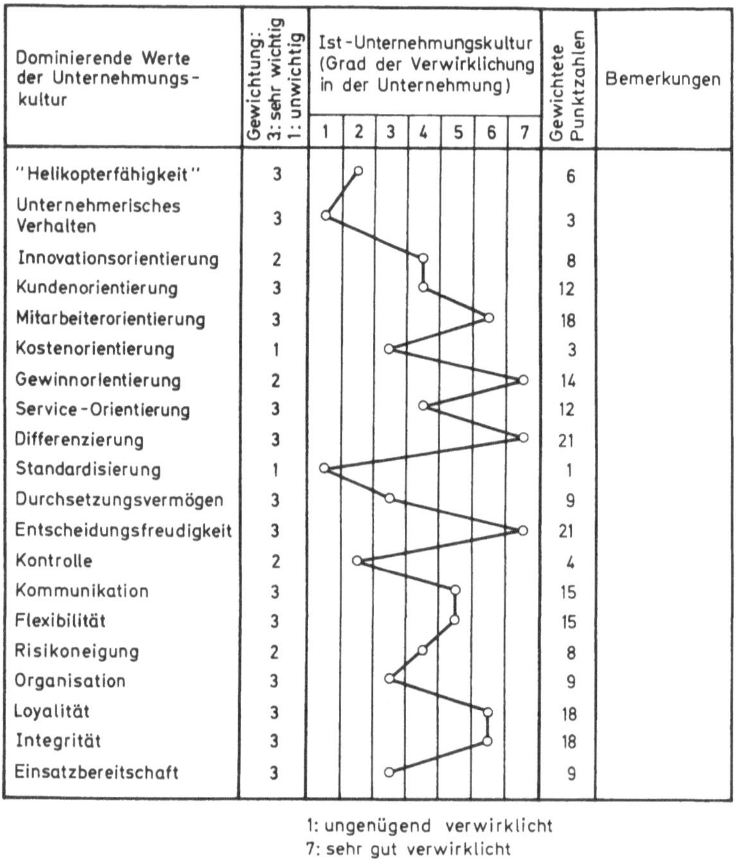

Abb. 4.1 Die Ermittlung der Ist-Unternehmungskultur (Beispiel)

sie ist jedoch ein einfaches, schnell anwendbares und billiges Mittel, um die Kultur einer Unternehmung in großen Linien zu erfassen und anschaulich darzustellen.

Die dominierenden Werte der Unternehmungskultur können wie folgt definiert werden, wobei sich die Antworten in ein Kontinuum von 1 bis 7 einordnen lassen:

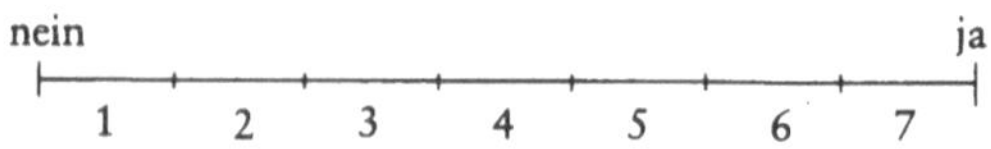

„Helikopterfähigkeit“:
Sehen die Führungskräfte über ihren unmittelbaren Verantwortungsbereich hinaus? Haben sie bei ihren Entscheidungen das Gesamtinteresse der Unternehmung vor Augen?

Unternehmerisches Verhalten:
Erkennen und nutzen die Mitarbeiter Möglichkeiten, die die Konkurrenten übersehen haben? Nutzen die Führungskräfte ihren Handlungsspielraum initiativ und selbständig, um Dinge im Interesse der Unternehmung zu verändern?

Innovationsorientierung:
Ist die Offenheit gegenüber dem Neuen etwas, für das es lohnt sich einzusetzen? Werden innovative Bemühungen belohnt?

Kundenorientierung:
Sind die Interessen der Kunden unsere Interessen? Hat der Kunde unsere erste Priorität?

Mitarbeiterorientierung:
Werden die Mitarbeiter als Schlüssel zum Erfolg angesehen? Zieht die Unternehmung Spitzenleute an?

Kostenorientierung:
Ist jeder an seinem Platz für Kostensenkungen verantwortlich? Sind niedrigste Kosten unsere vornehmste Errungenschaft?

Gewinnorientierung:
Bekennt sich die Unternehmung zur langfristigen Verbesserung ihrer Gewinnaussichten unter bestimmten Bedingungen? Wird der kurzfristige Gewinn langfristigen Überlegungen untergeordnet?

Service-Orientierung:
Wollen wir ein langfristiges, partnerschaftliches Verhältnis zu unseren Kunden? Übertrifft die Unternehmungsleitung regelmäßig und in vorbildlicher Weise die eigenen Service-Normen?

Differenzierung:
Sind wir führend in der Abhebung unserer Produkte und Dienstleistungen von denen der Konkurrenz, um eine Position der Einzigartigkeit auf unseren Märkten einzunehmen? Ist der „Geist des Hauses" in der Differenzierung der Produkte und Dienstleistungen?

Standardisierung:
Ist der „Geist des Hauses" in der Standardisierung der Produkte und Dienstleistungen mit dem Ziel, Kostenführer zu sein? Wollen wir Billigstanbieter von qualitativ hochwertigen Produkten und Dienstleistungen sein?

Durchsetzungsvermögen:
Macht die Unternehmungsleitung die Führungskräfte dadurch sicher und stärkt sie dadurch deren Willenskraft, daß sie in schwierigen Lagen nicht alle ihre Sorgen mitteilt? Finden die Mitarbeiter einen Halt bei ihren Vorgesetzten, wenn es um die Durchsetzung bestimmter Initiativen geht?

Entscheidungsfreudigkeit:
Sind wir rasch, sicher und unbeirrt von den Zufälligkeiten des Lebens in unseren

Entscheidungen? Schalten wir in unseren Entscheidungen vorgefaßte Meinungen und irreführende persönliche Erfahrungen bewußt aus?

Kontrolle:
Kontrollieren wir, um zu loben und nicht um „Schuldige" zu suchen und zu bestrafen? Besteht eine Atmosphäre des Vertrauens in der Unternehmung?

Kommunikation:
Werden die Führungskräfte in den Prozeß der Formulierung der Strategien einbezogen? Werden Strategien klar und rechtzeitig kommuniziert?

Flexibilität:
Nimmt die Flexibilität der Führungskräfte mit der Schwierigkeit der Lage zu? Vermeiden Führungskräfte in schwierigen Situationen das Schema?

Risikoneigung:
Setzt die Unternehmungsleitung Ziele, deren Erreichung nach klarer Erwägung aller Umstände voraussichtlich zu erwarten ist? Haben Prestigegründe keinen Einfluß auf die strategischen Entscheidungen?

Organisation:
Ist die Organisation so offen, daß jeder an seinem Platz Dinge verbessern kann? Entspricht die Organisation den Bedürfnissen der Mitarbeiter und den Anforderungen der Strategien?

Loyalität:
Können wir auf die Loyalität unserer Mitarbeiter stolz sein? Wird Loyalität in der Unternehmung sichtbar belohnt?

Integrität:
Tritt die Unternehmungsleitung mit Integrität und Sicherheit an ihre Aufgaben heran? Widmet die Unternehmungsleitung ihre Sorge allen Mitarbeitern?

Einsatzbereitschaft:
Wird die Einsatzbereitschaft der Mitarbeiter dadurch gefördert, daß die Führungskräfte nicht zur Problematik, zum Gleichgewicht von „Für und Wider" neigen? Sind die Voraussetzungen für halbe Entschlüsse und für die Bescheidung zur Untätigkeit nach Möglichkeit ausgeschaltet?

4.4.2 Die Bestimmung der Soll-Unternehmungskultur

Jede Strategie verlangt eine spezifische Unternehmungskultur. Abbildung 4.2 zeigt typische Prioritätsordnungen dominierender Werte der Unternehmungskultur in Abhängigkeit von den Strategien. Soll z. B. mit einem neuen Produkt ein neuer Markt erschlossen werden, wird also eine Offensivstrategie gefahren, braucht man Mitarbeiter in Technik und im Marketing, die ein Gespür für Veränderungen in der Gesellschaft besitzen, die das, was in der Unternehmung machbar ist, zu einer tragfähigen Geschäftsidee ausformen und entsprechend

Arten von Strategien	Dominierende Werte			Zeitlicher Horizont	Aktionspläne
	Priorität Nr. 1	Priorität Nr. 2	Priorität Nr. 3		
Offensivstrategien	„Helikopter-fähigkeit"	Unternehmerisches Verhalten	Innovations-orientierung	langfristig	
Investitions- und Wachstumsstrategien	Innovations-orientierung	Kunden-orientierung	Mitarbeiter-orientierung	mittel-langfristig	
Defensivstrategien	Kundenorientierung	Kosten-orientierung	Service-Orientierung	mittelfristig	
Desinvestitions-strategien	Durchsetzungs-vermögen	Mitarbeiter-orientierung	Kontrolle	kurzfristig	
Internationalisierungs-strategien	Flexibilität	Differenzierung› Standardisierung	Kommunikation	langfristig	
Kooperations-strategien	Strategisches Denken	Entscheidungs-freudigkeit	Kontrolle	kurz-mittelfristig	
Akquisitions-strategien	„Helikopter-fähigkeit"	Synergien/ Verflechtungen	Kontrolle	langfristig	
Fusionsstrategien	„Helikopter-fähigkeit"	Kommunikation	Organisation	mittel-langfristig	

Abb. 4.2. Dominierende Werte der Unternehmungskultur für verschiedene Arten von Strategien

den sich ändernden Verhältnissen fortbilden können; der Erfolg einer Offensivstrategie hängt von der Verfügbarkeit von Mitarbeitern mit Weitblick („Helikopterfähigkeit"), Eigeninitiative (unternehmerischem Verhalten) und Aufgeschlossenheit gegenüber dem Neuen (Innovationsorientierung) ab[4].

Wenn dagegen ein unrentabler Unternehmungsbereich aufgegeben werden soll (Desinvestitionsstrategie), spielt die „Helikopterfähigkeit" keine Rolle, unternehmerisches Verhalten und Innovationsorientierung sind unwichtig; es kommt auf Durchsetzungsvermögen, Begeisterungsfähigkeit für neue Aufgaben, Kostenorientierung u. ä. an. Abbildung 4.3 zeigt ein Beispiel für die Darstellung der Soll-Unternehmungskultur für zwei verschiedene Strategien.

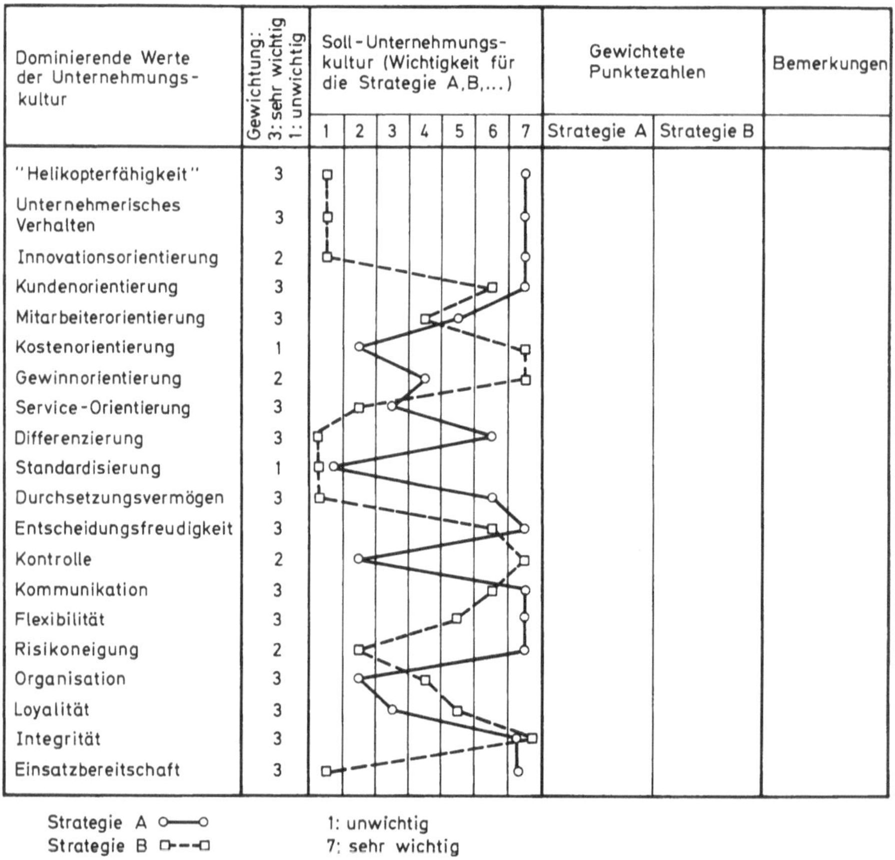

Abb. 4.3 Die Ermittlung der Soll-Unternehmungskultur (Beispiel)

[4] Vgl. hierzu H. H. Hinterhuber u. W. Holleis, Gewinner im Verdrängungswettbewerb – Wie man durch die Verbindung von Unternehmungsstrategie und Unternehmungskultur zu einem führenden Wettbewerber werden kann, in: „Journal für Betriebswirtschaft", 38 (1988), S. 2–19 und die dort angegebene Literatur.

4.4.3 Die Beeinflussung der Unternehmungskultur im Sinne der Strategien

Die Gegenüberstellung von Ist- und Soll-Unternehmungskultur (Abb. 4.4) zeigt die Defizite in der Unternehmungskultur auf, die beseitigt werden müssen, wenn die Strategien Erfolg haben sollen. Je größer die Differenzen, desto dringender sind entsprechende Eingriffe der Unternehmungsleitung. Die Eingriffe können die Personalpolitik, die Organisation, die Finanzplanung und die Kontrolle betreffen und werden häufig als „*Human Resource Management*" bezeichnet (Abb. 4.5)[5].

Im Bereich der *Personalpolitik* läßt sich z. B. eine ungenügende „Helikopterfähigkeit" durch Programme der Führungskräfteentwicklung (*Management Development*) und der Mitarbeiterschulung beheben. Eine ungenügende Motivation der Mitarbeiter verlangt eine Änderung des Entgelt- und Anreizsystems und oft auch ein Neu-Überdenken der individuellen Karrierepfade. In einem Chemiekonzern durchlaufen Führungskräfte gezielt verschiedene Abteilungen und machen eine fundierte Führungsausbildung durch, bevor sie die selbständige Führung einer Tochtergesellschaft oder Geschäftseinheit übernehmen.

Mängel im Bereich der *Organisation* müssen behoben werden durch Umstrukturierungsmaßnahmen, das Neufestlegen von Aufgaben, Verantwortlichkeiten und Kompetenzen und die Neugestaltung des Kommunikationssystems. Der Unternehmer, der gezwungen ist, Mitarbeiter zu entlassen, wird sein Augenmerk vor allem auf die Einrichtung rigoroser Leistungsbeurteilungssysteme lenken, um Ungerechtigkeiten nach Möglichkeit zu vermeiden und die Loyalität der Mitarbeiter zu erhalten.

Im Bereich der *Finanzplanung* hat ein Zulieferer der Automobilindustrie z. B. sein *Profit-Center*-Konzept geändert, da das kurzfristige Gewinndenken nicht vereinbar war mit dem Aufbau neuer Gewinnpotentiale; Beurteilungskriterien für die Führungskräfte waren nicht mehr der ROI, sondern aus den strategischen Plänen abgeleitete Größen wie Umsätze, Marktanteile, Stückkosten und Deckungsbeiträge.

Das *Kontrollsystem* kann motivationsfördernd sein, wenn es mit einer Gewinnbeteiligung gekoppelt ist; ein Unternehmer führt seine in der Tat erstaunlichen Erfolge auf folgendes Gewinnverwendungssystem zurück: Aktionäre 20%, Mitarbeiter 10%, Management 6%, F&E 7%, soziale Zwecke 2%.

Die Internationalisierung der Unternehmung sowie die Fusionierung mit oder Akquisition einer anderen Unternehmung sind ohne Kenntnis und Beeinflussung der unterschiedlichen kulturellen Kontexte im Sinne der Strategien mit einem hohen Risiko verbunden; das Risiko kann durch gezielte Maßnahmen des *Human Resource Management* gesenkt werden.

[5] Vgl. hierzu C. Fombrun, N. Tichy u. M. A. Devanna (Hrsg.), Strategic Human Resource Management, Reading, Mass. 1984; siehe auch D. T. Hall u. J. G. Goodale, Human Resource Management, Glenview, Ill. 1986.

Dominierende Werte der Unternehmungskultur	Gewichtung: 3: sehr wichtig 1: unwichtig	Gewichtete Differenzen (Soll-Ist) Strategie A	Gewichtete Differenzen (Soll-Ist) Strategie B	Aktionspläne Strategie A	Aktionspläne Strategie B
"Helikopterfähigkeit"	3	15	(3)	Führungsausbildung	Kein Eingriff
Unternehmerisches Verhalten	3	18	±0	Führungsausbildung	Kein Eingriff
Innovationsorientierung	2	6	(6)	Anreizsystem ändern	Kein Eingriff
Kundenorientierung	3	9	6	Anreizsystem ändern	Anreizsystem ändern
Mitarbeiterorientierung	3	(3)	(6)	Kein Eingriff notwendig	
Kostenorientierung	1	(2)	8	Kein Eingriff	Controlling
Gewinnorientierung	2	(9)	±0	Kein Eingriff notwendig	
Service-Orientierung	3	(3)	(6)	Kein Eingriff notwendig	
Differenzierung	3	(1)	(6)	Kein Eingriff notwendig	
Standardisierung	1	±0	±0	Kein Eingriff notwendig	
Durchsetzungsvermögen	3	9	(6)	Schulungsprogramm	Kein Eingriff
Entscheidungsfreudigkeit	3	±0	(3)	Kein Eingriff notwendig	
Kontrolle	2	±0	10	Kein Eingriff	Controlling
Kommunikation	3	6	3	Führungsausbildung	
Flexibilität	3	6	±0	Führungsausbildung	Kein Eingriff
Risikoneigung	2	6	(4)	Führungsausbildung	Kein Eingriff
Organisation	3	(3)	3	Kein Eingriff	Reorganisation
Loyalität	3	(6)	(3)	Kein Eingriff notwendig	
Integrität	3	3	3	Beispiele setzen	
Einsatzbereitschaft	3	12	(3)	Vorbild bzw. Sinnbild	Kein Eingriff

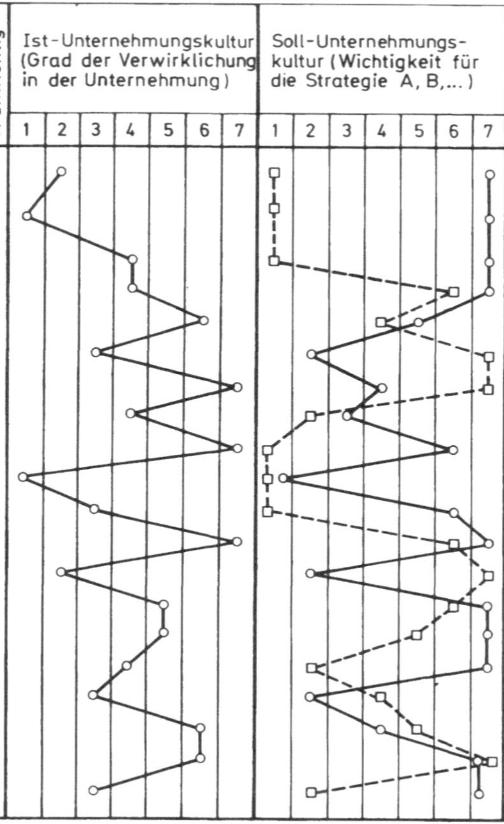

Strategie A o—o
Strategie B □--□

1: ungenügend verwirklicht
7: sehr gut verwirklicht

1: unwichtig
7: sehr wichtig

Die Werte in Klammern drücken Überrealisierungen im Vergleich zur Wichtigkeit für die Strategien aus.

Abb. 4.4 Der Vergleich der Ist- mit der Soll-Unternehmungskultur (Beispiel)

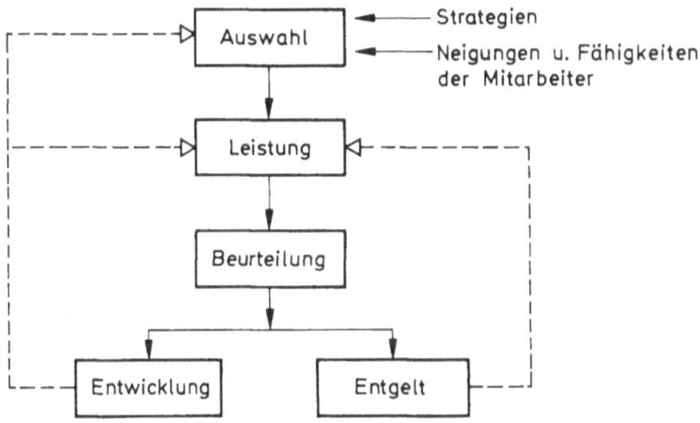

Abb. 4.5 Grundschema des *Human Resource Management* (in Anlehnung an C. Fombrun, N. Tichy u. M.A Devanna)

4.5 Der Unternehmer als Erzieher

Ein Unternehmer, der Originalersatzteile herstellt, ändert sichtbar seinen patriarchalischen Führungsstil, indem er seinen Führungskräften die selbständige Führung von Geschäftseinheiten übergibt und unternehmerisches Verhalten dadurch belohnt, daß er sie mit 3 % am Gewinn beteiligt und sie durch weitere 2 % zur Gründung von Tochterunternehmungen motiviert. Je klarer, überzeugender und transparenter der Unternehmer bestimmte Werte (z.B. Innovationsaufgeschlossenheit, Belohnung unternehmerischen Verhaltens) und Beweggründe („Jeder Mitarbeiter hat das Recht auf Kapitalbildung") vorlebt und durch entsprechende Maßnahmen (z.B. Gewinnbeteiligung) unterstützt, desto wirksamer breitet sich die Soll-Unternehmungskultur in der Unternehmung aus.

Jede Änderung der Unternehmungskultur muß an der Spitze beginnen. Die Unternehmungsleitung ist für die Unternehmungskultur verantwortlich, denn sie hat die Macht, aus der Unternehmung das zu machen, was sie wünscht, daß sie ist. Auch für die Unternehmung gilt, was für jeden von uns gilt: Ist das, was wir jetzt sind, das Ergebnis unserer vergangenen Entscheidungen, so können wir daraus schließen, daß wir das, was wir in Zukunft sein werden, durch unsere heutigen Entscheidungen hervorrufen können. Deshalb brauchen wir eine Vision, ein Leitbild und eine Strategie, um beides zu verwirklichen; wir müssen aber auch wissen, wie wir die Unternehmungskultur zu gestalten haben, damit die Strategie wirksam in den Funktionsbereichen und in der Organisation umgesetzt werden kann und zu konkreten Markterfolgen führt.

Ohne entsprechende Erziehung und Ausbildung der Führungskräfte ist eine strategische Führung nicht möglich. Im Mittelpunkt der Ausbildungs- und Erziehungsarbeit der Unternehmungsleitung stehen deshalb

- nicht Reglementierung und Nivellierung, sondern Weckung und Pflege selbständiger Entscheidungen und klarer Willensbildung;

- Selbständigkeit der Mitarbeiter in der Erfüllung ihrer Aufgaben;
- Zurückhaltung der Unternehmungsleitung in der Bestimmung der Einzelheiten;
- Einsatz der Führungskräfte im Gesamtprozeß der Führung als lebendige Individualitäten;
- Fähigkeit einer jeden Führungskraft,
  - das Einzelne im Zusammenhang des Ganzen zu sehen,
  - das irrationale Element im Wettbewerb zu würdigen,
  - das Ausführbare vom Unausführbaren durch saubere Berechnung und sorgfältige Beachtung der Wettbewerbsverhältnisse zu unterscheiden;
- Förderung der moralischen Kräfte der Einsatzbereitschaft und Verantwortungsfreude, der unternehmerischen Initiative und der selbstlosen Einfügung in einen Gesamtrahmen, an dessen Ausfüllung sich jeder einzelne Mitarbeiter aktiv beteiligt fühlen kann.

Die strategische Unternehmungsführung läuft im Grunde auf eine Individualisierung der Führung und eine Erhöhung der Innovationskraft hinaus. Es kommt darauf an, (1) Individualitäten im Rahmen strategischer Konzepte wirken zu lassen und mit ihnen zusammenzuarbeiten, ohne ihre Initiative und Kreativität zu beeinträchtigen, und (2) daß zutreffende Vorstellungen von dem unsystematischen Charakter aller Strategien, deren Wert, wie Moltke immer wieder betonte, „fast ganz in der konkreten Anwendung" liegt, zum Allgemeinbesitz aller Führungskräfte und Mitarbeiter werden.

Der Unternehmer ist der Erzieher seiner Mitarbeiter; erfolgreiche Unternehmer investieren in diese Aufgabe 20 bis 25 % ihrer Zeit. Welcher Unternehmer aber möchte behaupten, daß dies bei ihm selbst der Fall ist? Die systematische Erziehung der Mitarbeiter zu initiativem Handeln im Sinne der Strategien ist eine Aufgabe ohne Ende, der sich in einer Zeit eines zunehmend härteren Wettbewerbs kein Unternehmer und keine Führungskraft entziehen kann. Die Erziehungsarbeit hat die spezifischen Eigenheiten der Strategien zu berücksichtigen:

- Offensivstrategien, die auf die Schaffung einer starken Wettbewerbsposition in einem attraktiven Markt gerichtet sind, benötigen eine Unternehmungskultur, in der Aufgeschlossenheit gegenüber dem Neuen, Risikoneigung, Durchsetzungsvermögen, kurz „Helikopterfähigkeit", unternehmerisches Verhalten und Innovationsfreudigkeit, die zentralen Werte sind[6];
- Defensivstrategien, mit denen gewinnbringende Marktpositionen nachhaltig verteidigt werden, verlangen eine Unternehmungskultur, die auf Kundenorientierung, rigorosem Kostenbewußtsein, Service, akzessorischen Leistungen, kurz auf administrativem Verhalten, aufbaut;
- Desinvestitionsstrategien, die auf die kontrollierte Liquidierung unwirtschaftlicher Geschäftseinheiten hinauslaufen, verlangen eine Unternehmungskultur, die auf Überzeugungskraft, rigorosen Leistungsbeurteilungssy-

[6] Zur Gestaltung der Unternehmungskultur im weltweiten Wettbewerb siehe Ph.R. Harris und R.T. Moran, Managing Cultural Differences, 4. Aufl., Houston 1987.

stemen, Durchsetzungsvermögen, kurz auf Werten beruht, die fähigen und einsatzbereiten Mitarbeitern Perspektiven zu bieten imstande ist.

Die Unternehmungsleitung muß verschiedene Unternehmungskulturen verkörpern, je nachdem welche Strategie im In- und Ausland verfolgt wird. Von der Unternehmungsleitung vorgelebte Werte und Beweggründe, die in Einklang mit einer Defensivstrategie stehen, sind falsch, wenn sie auf eine Desinvestitions- oder eine Offensivstrategie übertragen werden. Genauso wie für die Strategie gibt es auch für die Unternehmungskultur keine allgemeingültigen Regeln und Prinzipien. Kennt man die Beweggründe und Wertvorstellungen der Hauptkonkurrenten, so lassen sich oft wertvolle Einsichten in die eigene Unternehmungskultur gewinnen und Impulse für die Haltungen und Einstellungen der Mitarbeiter geben, die den Strategien in einer internationalen Perspektive gemäß sind.

4.6 Die Unternehmungsidentität (*Corporate Identity*) als Ergebnis der strategischen und operativen Führung

4.6.1 Begriffsbestimmung

Die Unternehmungen beeinflussen durch ihre verbale und schriftliche Kommunikation sowie durch ihr Verhalten – z. B. im Vergleich zum Wettbewerb oder auch durch das individuelle Verhalten eines Mitarbeiters bei Reklamationen – ihr „Image“ oder Erscheinungsbild. Das „Image“ ist das Fremdbild der Unternehmung, das beim Verbraucher und bei den Kunden, bei den Lieferanten, verbündeten Unternehmungen, Kapitalgebern und Mitarbeitern sowie allgemein in der Öffentlichkeit entsteht; dieses Bild kann positiv, neutral oder negativ geprägt sein und hat Einfluß auf den Erfolg der Unternehmung.

Viele Unternehmungen sind als solche nicht besser oder schlechter als andere; die Produkte, die sie hervorbringen, und/oder die Dienstleistungen, die sie anbieten, sind nicht als solche gut, modern oder praktisch: Diese Beurteilungen hängen auch vom Erscheinungsbild ab, das die Unternehmung nach innen und nach außen zu vermitteln in der Lage ist. Will die Unternehmung deshalb in allen Marktsegmenten, in denen ihre Geschäftseinheiten operieren, zu den führenden Wettbewerbern zählen, dann muß sie imstande sein, kraft ihres Erscheinungsbildes das zu vermitteln, was sie von ihren Konkurrenten unterscheidet. Das Führungsproblem beruht darin, in der Vergangenheit bewährte Erscheinungsmuster und Verhaltensweisen mit Formen und Inhalten zu füllen, die in Einklang mit den Strategien der Unternehmung stehen.

Die Unternehmungsleitung muß bestrebt sein, die Vielfalt von Betrieben, Produkten, Leistungen und Informationen der Öffentlichkeit, den Abnehmern, Mitarbeitern, Lieferanten, Kapitalgebern und verbündeten Unternehmungen, so weit es geht als Einheit darzustellen; dieses einheitliche tatsächliche Erscheinungsbild der Unternehmung wird heute unter dem Begriff „*Corporate Identity*“ zusammengefaßt. *Corporate Identity* ist somit das Erscheinungsbild der Unternehmung, so wie diese von der Außenwelt gesehen und bewertet werden will; sie ist der faßbare und wahrnehmbare Teil der Unternehmungskultur.

Die Gründe, die eine Unternehmung veranlassen, ihren guten Namen einem größeren Publikum bekanntzumachen, lassen sich wie folgt zusammenfassen[7]:

(1) Verbesserung der Wettbewerbsposition der Unternehmung als Ganzes und ihrer Geschäftseinheiten,
(2) Erschließung neuer Abnehmergruppen,
(3) Wahrnehmung der gesellschaftlichen Verantwortung, und
(4) Beeinflussung interner und externer Interessenträger im Sinne der Strategien der Unternehmung.

Unternehmungen, die nicht differenzierbare Güter wie z. B. Vergasertreibstoffe anbieten, bedienen sich der Unternehmungsidentität, um in der Psychologie der Abnehmer ihre Produkte von denen der Konkurrenten abzuheben. Ist die „Spielregel des Marktes“ dagegen die Differenzierung, kann eine Unternehmung eine monopolähnliche Stellung oft dann einnehmen, wenn sie ihre Strategie und Marketingpolitik im Prestige einer Marke und somit in einem bestimmten Erscheinungsbild verankert. Darüber hinaus kann das Verhalten von Finanzinstitutionen, Investoren, potentiellen Käufern und bestimmten Interessengruppen positiv im Sinne der Unternehmung beeinflußt werden. Bei strategischen Neuorientierungen oder bei Änderungen des Namens der Unternehmung spielt die Kommunikation der Unternehmungsidentität eine entscheidende Rolle.

Unternehmungen sind nicht mehr Burgen mit wenigen Fenstern und zahlreichen Schießscharten vergleichbar; wenn sie in der Vergangenheit nach außen kommunizierten, ließen sie gleichsam ihre Hängebrücke herunter, um darauf ihre Produkte und einige unerläßliche Informationen nach außen zu leiten. Unternehmungen sind heute „offene Systeme“, die mit einer Vielzahl von Personen und Institutionen in Verbindung stehen; mit zunehmender Komplexität der Führung und Beschleunigung des Wandels steigt die Zweckmäßigkeit, die internen und externen Interessenträger über die „zentralen Werte“ der Unternehmung zu informieren, um dadurch die Beschaffung spezifischer Ressourcen zu erleichtern, die für die Umsetzung der Strategien benötigt werden. Die Attraktivität der Unternehmungsidentität ist ein wesentlicher Erfolgsfaktor im Wettbewerb.

Für chemische Unternehmungen ist z. B. der Umweltschutz ein „zentraler Wert“; sie behandeln in ihren Berichten dieses Thema sehr ausführlich, besonders wenn sie mehr geleistet haben als ihre Konkurrenten. Dadurch schwächen sie bei Betriebserweiterungen oder Neugründungen den Widerstand seitens bestimmter Machtzentren ab, ziehen fähige Mitarbeiter an, stärken die Loyalität auf allen Verantwortungsebenen und erhöhen sogar in vielen Fällen den Börsenwert.

[7] Vgl. hierzu G.R. Dowling, Managing Your Corporate Images, in: „Industrial Marketing Management“, 15 (1986), S. 109–115.

Das Fremdbild der Unternehmung kann mit Hilfe dreier Instrumente im Sinne ihrer Strategien beeinflußt werden[8] (Abb. 4.6):

Abb. 4.6 Die drei Komponenten der Corporate Identity

(1) *Corporate Design*, oder Firmenerscheinungsbild, das die äußere Erscheinung der Unternehmung betrifft,
(2) *Corporate Communications*, oder Firmenkommunikation, die sich auf die Kommunikation der Unternehmung im Rahmen von Verkaufsförderung, Werbung, PR usw. bezieht, und
(3) *Corporate Attitude*, oder Unternehmungs- und Mitarbeiterverhalten, d. h. das Verhalten der Unternehmung in bezug auf Mitarbeiter, Abnehmer, Lieferanten, Partner, Konkurrenten, Institutionen und Öffentlichkeit sowie das Verhalten der Mitarbeiter selbst untereinander und in ihren Beziehungen nach außen.

Corporate Identity ist das Unternehmungsprofil, das
(1) das Erscheinungsbild, den Ruf und den Namen der Unternehmung sowie ihrer Produkte und/oder Dienstleistungen unter den Interessensgruppen ausmacht, mit denen die Unternehmung kooperiert – Abnehmer, Mitarbeiter, Kapitalgeber, Lieferanten, Öffentlichkeit und Partner-Unternehmungen,
(2) sich in der Art der Werbung, PR, Öffentlichkeitsarbeit usw. ausdrückt, und
(3) durch das Verhalten der Unternehmung als Ganzes und ihrer Geschäftseinheiten sowie ihrer Mitarbeiter bestimmt wird.

Die Bestimmung der Unternehmungsidentität ist schematisch in Abb. 4.7 dargestellt. Sie ist einerseits das Ergebnis der strategischen Führung der Unternehmung – je besser (schlechter) die Unternehmung unter strategischen und operativen Gesichtspunkten geführt wird, desto besser (schlechter) wird ihr Profil nach außen und nach innen sein –, andererseits eine wesentliche Determinante für den Erfolg der Unternehmung und ihrer Geschäftseinheiten.
Die Politik, die auf eine Beeinflussung des Fremdbildes der Unternehmung mit Hilfe der oben genannten Instrumente gerichtet ist, wird als *Corporate-Identity-Politik* bezeichnet.

Die Träger der *Corporate-Identity*-Bemühungen sind die Mitarbeiter, die an den Schnittstellen zwischen der Unternehmung und der Umwelt operieren. Die

[8] Vgl. hierzu im einzelnen H.H. Hinterhuber, K. Höfner u. L.G. Winter, Die strategische Bedeutung von Corporate Identity, München 1989.

Kriterien	Unternehmungsprofil in den Augen der						Bewertungen/ Instrumente/ Maßnahmen
	Abnehmer	Mitarbeiter	Kapitalgeber	Lieferanten	Öffentlichkeit	Verbündeten Unternehmungen	
Erscheinungsbild und Ruf der Unternehmung	+ +	+	+	–	+	+	
Erscheinungsbild und Name der Produkte	+	+	+	+	+	+	
Art der Werbung, PR usw.	+ –	+ –	+ –	+ –	–	–	
Verhalten der Unternehmung	+ –	–	+ –	–	– –	+	
Verhalten der Mitarbeiter	+ +	+	+	+	+	+	

++ sehr gut   –– sehr schlecht   +– gleich
+ gut   – schlecht
} im Vergleich zu den Hauptkonkurrenten

Abb. 4.7 Grundschema zur Bestimmung der Unternehmungsidentität (Beispiel)

Mitarbeiter sind „Quasi-Kunden" oder „interne Kunden", denen all diejenigen zentralen Werte der Unternehmungsidentität über ein „internes Marketing" zu vermitteln sind, die sie nach außen überzeugend zum Ausdruck bringen und vorleben müssen. Es ist Aufgabe dieses „internen Marketings" – der Firmenkommunikation –, die PR-Tätigkeiten sowohl nach innen als auch nach außen auszurichten: nach innen, um die Mitarbeiter in den für die Strategien zentralen Werten zu schulen, nach außen, um Zustimmung und Konsens zu bewirken. Die Unternehmungsidentität führt zu einer Integration von Marketing, Mitarbeiterführung und operativem Handeln, die nach strategischen Gesichtspunkten zu gestalten ist.

4.6.2 Die Bestimmung der Ist-Unternehmungsidentität

In Abb. 4.8 ist ein mit Hilfe zahlreicher Bewertungsgesichtspunkte und eines Punkteschemas konstruiertes *Bewertungsprofil* für die Unternehmungsidentität dargestellt. Es entspricht einem halbquantitativen Verfahren, das als Hilfslösung zur Visualisierung und Vergleichbarmachung heterogener Tatbestände von Nutzen sein kann.

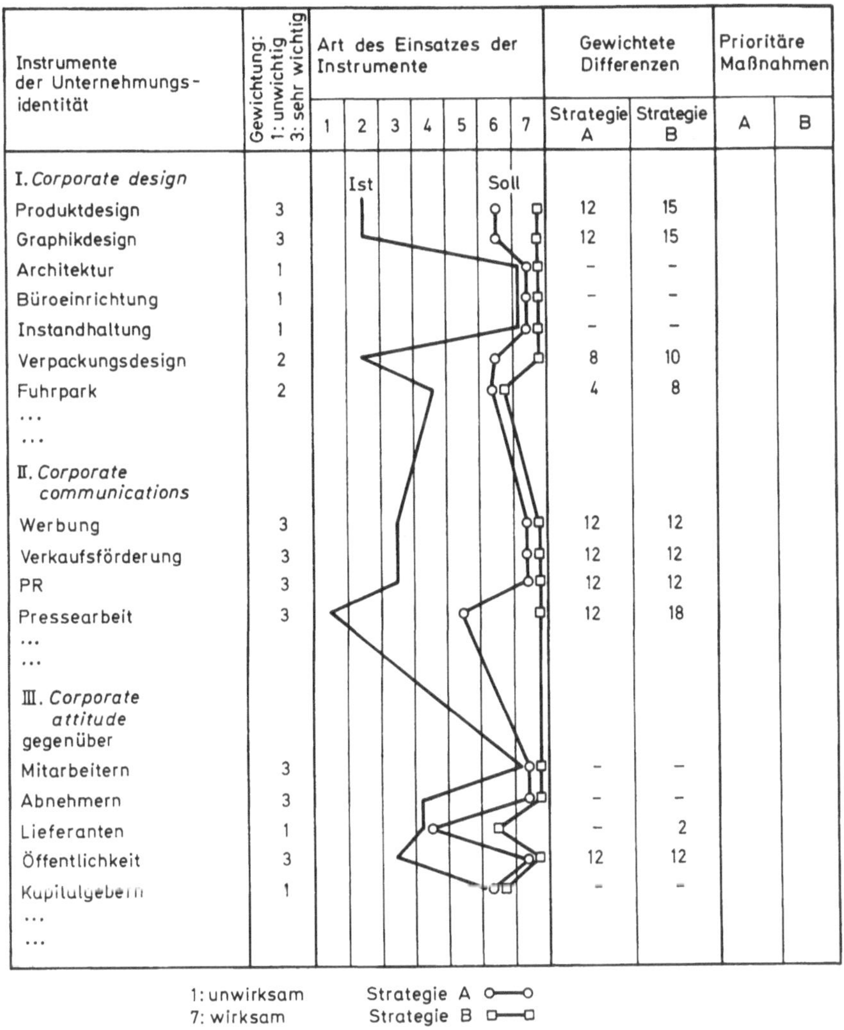

Abb. 4.8 Bewertungsprofil der Unternehmungsidentität (Beispiel)

Das Profil der Ist-Unternehmungsidentität ergibt sich aus der Beantwortung der Frage, welche Einzelinstrumente im Rahmen des *Corporate-Identity*-Instrumentariums eingesetzt werden:

(1) *Einzelinstrumente des Corporate Design:*
  - Produktdesign (Form, Farbe, Material, Markierung, Produktbezeichnung usw.),
  - Graphikdesign (Marke, Zeichen, Schriften, Gestaltungsrahmen usw.),
  - Messedesign (Standarchitektur, Farbe, Graphik usw.),
  - Baudesign (Architektur, Farbe, Einrichtung, Kennzeichnung usw.),

- Verpackungsdesign (Markierung, Graphik, Farbe usw.),
- Fuhrpark (Ausstattung, Farbe, Graphik usw.),
- Instandhaltung (Grad der Instandhaltung der Gebäude und Anlagen, Beschriftung usw.),
- Sonstiges.

(2) *Einzelinstrumente der Corporate Communications:*
- Werbung,
- Verkaufsförderung (Prospekte, Publikationen, Geschäftsberichte, Aktionen usw.),
- Pressearbeit (Publikum- und Fachpresse).

(3) *Einzelinstrumente der Corporate Attitude*
- Verhalten gegenüber Abnehmern, z.B. bei Reklamationen,
- Verhalten gegenüber Mitarbeitern, z.B. in Konfliktsituationen, bei Entlassungen, Versetzungen usw.,
- Verhalten gegenüber Lieferanten,
- Verhalten gegenüber Kapitalgebern,
- Verhalten gegenüber Konkurrenten,
- Verhalten gegenüber der Öffentlichkeit (Journalisten, Institutionen usw.),
- Verhalten gegenüber den Gewerkschaften,
- u.a.m.

Ein Erscheinungsbild zu besitzen heißt, eine Identität zu haben und eine Persönlichkeit aufzuweisen, mit denen sich die Unternehmung aus der Anonymität und von den Ähnlichkeiten abheben kann, die das als gleichförmig erscheinen lassen, was in Wirklichkeit oft sehr differenziert ist. Das in Abb. 4.8 dargestellte Ist-Profil läßt in weiten Bereichen den Willen der Unternehmungsleitung vermissen, die Unternehmung nach innen und nach außen so erscheinen zu lassen, wie es ihrer Unternehmungspolitik und ihren Strategien gemäß wäre.

4.6.3 Die Bestimmung der Soll-Unternehmungsidentität

Die Soll-Unternehmungsidentität wird hergeleitet aus:

(1) der Unternehmungspolitik und -kultur,
(2) der Gesamtstrategie der Unternehmung, und
(3) den Strategien der Geschäftseinheiten.

Die anzustrebende Unternehmungsidentität muß erstens in Einklang stehen mit der *Unternehmungspolitik*; Allianzen und Kooperationen erfordern z.B. eine bestimmte Unternehmungsidentität, die darüber hinaus mit den grundsätzlichen Aussagen übereinstimmen muß, die im Leitbild zusammengefaßt sind und in der Unternehmungskultur zum Ausdruck kommen.

Die *Gesamtstrategie der Unternehmung*, wie sie im strategischen Zielportfolio ihren synthetischen Ausdruck findet, ist der zweite Orientierungspunkt der Soll-Unternehmungsidentität.

Die *Strategien der strategischen Geschäftseinheiten* und die sie tragenden funktionalen Politiken (Marketing-, F&E-, Produktionspolitik usw.) bestimmen drittens die anzustrebende Unternehmungsidentität.

Die Soll-Unternehmungsidentität ist die Resultierende aus Elementen, die unternehmungsübergreifend sind, und Elementen, die geschäftseinheitsspezifisch sind. Die Instrumente des *Corporate Design* z. B. werden in der Unternehmung einheitlich eingesetzt, während diejenigen der *Corporate Communications* und *Attitude* von Geschäftseinheit zu Geschäftseinheit verschieden sein können.

Die in Abb. 4.8 dargestellten Soll-Bewertungsprofile basieren auf Daten, die im Stadium der strategischen Planung verfügbar sind. Mit zunehmenden und genaueren Informationen werden die für die *Corporate-Identity*-Konzeption verantwortlichen Führungskräfte in der Lage sein, neue und jeweils zuverlässigere Bewertungsprofile hintereinander für die gleichen Strategien zu ermitteln. Auch in Erwägung gezogene alternative Maßnahmen, wie z. B. *Joint Ventures*, Verkaufsabsichten der Unternehmung oder einzelner Teile oder Abwehr von erwarteten Übernahmeangeboten, führen zu verschiedenen Bewertungsprofilen, woraus deren Lenkungsfunktion offenkundig wird.

Die Kommunikation der Unternehmungsidentität nach innen und nach außen setzt den klaren Willen der Unternehmungsleitung voraus, (1) dort spezifische Maßnahmen zu setzen, wo Abweichungen zwischen dem Soll- und Ist-Profil bestehen und (2) den „anderen" zu helfen, ihre Bezugssysteme zu ändern bzw. dem angestrebten Bild anzupassen.

4.6.4 Die Gestaltung der Unternehmungsidentität

Genauso wie jede bewußte oder unbewußte Äußerung unseres „Seins" eine Reihe von Kommunikationen ausstrahlt, vermittelt auch die Unternehmung ein ganz bestimmtes Bild nach innen und nach außen. Dieses Bild setzt sich aus den Eindrücken zusammen, die gespeichert bleiben, nachdem die Wirkung der ausgesandten „Signale" aufgehört hat. Jede Unternehmung versucht, dieses Bild so nach innen (Mitarbeiter) und nach außen (Abnehmer, Lieferanten, Kapitalgeber, verbündete Unternehmungen, Konkurrenten, potentielle Käufer, Journalisten, repräsentative Öffentlichkeit) zu kommunizieren, daß es auf eine Weise erlebt wird, die mit ihrer Unternehmungspolitik und ihren Strategien kohärent ist. Das Bild, das es im Interesse der Unternehmung zu beeinflussen gilt, ist somit das Bild, das sich die oben genannten Gruppen von Personen von der Unternehmung gemacht haben und voraussichtlich machen werden. Der Gestaltung der Unternehmungsidentität ist deshalb die gleiche Aufmerksamkeit zu widmen wie der Formulierung der Strategien oder der diesen entsprechenden Marketingpolitik. In Abb. 4.9 sind die Komponenten/Instrumente der Unternehmungsidentität zusammengefaßt, die die Möglichkeiten veranschaulichen, spezifische und sektorale Eingriffe zur Beeinflussung des Fremdbildes im Interesse der Unternehmung durchzuführen.

Quellen	Komponenten/Instrumente
der Unternehmungsidentität	
(1) *Firmenerscheinungsbild* (*Corporate Design*)	– Wettbewerbspositionen der Produktlinien – Design – *Packaging* – Architektur – Büroausstattung – Instandhaltung – Organisation – ...
(2) *Firmenkommunikation* (*Corporate Communications*)	– Werbung – Verkaufsförderung – Pressearbeit – Soziale Tätigkeiten – Förderung von Wissenschaft und Kunst – Kulturelle Tätigkeiten – ...
(3) *Unternehmungs- und Mitarbeiterverhalten* (*Corporate Attitude*)	– Professionalität und Effizienz – Klarheit in den Beziehungen – Organisationsverhalten – Aufbau- und Ablauforganisation – Informationstechnologien – professioneller und psychologischer Reifegrad der Mitarbeiter – Motivation und Engagement der Mitarbeiter – Integrität und Kommunikationsfähigkeit (soziale Kompetenz) der Mitarbeiter – Hilfsbereitschaft und Kundenberatung – ...

Abb. 4.9 Quellen und Komponenten/Instrumente der Unternehmungsidentität

Die Unternehmungsidentität ist, abschließend, eine Konstruktion, die auf der *Meinung* beruht, die sich die Kunden, Mitarbeiter, Kapitalgeber, Lieferanten, verbündeten Unternehmungen, Investoren, Journalisten, Konkurrenten und repräsentative Öffentlichkeit direkt oder indirekt, bewußt oder unbewußt, rational oder irrational, zu Recht oder zu Unrecht über eine Unternehmung und, als Folge, über ihre Eigentümer, Führungskräfte und Mitarbeiter sowie über ihre Produkte und Dienstleistungen bilden. Diese Meinung ist nichts Abstraktes, sondern eine Realität, die in für die Unternehmung günstigen oder ungünstigen Verhaltensweisen ihren Niederschlag findet; sie kann letzten Endes mit Hilfe der drei erwähnten Instrumente der Unternehmungsidentität auf vierfache Weise beeinflußt werden:

(1) durch die Wirtschaftsergebnisse: Jahresabschlüsse, Bilanzberichte, statistische Vergleiche u. dgl. mehr;
(2) durch die Qualität der Produkte, Dienstleistungen und Technologien;

(3) durch die Korrektheit des Verhaltens gegenüber Kapitalgebern, Mitarbeitern, Lieferanten, Abnehmern, verbündeten Unternehmungen, Journalisten und Institutionen; und
(4) durch die Fähigkeit der Mitarbeiter auf allen Verantwortungsebenen, die zentralen Werte der Unternehmung zum Ausdruck zu bringen und überzeugend vorzuleben.

Die natürliche Konsequenz der Gegenüberstellung von Ist- und Soll-Unternehmungsidentität ist der Einsatz der Einzelinstrumente der *Corporate-Identity* von der Unternehmungspolitik und von den Strategien her. Das angestrebte Fremdbild der Unternehmung sowie die Unternehmungspolitik und Strategien sind miteinander abzustimmen. Man darf dabei keinesfalls in unternehmungsinternen Erwägungen steckenbleiben, sondern muß das *Fremdbild* in die Auswahl und den Einsatz der Einzelinstrumente voll einbeziehen, selbst wenn die Abschätzung des Fremdbildes in der Methodik mit den Aussagen der strategischen Planung schlecht vergleichbar erscheint.

Die Planung des *Corporate-Identity*-Programmes soll in einem entsprechend fein gegliederten *Budget* ihren Niederschlag finden. Die Instrumente, die die Unternehmung als Ganzes betreffen, sind von den Instrumenten zu unterscheiden, die spezifisch für die einzelnen strategischen Geschäftseinheiten sind; dabei sind alternative Soll-Unternehmungsidentitäten zu prüfen[9].

So wichtig die Unternehmungsidentität ist, die es nach außen zu vermitteln gilt, ist es vielleicht gut, Folgendes zu beherzigen: Je einfacher und schmuckloser eine Unternehmung ihre zentralen Werte vorlebt und nach außen dokumentiert, desto stärker wirken sie.

Die Einwirkung der Führungskräfte auf ihre Mitarbeiter verläuft von Unbewußtem zu Unbewußtem; es ist deshalb zwecklos, wenn die Unternehmungsleitung anderen etwas vormachen will. Es wirkt letzten Endes nur das wahre und wahrhaftige Sein.

[9] Vgl. hierzu im einzelnen H.H. Hinterhuber, K. Höfner u. L.G. Winter, Die strategische Bedeutung von Corporate Identity, a.a.O.

5. Strategische Führungskompetenz im Wandel der Problemstellungen

> Kennst du den Gegner und kennst du dich, so magst du hundert Schlachten schlagen, ohne daß eine Gefahr besteht; kennst du dich, aber nicht den Gegner, so sind deine Aussichten auf Gewinn oder Verlust gleich; kennst du weder dich noch den Gegner, so wirst du in jeder Schlacht geschlagen.
>
> Sun Tse

5.1 Wesen und Weite der strategischen Führung

Drei Dimensionen machen zusammen das Wesen und die Weite der Führung einer Unternehmung aus:

(1) die Strategieformulierung und -durchführung sowie die Auswahl und Entwicklung der leitenden Mitarbeiter,
(2) die In-Gang- und Zusammenhaltung der betrieblichen Prozesse in allen ihren Teilbereichen, und
(3) die Leistung eines Beitrages zur gesellschaftlichen Entwicklung.

Diesen drei Dimensionen übergeordnet sind die Verkörperung einer unternehmerischen Vision durch die Unternehmungsleitung und der Primat der Unternehmungspolitik.Das in diesem Buch dargestellte Sieben-Phasen-Modell der strategischen Führung der Unternehmung – Unternehmerische Vision – Konzeption der Unternehmungspolitik – Formulierung der Strategien – Ausarbeitung funktionaler Politiken – Gestaltung der Organisation – Durchführung der Strategien und Aktionsprogramme – Beeinflussung der Unternehmungskultur – ist ein Weg, um von politischen, gesellschaftspolitischen, technischen und wirtschaftlichen Entwicklungen zu konkreten, auf diese Entwicklungen bezogenen Aktionsprogrammen zu kommen. Nicht alle Führungsprobleme lassen sich jedoch in die obige Reihenfolge einordnen. In jeder funktionierenden Unternehmung wirkt auf die Unternehmungsleitung eine Vielzahl von Kräften ein:

- Änderungsbestrebungen, die irgendwo im Gesamtunternehmungssystem entstehen und die nicht mit der Möglichkeit der Verbesserung einer Strategie zusammenhängen müssen, fordern ein Eingreifen der Leitung,
- mehrere, zum Teil gegenläufige Änderungen erfolgen gleichzeitig in verschiedenen Bereichen,
- unternehmerische Bemühungen, die mit der Unternehmungspolitik oder mit der Unternehmungskultur nicht vereinbar sind und sich auch nicht in die Gesamtstrategie einfügen,
- Innovationsprojekte überlagern Routinetätigkeiten usw.

Die Unternehmungsleitung muß versuchen, die auf Innovation und Wandel drängenden Kräfte und die auf Bewahrung und Erhaltung drängenden Kräfte zu nutzen, zum Ausgleich zu bringen oder so zu verstärken, daß Synergieeffekte erzielt werden. Derartige Konfliktsituationen lassen sich in der Regel am besten auf der Basis klar formulierter Strategien und der sie unterstützenden funktionalen Politiken sowie geeigneter organisatorischer Regelungen und Aktionsprogramme lösen. Änderungs- oder Bewahrungsvorschläge lassen sich im Hinblick auf ihre Beiträge zu den wesentlichen Unternehmungsaufgaben beurteilen. Die Konzeption ausgewogener, integrierter Unternehmungspläne schließt außer der Ausrichtung der verschiedenen, in jeder Unternehmung wirkenden Kräfte auf konsistente, zentrale Aufgaben auch die Berücksichtigung der Größenordnung und zeitlichen Verteilung der Änderungen ein. Eine Unternehmung vermag nur dann zur vollen Entfaltung ihrer Leistungsfähigkeit zu gelangen, wenn die gleichzeitig sich abwickelnden strategischen und operativen Tätigkeiten den personellen, finanziellen und materiellen Kapazitätsgrenzen Rechnung tragen. Für die *In-Ganghaltung der Unternehmung* müssen die verschiedenen – isoliert betrachtet, erstrebenswerten – Änderungsvorschläge so geändert und aufeinander abgestimmt werden, daß sie sich gegenseitig verstärken und innerhalb der Kapazitätsgrenzen der Unternehmung liegen.

Neben der Strategieformulierung und -durchsetzung und der In-Gang- und Zusammenhaltung der Unternehmung besteht die dritte Dimension der strategischen Führung der Unternehmung darin, *Beiträge zur gesellschaftlichen Entwicklung* zu leisten. Dies darf nicht eine zusätzliche Aufgabe, sondern muß integrierender Bestandteil der Strategien sein, mit denen die Unternehmung ein Gleichgewicht in ihrer sich ändernden Umwelt sucht.

Die neuen gesellschaftlichen Wertvorstellungen unserer Zeit stellen Herausforderungen an die Unternehmungsleitungen dar, die von ihnen beantwortet werden müssen, wenn sie als maßgebende wirtschaftliche Rollenträger im Strom der Veränderungen überleben wollen. Es geht um die unternehmerische Anpassung an die zielsetzenden und den unternehmerischen Handlungsspielraum bestimmenden neuen Werte der gesellschaftlichen Umwelt, die eine „kulturelle Rationalisierung" der Strategien verlangt. Nur progressive, mit dem Wandel der geistigen Wertmaßstäbe veränderbare Strategien können die Unternehmungsleitung in einer langfristigen Perspektive legitimieren. Die Zukunft der Unternehmungen hängt davon ab, ob sie die gleiche Flexibilität, die sie in der Vergangenheit gegenüber Marktveränderungen und technischen Entwicklungen bewiesen haben, auch gegenüber Veränderungen des kulturellen Horizontes beweisen werden, die den gesellschaftlichen Handlungsspielraum der Wirtschaft bestimmen[1]. Die Hervorbringung von nützlichen Gütern und die Bereitstellung von sinnvollen Dienstleistungen, die den Bedürfnissen der Abnehmer entsprechen, die die kulturellen Anforderungen an den Wirtschaftsvollzug erfüllen und die Möglichkeit der Gewinnerzielung bieten, vermögen die Unter-

[1] Vgl. hierzu R. Nitsche, Der Unternehmer – das unbekannte Wesen, in: „Die Industrie", 76 (1976), Nr. 30, S. 16.

nehmung in das soziale Ganze zu integrieren und ihr neuen Handlungsspielraum zu geben.

In den Bereichen, in denen eine Reform oder gesellschaftspolitische Änderung – Beschäftigungspolitik, Umweltpolitik, Qualitätssicherung, Energieeinsparung, Universitätsausbildung usw. – die Bedingungen der Unternehmungsführung direkt beeinflussen, können die obersten Führungskräfte in der Regel drei Beiträge leisten[2]:

(1) zur Schaffung der Bedingungen beitragen, unter denen die gemeinsamen Bestrebungen durchgeführt werden können,
(2) als Mittler in Konfliktsituationen auftreten, und
(3) als Experten und Berater in Angelegenheiten fungieren, die nationale Prioritäten und institutionelle Änderungen betreffen.

Die Strategien legen die wesentlichen Entwicklungslinien der Unternehmung als Ganzes und ihrer strategischen Geschäftseinheiten fest. Jede funktionale Politik, die die Unternehmung mit ihrer Umwelt in Verbindung setzt, bestimmt die Bedingungen, unter denen ein Ressourcenaustausch stattfinden oder nicht stattfinden kann; die Zeiten und Mengen dieses Ressourcenaustausches sind in den Aktionsprogrammen festgelegt. Diese Interaktionen dienen der Erfüllung der Unternehmungsaufgaben und der Erzielung eines Gewinnes. Will nun eine Umweltgruppe die Bedingungen dieses Austausches zu ihrem eigenen Vorteil oder unter dem Druck der Öffentlichkeit ändern, muß die Unternehmungsleitung nach Wegen suchen, um berechtigte, neue Bedingungen zu erfüllen, ohne das Überleben und Wachstum der Unternehmung zu gefährden. Die Unterstützung tragfähiger Reformen – Verbesserung der Arbeitsbedingungen und Arbeitssicherheit, Herabsetzung der Umweltbelastung, Rohstoff- und Energieeinsparungen, Qualitätsgarantien usw. – liegt letzten Endes im Interesse der Unternehmung, da sie einen kontinuierlichen Zustrom von Ressourcen sichert. Allgemeingültig läßt sich nicht sagen, wie weit die Unternehmung den diversen Ansprüchen der Umweltgruppen – Arbeitnehmer und ihre Organisationen, Abnehmer, Lieferanten, Kapitalgeber und Gesellschaft – entgegenkommen kann und ob ein Optimum wirklich existiert. Die Frage ist nur dann größenordnungsmäßig zu beantworten, wenn die spezifische Unternehmungssituation bekannt ist.

Den obersten Führungskräften der Unternehmung kommt zweitens eine *Mittlerrolle* im Ausgleich kollidierender Reformbestrebungen oder gesellschaftsrelevanter Ziele (Erhaltung der Umwelt und internationale Wettbewerbsfähigkeit, Rohstoff- und Energieeinsparungen und Schaffung neuer Arbeitsplätze usw.) zu. Urteilsfähige unternehmerische Führungskräfte sollten sich dieser Aufgabe nicht entziehen, da sie

(1) über das notwendige Wissen verfügen, um die Auswirkungen zu bestimmen, die Konzessionen in einer Richtung auf die Fähigkeit der Unternehmung haben, andere Ansprüche zu erfüllen, und

[2] Vgl. hierzu W.H. Newman, J.P. Logan u. W.H. Hegarty, Strategy, Policy, and Central Management, a.a.O., S. 629ff.

(2) motiviert sind, einen praktikablen Kompromiß zu erreichen, der auf der Linie der langfristigen Unternehmungsziele liegt.

Die obersten Führungskräfte haben schließlich die Pflicht und das Recht, im *Prozeß der Formulierung gesellschaftsrelevanter Ziele eine aktive Rolle zu spielen.* Dazu gehören die Pflege der Zusammenarbeit mit den relevanten Institutionen, das Bestreben, den Lauf der Dinge – Forschungspolitik, Universitätsausbildung, Umstrukturierung der Wirtschaft und dgl. mehr – durch öffentliche Stellungnahme und/oder Mitwirkung in den zuständigen Gremien im positiven Sinne zu beeinflussen, die Verfolgung einer Linie, die die Position der Unternehmung in der Wirtschaft und öffentlichen Einstellung stärkt (in Analogie zum Vorgehen anderer Interessengruppen) usw.; mit anderen Worten: Die obersten Führungskräfte müssen in Zukunft vermehrt „Außenpolitik“ betreiben und im Prozeß der Festsetzung gesellschaftlicher Werte und Ziele mitwirken[3].

Die Unternehmungsleitung kann eine führende Rolle im gesellschaftlichen Wandel spielen, wenn sie sich der berechtigten Ansprüche der Umweltgruppen annimmt, mit denen sie Ressourcen austauscht. Führen Wirtschaftswachstum und gesellschaftliche Evolution zu kritischen Situationen in Belangen der Erhaltung der Umwelt, muß die Unternehmung durch verbesserte Verfahren die Produkte hervorbringen und Dienstleistungen bereitstellen, die den Bedürfnissen der Abnehmer entsprechen und die Bedingungen der Umwelterhaltung erfüllen; kulturellem Wandel in der Einstellung zur Arbeit muß die Unternehmung durch Änderung der Organisation begegnen, um den Mitarbeitern zusätzliche Möglichkeiten für ein geistiges Wachstum, für Selbsterfüllung und Selbstverwirklichung zu bieten. Diese Art konstruktiver Anpassung zählt zu den Hauptaufgaben der Unternehmungen, deren oberste Verantwortung darin besteht, Güter hervorzubringen und Dienstleistungen bereitzustellen sowie Arbeitsplätze zu sichern, die jeweils in Einklang mit den Zielen und Bedürfnissen der Gesellschaft stehen.

5.2 Woran erkennt man den Strategen?

Die Strategie ist, um mit Moltke zu reden, die Anwendung des gesunden Menschenverstandes, und der läßt sich nicht lehren. Die Strategie ist untrennbar mit der Persönlichkeit und dem Wesenskern eines Unternehmers oder einer Führungskraft verbunden.

Was macht nun den Strategen aus? Nach seiner Erfolgsformel gefragt, antwortete der Präsident einer Schweizer Großbank: „Ich habe immer etwas mehr gearbeitet als die anderen[4].“ Wohl auch immer etwas besser als die anderen,

[3] Vgl. hierzu im einzelnen K. Schwab, Chancenmanagement, a. a. O., S. 81 ff.

[4] Vgl. E. P. S. Zehnder, Sind Karrieren planbar?, in: „Blick durch die Wirtschaft“, Nr. 136 (1987), S. 1.

wagen wir hinzuzufügen. Der „unendliche Leistungswille" ist mit Sicherheit eine Determinante der strategischen Führungskompetenz. Welche anderen Determinanten bestimmen in Kombination mit der Bereitschaft, Außerordentliches zu leisten, oder, um Meister Eckehart zu zitieren, „allezeit ein anhebender Mensch" zu sein, den Grad der strategischen Führungskompetenz? Dieser Frage soll an Hand von zehn Thesen nachgegangen werden; der Zusammenhang zwischen den ersten sieben Thesen ergibt sich aus dem Zusammenwirken der sieben Komponenten der strategischen Führung (Abb. 5.1); die letzten drei Thesen vervollständigen das Bild des Strategen als der Führungspersönlichkeit, die für unsere Wirtschaft und Gesellschaft heute und morgen zu fordern ist[5].

Strategische Führungskompetenz ist nicht lehrbar. Es ist ausgeschlossen, einen abstrakten Lehrplan zu ersinnen, der etwas so Subjektives und mit dem Wesenskern eines Menschen intim Verbundenes, wie es strategische Führungskompetenz oder unternehmerisches Verhalten ist, zu wecken und auszubilden wüßte.

These Nr. 1: Unternehmer und Manager mit einem hohen Grad an strategischer Führungskompetenz besitzen eine ***unternehmerische Vision*** und können diese in einem oder in wenigen Sätzen ausdrücken[6].

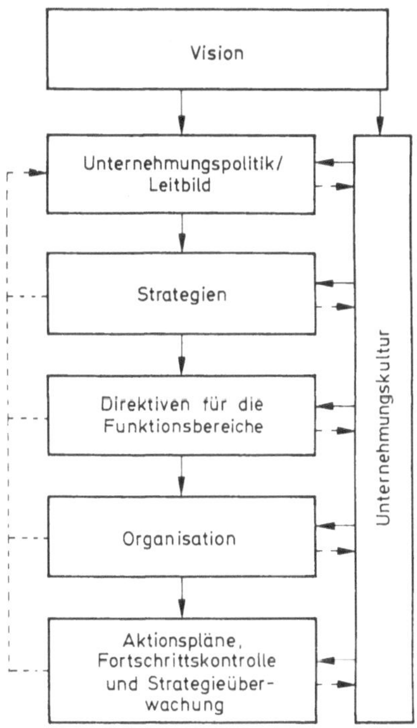

Abb. 5.1 Sieben Bezugsgrößen der strategischen Führungskompetenz

[5] Die Ausführungen basieren auf der vom Verfasser gemeinsam mit W. Popp verfaßten Arbeit Woran erkennt man den Strategen? in: „IO-Management-Zeitschrift", 57 (1988), S. 319–324.

[6] Vgl. hierzu die Ausführungen über die unternehmerische Vision im Abschnitt I.2.

Die Vision ist das Bewußtwerden eines Wunschtraumes einer Änderung; sie ist eine Brücke vom Denken zum Tun.

Wer nicht in der Lage ist, die Frage: „Was ist Ihre unternehmerische Vision". in einem oder in wenigen Sätzen zu beantworten, besitzt einen niedrigen Grad der strategischen Führungskompetenz.

These Nr. 2: Der Grad der strategischen Führungskompetenz zeigt sich darin, ob der Unternehmer oder die Führungskraft in der Lage ist, in einem *Leitsatz* den Zweck der Unternehmung so auszudrücken, daß alle Mitarbeiter engagiert und motiviert „an einem Strick" und „in die gleiche Richtung" ziehen[7].

Beispiele für mitreißende Leitsätze finden sich in der Automobilindustrie: „Sollten einmal bessere Automobile gebaut werden, dann bauen wir sie", „Das Beste oder nichts", „Vorsprung durch Technik"; diese Leitsätze von Buick, Daimler-Benz und Audi weisen eine Richtung, wenn sie in der Unternehmung von entsprechenden Bemühungen getragen sind, und führen zu Engagement und Motivation der Mitarbeiter.

Der Leitsatz, oft in Form eines Slogans, ist in der Tat die prägnanteste Synthese der unternehmungspolitischen Grundsätze; ohne überzeugend vorgelebte und zum Ausdruck gebrachte unternehmungspolitische Grundsätze werden sich die Mitarbeiter nicht engagiert und motiviert für die Unternehmung einsetzen. Deshalb die Bedeutung der Aufgabe: „Drücken Sie in einem Leitsatz den Zweck der Unternehmung so aus, daß alle Mitarbeiter engagiert und motiviert im Interesse der Unternehmung handeln."

These Nr. 3: Unternehmer oder Führungskräfte mit einem hohen Grad an strategischer Führungskompetenz sind in der Lage, die leitenden Gedanken und grundlegenden *Wettbewerbsvorteile* der Unternehmung in bezug auf die einzelnen Geschäftseinheiten oder Produktlinien zu nennen und in wenigen Sätzen klar zu beschreiben[8].

Das Ziel der Strategie ist bekanntlich, in jedem Marktsegment, in dem die Unternehmung tätig ist, eine Position der Einzigartigkeit einzunehmen. Das zentrale Element einer jeden Strategie besteht deshalb in der Schaffung von auf Dauer haltbaren Wettbewerbsvorteilen, mit denen im Idealfall eine monopolähnliche Stellung im Markt eingenommen werden kann. Wettbewerbsvorteile sind das Preis/Leistungs-Verhältnis, das Design, der Service, die Lieferfähigkeit, mit anderen Worten, die Faktoren, die den Käufer bewegen, ein Produkt einem anderen, vergleichbaren vorzuziehen. Eine entscheidende Anforderung, von deren Erfüllung das strategische und unternehmerische Kompetenzniveau abhängt, lautet daher: „Beschreiben Sie in wenigen Sätzen die leitenden Gedanken und Wettbewerbsvorteile, mit denen Ihre Unternehmung in den einzelnen Geschäftseinheiten den Abnehmern einen größeren Nutzen bietet als die Konkurrenten."

[7] Vgl. hierzu die Ausführungen über die Unternehmungspolitik im Abschnitt I.3.
[8] Vgl. hierzu die Ausführungen über die Entwicklung der Strategien im Abschnitt I.4.

These Nr. 4: Der Grad an strategischer Führungskompetenz des Unternehmers oder der Führungskraft zeigt sich darin, in welchem Ausmaße die Mitarbeiter die *Handlungsfreiheit*, über die sie verfügen, im Interesse der Unternehmung nutzen[9].

Die strategisch geführte Unternehmung ist eine Konföderation von Unternehmern; sie ist in strategische Geschäftseinheiten mit eigener Führungsverantwortung gegliedert, die wie „Mikrounternehmungen" Zentren für integrierte Maßnahmen sind, auf die Ressourcen der Gesamtunternehmung (Logistik-, Produktions-, Vertriebssysteme, Mitarbeiter usw.) zurückgreifen können und die unternehmerisch geführt werden. Die Unternehmungsleitung kann den für die strategischen Geschäftseinheiten verantwortlichen Führungskräften keine Weisungen, sondern nur Direktiven, d. s. Richtlinien für selbständig zu treffende Entscheidungen, erteilen. In der strategisch geführten Unternehmung stellen die obersten Führungsorgane leitende Gesichtspunkte auf, die als Richtschnur bei den selbständig zu fassenden Entschlüssen der für die strategischen Geschäftseinheiten, regionalen Tochtergesellschaften und Funktionsbereiche verantwortlichen Führungskräfte dienen.

Das heißt in die Führungspraxis übersetzt, daß die Führungskräfte die unternehmerische Vision, die unternehmungspolitischen Grundsätze und die strategischen Absichten der Unternehmung kennen müssen, um nach diesen selbst dann streben zu können, wenn sich ändernde Markt- und Wettbewerbssituationen sowie unternehmungsinterne Umstände ein anderes Handeln erfordern als mit der Unternehmungsleitung abgestimmt war. Diese Lehre kann als das höchste Niveau moderner Führung angesehen werden und erzieht zweifellos zu einem hohen Maß an unternehmerischer Initiativfreudigkeit. Aus ihr ergibt sich die weitere Frage nach der Beurteilung des Grades der strategischen Führungskompetenz des Unternehmers bzw. der obersten Führungskräfte: „Sind alle Führungskräfte in der Lage, in wenigen Worten a) die Vision des Unternehmers und/oder der obersten Führungskräfte, b) die unternehmungspolitischen Grundsätze und c) das Ziel der Strategie, für die sie verantwortlich sind, zu beschreiben?"

Wenn die Führungskräfte nicht in der Lage sind, dies zu tun, liegt die Schuld nicht bei ihnen, sondern in einem Mangel an strategischer Führungskompetenz und damit einem Mangel an unternehmerischer Weit- und Umsicht seitens ihrer Vorgesetzten. Ohne Einheit der Vision, der Unternehmungspolitik und der Strategie ist selbständiges und initiatives Handeln der Führungskräfte im Interesse der Unternehmung nicht möglich.

These Nr. 5: Der Grad an strategischer Führungskompetenz zeigt sich darin, ob die Unternehmer und die obersten Führungskräfte um sich herum die *Organisation* aufgebaut haben, die eine wirksame Umsetzung der Strategien erst möglich macht[10].

[9] Vgl. hierzu die Ausführungen über die Direktiven für die Funktionsbereiche im Abschnitt 1.
[10] Vgl. hierzu die Ausführungen über die Gestaltung der Organisation im Abschnitt 2.

Der Vorteil, den der Unternehmer oder die Führungskraft durch ein fortgesetztes persönliches Eingreifen zu erreichen glaubt, ist meist nur ein scheinbarer. Er übernimmt auf diese Weise Funktionen, zu deren Erfüllung andere Personen bestimmt sind, und verzichtet mehr oder weniger auf deren Leistungen; er vermehrt die Aufgaben seiner Führungstätigkeit in einem solchen Maß, daß er sie nicht mehr sämtlich zu erfüllen vermag. Diese Erkenntnis legt zwei Fragen zur Beurteilung der strategischen Führungskompetenz der Unternehmungsleitung nahe:

(1) Sind alle Führungspositionen mit unternehmerisch denkenden und handelnden Personen besetzt?
(2) Sind deren Aufgaben, Befugnisse und Verantwortlichkeiten so auf die Formulierung und Umsetzung der Strategien ausgerichtet, daß selbständiges und initiatives Handeln im Interesse der Unternehmung möglich ist?

Werden Führungskräfte, die den Anforderungen der Strategien nicht gewachsen sind, nicht aus ihren Positionen entfernt und/oder läßt die Organisation unternehmerische Initiative im Sinne der Strategien nicht zu – werden also die beiden Fragen negativ beantwortet – muß von einem Mangel an strategischer Führungskompetenz der Unternehmungsleitung gesprochen werden.

Zwischen der realen und der formalen Organisation besteht immer eine gewisse Divergenz. Es ist sogar wünschenswert, daß sich – innerhalb bestimmter Grenzen – eine solche Divergenz bildet. Fähige Unternehmer und Führungskräfte führen bewußt Elemente der Elastizität und der Unbestimmtheit in das Organisationssystem ein, um herausragenden Mitarbeitern die Möglichkeit zu bieten, sich auf eine nicht von der Organisation vorgesehene, jedoch mit dem Interesse der Unternehmung übereinstimmende Weise durchzusetzen.

These Nr. 6: Der Grad an strategischer Führungskompetenz zeigt sich bei der *Ausführung der Strategien* daran, wie die personellen und sachlichen Probleme gelöst werden[11].

Die Entwicklung von Strategien ist Aufgabe der Linienführungskräfte, die für deren Umsetzung verantwortlich sind. Der Schlüssel zu einer erfolgreichen Ausführung der Strategien ist die Einbeziehung des Linienmanagements in den strategischen Planungsprozeß. Dies wirft zwei Fragen auf:

(1) Wie macht man Linienführungskräfte zu engagierten, phantasievollen sowie kritischen Planern?
(2) Wie setzt man den Planungsstab wirksam ein?

Erfolgreiche Unternehmungen lösen diese beiden Fragen dadurch, daß a) die Linienführungskräfte mit dem strategischen Instrumentarium in Schulungskursen vertraut gemacht, und b) die Aufgaben des Planungsstabes geändert werden; die Aufgaben des Planungsstabes sind nicht mehr die strategische Planung, sondern die strategische Analyse der Geschäftsfelder und Funktionsbereiche,

[11] Vgl. hierzu die Ausführungen über die Aktionspläne, Fortschrittskontrolle und Strategieüberwachung im Abschnitt 3.

die für die Unternehmung von Bedeutung sind oder werden können; beide Aufgaben dienen der Unterstützung der Linie.

Die entscheidende Frage ist: „Sind die Linienführungskräfte in den Prozeß der strategischen Planung involviert?" Sind sie es nicht, läßt die Unternehmungsleitung strategische Führungskompetenz vermissen.

These Nr. 7: Der Grad an strategischer Führungskompetenz ist um so höher, je besser es dem Unternehmer und/oder den obersten Führungskräften gelungen ist, die *Unternehmungskultur* in Einklang mit den Strategien zu bringen[12].

Herausragende Unternehmungen sind nicht das Ergebnis organisatorischer Leistungen, sondern das Produkt herausragender Unternehmer oder Führungskräfte, die die Unternehmungskultur gestaltet haben, in der ihre Vision und ihre Strategien umgesetzt werden können. Die Unternehmungskultur muß aber nicht nur mit der unternehmerischen Vision übereinstimmen, sondern auch mit den unternehmungspolitischen Grundsätzen, den Strategien, den funktionalen Richtlinien, der Organisation und den Aktionsplänen sowie Kontrollsystemen.

Eine weitere Schlüsselfrage zur Erfassung der strategischen Führungskompetenz lautet deshalb: „Stimmt die Unternehmungskultur mit den Strategien überein"? Je besser diese Übereinstimmung, desto höher ist der Grad an strategischer Führungskompetenz der Unternehmungsleitung.

These Nr. 8: Strategische Führungskompetenz zeigt sich mehr im *Sein* als im Können.

Suchen wir uns darüber Rechenschaft abzugeben, worin die eigentliche Größe von Führungspersönlichkeiten besteht, so gelangen wir zu merkwürdigen, den ersten Erwartungen widersprechenden Ergebnissen: die Bedeutung großer Unternehmer oder Führungskräfte scheint mehr darauf zu beruhen, daß sie gelebt und weniger auf dem, was sie getan haben, denn alle großen unternehmerischen Leistungen werden überholt. Worin liegt nun das *Bleibende strategischer Führungskompetenz?* Es liegt[13]

- in den Richtungen, die große Unternehmer und Führungskräfte wiesen und nicht in den Grenzen, die sie setzen;
- in dem, was sie ins Leben riefen und nicht in dem, was sie abschlossen;
- in den Fragen, die sie aufwarfen und nicht in den Antworten, die sie dazu fanden;
- in den Wegen, die sie beschritten und nicht in den einzelnen Zielen, die sie erreichten; und
- in den Mitarbeitern, die sie auswählten und die ihre Vision entsprechend den stets sich ändernden Verhältnissen fortbildeten.

Die *entscheidende Frage* ist nun: „Ist der Unternehmer oder die Führungskraft in der Lage, Richtungen zu weisen, Dinge ins Leben zu rufen, Fragen aufzuwerfen, Wege zu beschreiten und Mitarbeiter anzuziehen, die Jahrzehnte nachwir-

[12] Vgl. hierzu die Ausführungen über die Unternehmungskultur im Abschnitt 4.
[13] Vgl. hierzu die Ausführungen über den strategischen Entscheidungsprozeß im Abschnitt I.1.

ken und eine langfristige Verbesserung der Gewinnaussichten der Unternehmung bewirken?"

Wer diese Frage mit ja beantworten kann, dem muß mit Recht ein hoher Grad an strategischer Führungskompetenz eingeräumt werden. Was ein Unternehmer oder eine Führungskraft durch eine Vision aufrührt und einleitet, kann Jahrzehnte nachwirken; was er jedoch an einzelnen Problemlösungen anbietet, ist oft bereits nach kurzer Zeit überholt.

Schlüsselfragen	Gewichtung: 1: unwichtig 3: sehr wichtig	Nein -1 Punkt	Teilweise 0 Punkte	Ja +1 Punkt	Gewichtete Punktezahlen	Bemerkungen
1. Habe ich eine *unternehmerische Vision*?	2	●			-2	
2. Bin ich in der Lage, die wichtigsten unternehmungspolitischen Grundsätze der Unternehmung in wenigen *Leitsätzen* auszudrücken?	3		●		-	
3. Kann ich in wenigen Sätzen die leitenden Gedanken und die entscheidenden *Wettbewerbsvorteile* der Unternehmung in bezug auf die einzelnen strategischen Geschäftseinheiten beschreiben?	3			●	3	
4. Nutzen meine Mitarbeiter ihre *Handlungsfreiheit* im Interesse der Unternehmung?	3	●			-3	
5. Habe ich eine *Organisation* aufgebaut, die die Umsetzung meiner Vision und Strategien ermöglicht?	2		●		-	
6. Sind die *Linienführungskräfte* in den strategischen Planungsprozeß involviert?	3		●		-	
7. Steht die *Unternehmungskultur* in Einklang mit den Strategien?	3		●		-	
8. Weise ich *Richtungen* und beschreite ich *neue Wege*?	1			●	1	
9. War ich in meinem bisherigen Leben vom *Glück* begünstigt?	3		●		-	
10. Leiste ich über die professionelle Erfüllung meiner Aufgaben hinaus *einen Beitrag zur gesellschaftlichen Entwicklung*?	2	●			-2	
Summe der gewichteten Punktezahlen					-3	

Der Grad an strategischer Führungskompetenz wird durch die Summe der gewichteten Punktezahlen ausgedrückt:
10 - 30 Punkte: hoher Grad an strategischer Führungskompetenz
-10 - 9 Punkte: mittlerer Grad an strategischer Führungskompetenz
weniger als -10 Punkte: niedriger Grad an strategischer Führungskompetenz

Abb. 5.2 Merkmale strategischer Führungskompetenz (Beispiel)

These Nr. 9: Zur strategischen Führungskompetenz zählt die Fähigkeit, das *Glück* anzuziehen.

Strategische Führungskompetenz beinhaltet auch das Vermögen, sich in eine Position zu begeben, in der einen das Glück begünstigt. Man darf nie vergessen, wie selten der Erfolg von Unternehmern und Führungskräften allein auf ihnen persönlich beruht. Wenn nicht zahlreiche andere Kausalketten mit der konvergieren, die der Unternehmer oder die Führungskraft persönlich verkörpert, so hat er keinesfalls das, was man Glück nennt. Glück und Erfolg setzen also einander voraus.

Deshalb die *Frage*: „War er oder sie im bisherigen Leben vom Glück begünstigt?“ Aus der Prämisse, daß der Mensch durch sein Sein das Schicksal anzieht, folgt, daß der Grad an strategischer Führungskompetenz um so höher ist, je mehr jemand bisher vom Glück begünstigt war. Umgekehrt gilt auch der Schluß, daß der Grad an strategischer Führungskompetenz danach beurteilt werden kann, wieviele äußere Störungen, Schicksalsschläge etc. ein Unternehmer oder eine Führungskraft erträgt, ohne dadurch in der Verfolgung seiner unternehmerischen Ziele beirrt zu werden.

These Nr. 10: Unternehmer und/oder Führungskräfte mit einer hohen strategischen Führungskompetenz wissen, daß es über die professionelle Erfüllung ihrer unternehmerischen Pflichten hinaus *noch etwas* gibt.

Strategische Führungskompetenz umfaßt die Fähigkeit zur Steuerung der gesamten Unternehmung in ihren Umweltbeziehungen in einer langfristigen Perspektive. Unternehmer oder Führungskräfte, die einen hohen Grad an strategischer Führungskompetenz besitzen, mögen sich im einzelnen irren, in ihrer Vision, in den unternehmungspolitischen Grundsätzen und in der Fortbildung der „leitenden Idee entsprechend den stets sich ändernden Verhältnissen“ irren sie sich nicht. Sie erfassen Gesamtzusammenhänge intuitiv, stehen über den Dingen und identifizieren sich bewußt nicht mit diesen; sie besitzen das, was man „Helikopterfähigkeit“ nennt, und erleben unternehmungsinterne und -externe Zusammenhänge sowie Strategieformulierung und -umsetzung bewußt als Ganzheit; sie werden auch umgekehrt von solchen Ganzheiten bewußter und direkter berührt als von Einzelereignissen.

Ein solch hoher Grad an strategischer Führungskompetenz kann nur durch lebenslange Arbeit an sich selbst erreicht werden. Er beinhaltet die Erkenntnis, daß man niemals am Ziele ist.

Die *Schlüsselfrage* lautet: „Was haben wir getan, um die Welt besser zurückzulassen, als wir sie vorgefunden haben[14]?“

Die zehn Fragen sind zusammenfassend in Profilform beispielhaft dargestellt (Abb. 5.2): Je weiter rechts die Linie liegt, desto höher ist der Grad an strategischer Führungskompetenz; dieser läßt sich durch Addition der gewichteten Punkte je Schlüsselfrage quantitativ ermitteln.

[14] Vgl. hierzu H. H. Hinterhuber, Mut zum Selbstsein. Strategie der Selbstentfaltung, a. a. O., S. 10ff.

5.3 Ist strategische Führungskompetenz situativ?

Die Merkmale strategischer Führungskompetenz sind (Abb. 5.2):

- Visionsfähigkeit,
- Kommunikations- und Motivationsfähigkeit nach innen und nach außen durch ein überzeugendes Leitbild,
- strategisches, ganzheitliches Denken,
- Förderung der Handlungsfreiheit und Initiative der Mitarbeiter,
- Schaffung einer mit der Vision, dem Leitbild und den Strategien übereinstimmenden Organisation,
- Einbeziehung der Mitarbeiter in den strategischen Entscheidungsprozeß,
- Begünstigung durch das Glück,
- Verkörperung von Weisheit (Gelassenheit, Belastbarkeit, persönliche Glaubwürdigkeit, Lernfähigkeit und Bescheidenheit) und Personifizierung einer Gemeinschaft, und
- Beiträge zur gesellschaftlichen Entwicklung.

Ist strategische Führungskompetenz jedoch situativ, d.h. abhängig von den jeweils unterschiedlichen strategischen Problemstellungen? Die Versuche, strategische Führungskompetenz mit den vier bzw. neun Feldern der Portfolio-Matrix in Verbindung zu setzen, haben sich in der Praxis als problematisch erwiesen. Führungskräfte mit einem hohen Grad an strategischer Führungskompetenz sind in der Regel in der Lage, strategische Geschäftseinheiten mit ganz unterschiedlichen Führungsanforderungen erfolgreich zu leiten[15].

Auf eine Gefahr soll aufmerksam gemacht werden: Die Strategien einzelner Geschäftseinheiten oder das Organisationsbild der Unternehmung geraten in Abhängigkeit von den Fähigkeiten und persönlichen Zielen außergewöhnlicher Führungskräfte, deren Einsatz zweckmäßig erschien; dies gilt um so mehr, als außergewöhnliche Führungspersönlichkeiten häufig dazu neigen, den Entfaltungsspielraum anderer Führungskräfte einzuengen. Dieser Problematik ist von seiten der Unternehmungsleitung ein besonderes Augenmerk zu widmen, um rechtzeitig korrigierend eingreifen zu können[16].

Angesichts kontinuierlich sich ändernder Problemlösungsangebote, Lebenszyklen sowie einer Vielzahl von Geschäftseinheiten und zunehmender unternehmungsinterner Komplexität muß jede Unternehmung bestrebt sein, das Potential der verfügbaren Führungskräfte voll zu nutzen und zu enge Korrelationen von Führungskräften und Portfoliopositionen von strategischen Geschäftseinheiten zu vermeiden. Die Verbindung von Strategien und Führungspersönlichkeiten scheint in der Praxis in umgekehrter Richtung zu verlaufen: Die Strategie einer Geschäftseinheit ist das Ergebnis der für sie verantwortlichen Führungskraft, deren Auswahl und Entwicklung die wichtigste unternehmerische Ent-

[15] Vgl. hierzu die Ausführungen über die Auswahl der Führungskräfte im Abschnitt 2.3.
[16] Vgl. hierzu H.-R. Merz, Die außergewöhnliche Führungspersönlichkeit, a.a.O., S. 21ff.

scheidung ist. Kennt die Unternehmungsleitung oder die Person oder Gruppe von Personen, die die strategische Ausrichtung der Unternehmung bestimmt, die strategische Führungskompetenz und die Neigungen ihrer Mitarbeiter, dann kann sie das Angenehme für die Mitarbeiter mit dem verbinden, was für die Unternehmung nützlich ist. Hierin liegt letztlich das Geheimnis jeden unternehmerischen Erfolges.

Literatur

Aaker, D.A.: Developing Business Strategies. 2. A. New York 1988.

Abell, D.E.: Defining the Business: The Starting Point of Strategic Planning. Englewood Cliffs 1980.

Abernathy, W.J. u. K. Wayne: Limits of the Learning Curve, in: Harvard Business Review 52 (1974), Nr. 5, S. 109–119.

AGP (Hrsg.): Unternehmenskultur in Deutschland – Menschen machen Wirtschaft. Gütersloh 1986.

Ahlert, D.: Grundzüge des Marketing, in: Vormbaum, H. (Hrsg.), Betriebswirtschaftslehre für Ingenieure. 2. A. Düsseldorf 1980, S. 44–64.

Albach, H.: Strategische Unternehmensplanung bei erhöhter Unsicherheit. In: ZfB 48 (1978), S. 702–738.

Albert, K.J. (Hrsg.): The Strategic Management Handbook. New York 1983.

Ansoff, H.I.: Managing Strategic Surprise by Response to Weak Signals, in: California Management Review 18 (1975), Nr. 2, S. 21–33.

Ansoff, H.I.: Strategic Management. New York 1979.

Ansoff, H.I.: Implanting Strategic Management. Englewood Cliffs 1984.

Ansoff, H.I.: The New Corporate Strategy. New York 1987.

Ansoff, H.I. u. J.C. Leontiades: La gestione del portafoglio strategico: un compito nuovo della direzione aziendale, in: L'industria 1 (1976), S. 3–21.

Anthony, R.N.: The Management Control Function. Boston 1988.

Anthony, W.P.: Practical Strategic Planning. Westport, London 1985.

Antonoff, R.: Leitbild, in: Blick durch die Wirtschaft, 11.3.1987, S. 1.

Bagozzi, R.P.: Marketing Management: Strategies, Tactics, New Horizons, in: G.E. Germane (Hrsg.), The Executive Course. Reading, Mass. 1987.

Bales, C.F.: Strategic Control: The President's Paradox, in: Business Horizons 18 (1977), Nr. 4, S. 7–28.

Bantel, W., H.H. Hinterhuber u. H. Hübner: Qualitätssicherung als Führungsaufgabe. In: „Journal für Betriebswirtschaft" 39 (1989), S. 18–38.

Basile, J.: Der neue Führungsstil. Wien, Freiburg, Basel 1967.

Bauer, E.: Markt-Segmentierung als Marketing-Strategie. Berlin 1976.

Beckenstein, A.R. u. H. Landis Gabel: Experience Curve Pricing Strategy: The Next Target of Antitrust? in: Business Horizons, No. 5 (1982), S. 71–77.

Becker, F.G.: Anreizsysteme für Führungskräfte im Strategischen Management. Bergisch-Gladbach, Köln 1985.

Belz, Ch. (Hrsg.): Realisierung des Marketing. 2 Bände, Savosa, St. Gallen 1986.

Bennis, W. u. B. Nanus: Leaders. New York 1985.

Bierfelder, W.H.: Innovationsmanagement. München, Wien 1987.

Bircher, B.: Langfristige Unternehmungsplanung. Bern 1976.

Birkigt, K., M.M. Stadler u. H.J. Funck, Corporate Identity. 4. A. Landsberg 1986.

Bleicher, K.: Organisation. Formen und Modelle. Wiesbaden 1981.

Blohm, H. u. G. Danert: Forschungs- und Entwicklungsmanagement. Stuttgart 1983.
Bogue III, M. C. u. E. S. Buffa: Corporate Strategic Analysis. New York, London 1987.
The Boston Consulting Group (Hrsg.): Perspectives on Experience. Boston 1972.
The Boston Consulting Group (Hrsg.): Vision und Strategie. München 1988.
Bower, M. u. R. A. Garda: The Role of Marketing in Management, in: The McKinsey Quarterly (Autumn 1985), S. 34–46.
Brockhoff, K.: Prognoseverfahren für die Unternehmensplanung. Wiesbaden 1977.
Brockhoff, K.: Forschung und Entwicklung. München, Wien 1988.
Browning, E. K. u. J. M. Browning: Microeconomic Theory and Applications. 2. A. Boston 1986.
Bucy, J. F.: World Price Leadership. Dallas, Texas 1974.
Buffa, E. S.: Modern Production Management. New York 1988.
Buzzell, R. D. u. B. T. Gale: The PIMS Principles: Linking Strategy, to Performance. New York, London 1987.
Chandler, A. D.: Strategy and Structure: Chapters in the History of the Great American Enterprise. Cambridge, Mass. 1962.
Channon, D. F.: The Strategy and Structure of British Enterprise. Cambridge, Mass. 1973.
Chmielewicz, K.: Betriebliche Finanzwirtschaft I. Berlin, New York 1976.
Christensen, C. R., K. R. Andrews u. J. L. Bower: Business Policy: Text and Cases. Homewood, Ill. 1974.
Christensen, C. R., N. A. Berg u. M. S. Salter: Policy Formulation and Administration. A Casebook of Top-Management Problems in Business. Homewood, Ill. 1976.
Clark, P. A.: Anglo-American Innovation. Berlin, New York 1987.
Coates, J. C.: Issues Management. Mt. Airy, MD 1986.
Conley, P.: Experience Curves as a Planning Tool: A Special Commentary. Boston 1970.
Contractor, F. J. u. P. Lorange: Cooperative Strategies in International Business. Lexington, Mass. 1988.
Cuendet, G., Y. Emery u. F. Nankobogo: Motiver Aujourd'hui. Paris 1986.
Dahringer, L. u. H. Mühlbacher: International Marketing – A Global Perspective. Reading, Mass. 1990.
David, F. R.: Fundamentals of Strategic Management. Columbus, Ohio 1986.
Davidson, W. H.: Global Strategic Management. New York, Chichester 1987.
Davis, S. M.: Managing Corporate Culture. Cambridge, Mass. 1984.
Declerck, R. P., J. P. Debourse u. C. N. Navarre: Méthode de direction générale. Boulogne, Billancourt 1983.
De Jong, J. R.: Fertigkeit, Stückzahl und benötigte Zeit. Sonderheft der REFA-Nachrichten. Frankfurt/M. 1950.
Detter, H. u. H. H. Hinterhuber: Technical Audit: Wie bestimmt man den tech-

nischen Leistungsstandard einer Unternehmung? In: IO Management Zeitschrift, 58 (1989), Nr. 3, S. 54–58.
Detter, H. u. H.H. Hinterhuber: Technisch-wirtschaftliche Innovation. Wien 1983.
Donnelly, J.H., J.L. Gibson u. J.M. Ivancevich: Fundamentals of Management: Functions, Behavior, Models 5. A. Dallas 1984.
Dowling, G.R.: Managing your Corporate Images, in: Industrial Marketing Management 15 (1986), S. 109–115.
Drexel, G.: Organisatorische Verankerung strategischer Geschäftsfelder, in: Die Unternehmung 41 (1987), S. 148–162.
Dschuang Dsi: Das wahre Buch vom südlichen Blütenland (aus dem Chinesischen übertragen u. erläutert v. R. Wilhelm). Düsseldorf, Köln 1972.
Dubin, R.: Human Relations in Administration. Englewoods Cliffs 1974.
Dyas, G.P. u. H. Thanheiser: The Emerging European Enterprise: Strategy und Structure in French and German Industry. Cambridge, Mass. 1976.
Ellis, R.J.: Managing Strategy in the Real World. Lexington, Mass. 1988.
Eminente, G.: Pianificazione e gestione strategica dell' impresa. Bologna 1986.
Ensign, H.S. u. L.N. Adler (Hrsg.): Strategic Planning. Santa Barbara, Cal. 1985.
Ferguson, Ch.R.: Measuring Corporate Strategy. Homewood 1974.
Fombrun, C., N. Tichy u. M.A. Devanna (Hrsg.): Strategic Human Resource Management. Reading, Mass. 1984.
Freeman, R.E.: Strategic Management. Boston 1984.
French, W.I.: The Personnel Management Process. 2. A. Boston 1982.
Friedman, S.D. u. Th.P. Le Vino: Strategic Appraisal and Development at General Electric Company, in: Fombrum C., N. Tichy u. M.A. Devanna (Eds.): Strategic Human Resource Management. Reading, Mass. 1984. S. 234–248.
Gassner, W. u. E. Pointner-Exinger: Bilanz und Rechnungswesen. Festschrift zum 75. Geburtstag von M. Stadler. Wien 1981.
Gaugler, E. (Hrsg.): Handwörterbuch des Personalwesens. Stuttgart 1975.
Gennaro, P.: Strategia e organizzazione nell'impresa. Mailand 1974.
Germane, G.E. (Hrsg.): The Executive Course. Reading, Mass. 1986.
Grubbström, R., H.H. Hinterhuber u. J. Lundquist (Hrsg.): Production Economics: Trends and Issues. Amsterdam 1987.
Grubbström, R., H.H. Hinterhuber u. J. Lundquist (Hrsg.): State of the Art and Perspectives in Production Economics. Amsterdam 1989.
Gun, Th.G.: Manufacturing for Competitive Advantage. Cambridge, Mass. 1987.
Haggerty, P.E.: The Role of Institutional Culture in an Industrial Corporation, Leatherbee Lecture, prepared for Harvard Graduate School of Business Administration, March 11, 1975.
Hahn, D.: Planungs- und Kontrollrechnung. 4. A. Wiesbaden 1988.
Hahn, D. u. G. Lassmann: Produktionswirtschaft. Band 1. Heidelberg, Wien 1986.
Hahn, D. u. B. Taylor (Hrsg.): Strategische Unternehmungsplanung. 4. A. Würzburg, Wien 1986.

Halal, W.E.: The New Capitalism. New York 1986.

Hall, D.T. u. J.G. Goodale: Human Resource Management. Glenview, Ill. 1986.

Hamersh, R.G.: Making Strategy Work. New York 1986.

Hammer, R.: Unternehmungsplanung, 3. A. München, Wien 1988.

Hammer, R. u. H.H. Hinterhuber: Strategisches Controlling. In: G. Seicht (Hrsg.), Jahrbuch für Controlling und Rechnungswesen '88. Wien 1988, S. 175–204.

Hansmann, K.W.: Industriebetriebslehre. München – Wien 1984.

Hanssmann, F.: Quantitative Betriebswirtschaftslehre. 2. A. München, Wien 1985.

Harris, J.M., R.W. Shaw u. W.P. Sommers: The Strategic Management of Technology. In: Booz, Allen & Hamilton Inc. (Hrsg.): Utility Planning Tools Catalog. Bethesda, Maryland 1985, S. 107–125.

Harris, P.R. u. R.T. Moran: Managing Cultural Differences. 4. A. Houston 1987.

Hatten, K.J. u. M.L. Hatten: Effective Strategic Management. Englewood Cliffs 1988.

Hax, A.C. u. N. Majluf: Strategic Management. Englewood Cliffs 1988.

Hax, A.C. (Hrsg.): Planning Strategies that Work. Oxford 1987.

Hax, A.C. (Hrsg.): Readings on Strategic Management. Cambridge, Mass. 1984.

Heinecke, C.: Vorgabezeiten mit Berücksichtigung des Übungseffektes. In: REFA-Nachrichten 26 (1973), S. 407–415.

Heinen, E.: Unternehmenskultur. Perspektiven für Wissenschaft und Praxis. München, Wien 1987.

Heisenberg, W.: Das Naturbild der heutigen Physik und die Wandlungen des Denkens. In: Ausblick auf die Zukunft. Gütersloh 1968, S. 30–41.

Heizer, J. u. B. Render: Production & Operations Management. Englewood Cliffs 1988.

Henderson, B.D.: Die Erfahrungskurve in der Unternehmensstrategie. Übersetzung und Bearbeitung: A. Gälweiler. Frankfurt, New York 1974.

Henderson, B.D: Strategic Sectors, Perspectives Nr. 166. The Boston Consulting Group, Boston 1975.

Henzler, H.: Strategische Geschäftseinheiten (SGE): Das Umsetzen von Strategischer Planung in Organisation. In: ZfB 48 (1978), S. 912–919.

Henzler, H. (Hrsg.): Handbuch Strategische Führung. Wiesbaden 1988.

Hersey, P. u. K.H. Blanchard: Management of Organizational Behavior. Utilizing Human Resources, 5. A. Englewood Cliffs 1988.

Hinterhuber, G.: La direzione strategica dell'impresa industriale. 3. A. Turin 1989.

Hinterhuber, G.: La politica degli investimenti nelle imprese industriali. 4. A. Mailand 1989.

Hinterhuber, H.H.: Der Weg zu neuen Formen der Arbeitsorganisation. In: Zeitschrift für Organisation 8 (1976), S. 425–432.

Hinterhuber, H.H.: Innovationsdynamik und Unternehmungsführung. Wien, New York 1975.
Hinterhuber, H.H.: Innovation und gesellschaftliche Entwicklung. In: Journal für Betriebswirtschaft 26 (1976), S.65–83.
Hinterhuber, H.H.: Mut zum Selbstsein. Strategie der Selbstentfaltung. Freiburg 1984.
Hinterhuber, H.H.: Strategie und Taktik im Marketing. In: Ch. Belz (Hrsg.), Realisierung des Marketing. 2 Bände. Savosa, St. Gallen 1986, S.191–209.
Hinterhuber, H.H.: Anforderungen an den Manager der Zukunft. In: G. Aigner (Hrsg.), Das neue Erfolgs- und Karrierehandbuch für Selbständige und Führungskräfte. München 1985, S.623–640.
Hinterhuber, H.H.: Unternehmungskultur. (In Zusammenarbeit mit E. Krauthammer.) Genf 1988.
Hinterhuber, H.H.: Aktionspläne und Kontrolle. (In Zusammenarbeit mit E. Krauthammer.) Genf 1989.
Hinterhuber, H.H.: Organisation. (In Zusammenarbeit mit E. Krauthammer.) Genf 1989.
Hinterhuber, H.H.: Funktionale Politiken. (In Zusammenarbeit mit E. Krauthammer.) Genf 1989.
Hinterhuber, H.H.: Wettbewerbsstrategie. 2. A. Berlin, New York 1990.
Hinterhuber, H.H. u. W. Holleis: Gewinner im Verdrängungswettbewerb – Wie man durch die Verbindung von Unternehmungsstrategie und Unternehmungskultur zu einem führenden Wettbewerber werden kann. In: Journal für Betriebswirtschaft 38 (1988), Nr. 1/2, S.2–19.
Hinterhuber, H.H. u. O.F. Mak: Strategische Alternativen in schrumpfenden Branchen. In: HARVARD-manager 4 (1983), S.89–98.
Hinterhuber, H.H. u. St. Laske (Hrsg.): Zukunftsorientierte Unternehmenspolitik. Freiburg 1984.
Hinterhuber, H.H. u. W. Popp: Woran erkennt man den Strategen? Strategische Führungskompetenz im Wandel der Problemstellungen. In: IO-Management-Zeitschrift 57 (1988), S.319–324.
Hinterhuber, H.H. u. W. Popp: Strategy as a System of Expedients. In: Long Range Planning 21, Nr. 4 (1988), S.107–120.
Hinterhuber, H.H. u. G. Rosegger: Die Überwachung und Bewertung von strategischen Plänen. In: HARVARD-manager 4 (1985), S.21–24.
Hinterhuber, H.H., K. Höfner u. L.G. Winter: Die strategische Bedeutung von Corporate Identity. München 1989.
Hobbs, J.M. u. D.F. Haeny: Coupling Strategy to Operating Plans. In: Harvard Business Review (1977), Nr. 3, S.119–127.
Hofer, Ch.W. u. D.E. Schendel: Strategy Formulation: Analytical Concepts. 3. A. St. Paul, Minn. 1981.
Hofer, Ch.W., R. Charan, E.A. Murray u. R.A. Pitts: Strategic Management. A Case Book in Business Policy and Planning. 2. A. St. Paul, Minn. 1984.
Holleis, W.: Unternehmenskultur und menschliche Psyche. Frankfurt am Main 1987.

Hübner, H.: Informationsmanagement. Wien, München 1984.
Hübner, H. (Hrsg.): The Art and Science of Innovation Management. Amsterdam 1986.
Hüttner, M.: Auf dem Wege zur Strategischen Marktforschung? in: Thexis 4 (1986), S. 10–21.
Jacob, H.: Bilanzpolitik und Bilanztaktik. Wiesbaden 1969.
Jain, S. C.: Marketing Planning and Strategy. 2. A. Cincinnati 1985.
Jauch, L. R. u. W. F. Glueck: Business Policy and Strategic Management. 5. A. New York 1988.
Johnson, G. u. K. Scholes: Exploring Corporate Strategy. Englewood Cliffs 1988.
Kern, W. u. H. H. Schröder: Forschung und Entwicklung in der Unternehmung. Reinbek 1977.
v. Keyserling, H.: Das Reisetagebuch eines Philosophen. Darmstadt 1922.
Kirsch, W. u. P. Roventa (Hrsg.): Bausteine eines strategischen Managements. Dialoge zwischen Wissenschaft und Praxis. Berlin, New York 1983.
Kobi, J.-M. u. H. Wüthrich: Organisationskultur. München 1986.
Koreimann, D. S.: Management. 3. A. München, Wien 1987.
Kotler, P.: Strategic Planning and the Marketing Process. In: Kox, K. K. u. V. J. McGinnis (Hrsg.), Strategic Market Decisions: A Reader. Englewood Cliffs 1982, S. 21–33.
Krauthammer, E.: So motiviere ich den zweiten Mann. In: Politik und Wirtschaft 3 (1987), S. 73–74.
Kreikebaum, H.: Strategische Unternehmungsplanung. Stuttgart 1981.
Kreilkamp, E.: Strategisches Management und Marketing. Berlin, New York 1987.
Krubasik, E. G.: Technologie: Strategische Waffe. In: Wirtschaftswoche, Nr. 25, 18. 6. 1982, S. 28–33.
Kruse, H. W.: Bilanzierungswahlrechte und Grundsätze ordnungsmäßiger Buchführung. In: Baetge, J. u. A. Moxter (Hrsg.), Bilanzfragen. Festschrift zum 65. Geburtstag von U. Leffson. Düsseldorf 1976, S. 65–82.
Lamb, R. B.: Competitive Strategic Management. Englewood Cliffs 1984.
Leontiades, M. (Hrsg.): Policy, Strategy, and Implementation. New York 1983.
Lessing, R. u. H. Groeger: Führen mit strategischen Geschäftseinheiten. Düsseldorf, Frankfurt 1982.
Lienhard, A.: Eroberung neuer Märkte. In: H. B. Maynard AG (Hrsg.), Neue Grenzen und Möglichkeiten. Zürich 1976.
Little, A. D. (Hrsg.): The Strategic Management of Technology. Davos 1981.
Little, A. D. (Hrsg.): Management der Geschäfte von morgen. Wiesbaden 1986.
Lorange, P.: Divisional Planning: Setting Effective Directions. In: Sloan Management Review 17 (1975), Nr. 1, S. 77–91.
Lorange, P.: Corporate Planning. An Executive Viewpoint. Englewood Cliffs 1980.
Lorange, P. u. M. S. Scott Morton: A Framework for Management Control Systems. In: Sloan Management Review 16 (1974), Nr. 1, S. 41–56.

Lorange, P. u. R.F. Vancil: Strategic Planning Systems. Englewood Cliffs 1977.
McCarthy, D.J., R.J. Minichiello u. J.R. Curran: Business Policy and Strategy: Concepts and Readings. Homewood, Ill. 1975.
McLimore, J.F. u. L. Larwood (Hrsg.): Strategies ... Successes ... Senior Executives Speak Ot. New York 1988.
Meffert, H.: Marketing: Einführung in die Absatzpolitik. 7. A. Wiesbaden 1986.
Meffert, H.: Strategische Unternehmungsführung u. Marketing. Wiesbaden 1988.
Meffert, H. u. J. Althans: Internationale Marketing. Stuttgart, Berlin, Köln, Mainz 1982.
Meissner, H.G.: Strategisches Internationales Marketing. Berlin, Heidelberg, New York 1988.
Merz, H.R.: Die außergewöhnliche Führungspersönlichkeit. Grüsch 1987.
Moltke, H.: Über Strategie. In: Kriegsgeschichtliche Einzelschriften. Herausgegeben vom Großen Generalstab. Berlin 1890.
Mondy, R.W., A. Sharplin u. E.B. Elippo: Management. Concept and Practices. 4. A. Englewood Cliffs 1988.
Moore, F.G.: Production Management. Homewood, Ill. 1973.
Moxter, A.: Bilanzlehre. Wiesbaden 1974.
Mühlbacher, H., W. Vyslozil u. A. Ritter: Successful Implementation of New Market Strategies. In: „Journal of Marketing Management" 3 (1987), S. 205–217.
Neuberger, O.: Führung. 2. A. Stuttgart 1985.
Newman, W.H.: Constructive Control. Englewood Cliffs 1975.
Newman, W.H., J.P. Logan u. W.H. Hegarty: Strategy, Policy, and Central Management. 9. A. Cincinnati 1985.
Nitsche, R.: Der Unternehmer – das unbekannte Wesen. In: Die Industrie 76 (1976), Nr. 30, S. 15–16.
Norman, R.: Management for Growth. New York 1977.
Paine, F.T. u. W. Naumes: Strategy and Policy Formation: An Integrated Approach. Philadelphia 1974.
Pavan, P.: Struttura e strategia delle imprese italiane. Bologna 1978.
Perridon, L. u. M. Steiner: Finanzwirtschaft der Unternehmung. 4. A. München 1986.
Pfeiffer, W., G. Metze, W. Schneider u. R. Amler: Technologie-Portfolio zum Management strategischer Zukunftsgeschäftsfelder. 3. A. Göttingen 1985.
Piore, M.J. u. Ch.F. Sabel: The Second Industrial Divide: Possibilities for Prosperity. New York 1984.
Porter, M.E.: Competitive Strategy: Techniques for Analyzing Industries and Competitors. New York, London 1980.
Porter, M.E.: Competitive Advantage. New York, London 1985.
Pümpin, C.: Management strategischer Erfolgspositionen. 2. A. Bern 1984.
Pümpin, C., J.-M. Kobi u. H. Wüthrich: Unternehmungskultur. In: Die Orientierung, Nr. 85. Schriftenreihe der Schweizerischen Volksbank. Bern 1985.
Quinn, J.B.: Strategies for Change: Logical Incrementalism. Homewood, Ill. 1980.

Quinn, J.B., H. Mintzberg u. R.M. James: The Strategy Process. Englewood Cliffs, N.J. 1988.
Raffée, H. u. K.P. Wiedmann (Hrsg.): Strategisches Marketing. Stuttgart 1985.
Rembeck, M.: Unternehmungsführung und Marktforschung. In: M. Rembeck et al. (Hrsg.), Marktforschung im Dienst der Unternehmenssicherung und -entwicklung 23 (1979), Nr. 1, S. 5–18.
Render, B. u. R.M. Stair: Quantitative Analysis for Management. 3. A. Englewood Cliffs 1988.
Rogers, D.C.D.: Essentials of Business Policy. New York 1975.
Rosegger, G.: The Economics of Production and Innovation. 2. A. Oxford 1986.
Rothschild, W.E.: How to Gain (and Maintain) the Competitive Advantage. New York 1984.
Roventa, P.: Portfolio-Analyse und strategisches Management. 2. A. München 1981.
Rowe, A.J., Mason, R.O. u. K. Dickel: Strategic Management and Business Policy. Reading 1982.
Rumelt, R.P.: Strategy, Structure, and Economic Performance. Cambridge, Mass. 1974.
Rupper, P. (Hrsg.): Unternehmenslogistik. Zürich 1988.
Saint-Paul, R. u. P.-F. Tenière-Buchot: Innovation et evaluation technologiques. Sélection des projects. Méthods de prévision. Paris 1974.
Salmans, S.: Zero Base helps rationalize product strategy. In: International Management 12 (1979), Nr. 2, S. 38–41.
Schendel, D.E. u. Ch.W. Hofer (Hrsg.): Strategic Management. A View of Business Policy and Planning. Boston, Toronto 1979.
Schertler, W.: Unternehmungsorganisation. 3. A. München, Wien 1988.
Schoen, E.H.: Increasing Organizational Effectiveness through Better Human Resource Planning and Development. In: Sloan Management Review 19 (1977), Nr. 1, S. 1–20.
Servatius, H.G.: Methodik des strategischen Technologie-Managements. Berlin 1985.
Sicard, C.: Pratique de la stratégic d'entreprise. Paris 1987.
Spranzi, A.: Piani aziendali di breve e di lungo periodo. Mailand 1972.
Springer, C.H.: Strategic Management in General Electric. In: Operations Research 6 (1973), S. 1177–1182.
Staehle, W.H.: Management. 4. A. München 1989.
Stalp, H.G.: Strategische Geschäftseinheiten? In: ZfB 48 (1978), S. 919–924.
Staudt, E. (Hrsg.): Das Management von Innovationen. Frankfurt 1986.
Staudt, E. u. W. Pfeiffer: Technologie-Portfolio. Göttingen 1982.
Steele, L.W.: Innovation in Big Business. New York 1975.
Steiner, G.A.: Top Management Planung. München 1971.
Stonich, P.J.: Implementing Strategy. Cambridge, Mass. 1982.
Swoboda, P.: Betriebliche Finanzierung. Würzburg 1981.
Taylor, B.: Managing the Process of Corporate Development. In: Long Range Planning 9 (1976), Nr. 3, S. 81–100.

Thomas, J.G.: Strategic Management. New York 1988.
Thomson, A.A. u. A.J. Strickland, Strategy Formulation and Implementation. Plaso, Texas 1983.
Uyterhoeven, H.E.R., R.W. Ackerman u. J.W. Rosenblum: Strategy and Organization: Text and Cases in General Management. Homewood, Ill. 1975.
Van Horne, J.C.: Financial Management and Policy: 6. A. Englewoods Cliffs 1983.
Varaldo, R.: Marketing. Mailand 1987.
Wasson, Ch.R.: Dynamic Competitive Strategy & Product Life Cycles. St. Charles, Ill. 1974.
Weilenmann, P.: Der Cash Flow. In: Die Orientierung 4 (1975), Nr. 60, S. 6ff.
Weinhold, H.: Marketing in 20 Lektionen. St. Gallen, Stuttgart, Steyr 1988.
Welge, M.K.: Unternehmungsführung. 3 Bände. Stuttgart 1985.
Wells, L.T. (Hrsg.): The Product Life Cycle and International Trade. Cambridge, Mass. 1974.
Welsch, G.A., R.W. Hilton u. P.N. Gordon: Budgeting. 5. A. New York 1988.
Wheelen, Th.L. u. J.D. Hunger: Strategic Management. Reading, Mass. 1984.
Wildemann, H.: Produktionssynchrone Beschaffung. Zürich 1988.
Wittek, B.: Strategische Unternehmensführung bei Diversifikation. Berlin, New York 1980.
Wright, R.V.L.: A System for Managing Diversity. Cambridge, Mass. 1974.
Wright, R.V.L.: Strategy Centers – A Contemporary Managing System. Cambridge, Mass. 1975.
Wyss, W.: New Marketing. 2. A. Adligenswil 1987.
Yavitz, B. u. W.H. Newman: Strategy in Action: The Execution, Politics, and Payoff of Business Planning. New York, London 1982.
Yoder, D. u. H.G. Heneman: Staffing Policies and Strategies. Washington 1974.
Yorke, D.A. (Hrsg.): Strategic Planning – Market Driven. Bradford 1988.
Yoshino, M.Y.: The Japanese Multinational Enterprise: Strategy and Structure. Cambridge. Mass. 1976.
Zan, L.: Strategia d'impresa. Padua 1985.
Zangemeister, Ch.: Nutzwertanalyse in der Systemtechnik. München 1973.
Zäpfel, G.: Strategisches Produktions-Management. Berlin, New York 1989.
Zehnder, E.P.S.: Sind Karrieren planbar? In: Blick durch die Wirtschaft 136 (1987) S. 1.

Sachregister

FSC
www.fsc.org
MIX
Papier | Fördert
gute Waldnutzung
FSC® C083411

Zeitfracht Medien GmbH
Ferdinand-Jühlke-Straße 7
99095 Erfurt, Deutschland
produktsicherheit@kolibri360.de